交直流混合微电网能量调度管理与控制策略

蔡艳平 蔡雨希 李庆辉 王新军 等著

科学出版社

北京

内 容 简 介

随着经济的快速发展，世界范围内能源供应持续紧张，环境污染越发严重，合理开发、高效使用绿色能源已成为解决未来能源问题的主要出路。光伏电池、风力发电机组等可再生分布式电源布局分散，输出功率具有随机性和间歇性，大量可再生分布式电源直接并入主电网将会对电力系统的安全运行和控制造成严重影响。微电网将很多个不同类型的分布式电源利用低压线路互连，微电源间互通有无，依靠数量和规模来克服微电源自身能量输出不稳定的弱点。微电网按主网络的供电电能形式，可分为交流微电网、直流微电网和交直流混合微电网。本书以交直流混合微电网为主要研究对象，系统地论述了交直流混合微电网的基本概念、运行方式、关键技术、拓扑结构、运行控制方法、建模与仿真等关键技术内容。

本书适合具有电气工程背景并打算在本领域工作或研究的科研人员阅读参考。

图书在版编目(CIP)数据

交直流混合微电网能量调度管理与控制策略 / 蔡艳平等著. -- 北京：科学出版社，2025.3. -- ISBN 978-7-03-081429-6

Ⅰ. TM73

中国国家版本馆 CIP 数据核字第 2025W7B168 号

责任编辑：许　健／责任校对：谭宏宇
责任印制：黄晓鸣／封面设计：殷　靓

科 学 出 版 社 出版
北京东黄城根北街 16 号
邮政编码：100717
http://www.sciencep.com

南京展望文化发展有限公司排版
上海锦佳印刷有限公司印刷
科学出版社发行　各地新华书店经销

*

2025 年 3 月第　一　版　　开本：B5（720×1000）
2025 年 3 月第一次印刷　　印张：14 1/2
字数：252 000
定价：120.00 元
（如有印装质量问题，我社负责调换）

前言
PREFACE

在能源转型与智能电网发展的浪潮中,微电网作为分布式能源接入与高效利用的重要载体,正逐步成为推动能源结构优化、提升能源系统灵活性与可靠性的关键力量。随着可再生能源(如太阳能、风能)的广泛应用,以及电动汽车、储能系统等新型负荷的快速增长,传统的单一交流(alternating current, AC)或直流(direct current, DC)微电网已难以满足日益复杂的能源供需场景与多元化需求。在此背景下,交直流混合微电网融合了交流微电网与直流微电网的优势,既保留了交流系统广泛的设备兼容性和成熟的运行经验,又发挥了直流系统在分布式电源接入、能量传输效率及负荷管理方面的独特优势。它不仅能够有效整合多种分布式能源,实现能源的最大化利用,还能通过智能调度与控制策略,提高微电网的供电可靠性、经济性和环保性,为构建绿色低碳、安全高效的现代能源体系提供有力支撑。于是,交直流混合微电网凭借其灵活的配置能力、高效的能量转换效率以及良好的兼容性,逐渐成为微电网领域的研究热点与未来发展趋势。

本书正是在这一时代背景下应运而生,它汇聚了我们教研室多年来的研究成果与实践经验,旨在系统而深入地探讨交直流混合微电网的构建、模型、控制策略及仿真分析,为相关领域的研究人员及工程师提供一本全面而实用的参考书。

本书共七章,每章内容紧密相连,层层递进,共同构成了交直流混合微电网能量调度管理与控制策略的完整框架。第 1 章绪论部分,首先探讨分布式电源的基本原理和应用场景,展示分布式电源的种类、工作原理及其与传统能源系统的异同;然后介绍微电网的基本概念及其与传统电网的关系,简要阐述微电网结构、功能及其在能源管理等方面的优势;最后介绍微电网的关键技术,主要包括微电网的规划设计技术、运行控制技术、经济运行与能量管理技术、故障检测与保护技术、电能质量提升技术、通信技术、建模仿真技术等。第 2 章以某工程的应急保底供电需求为例,详细介绍交直流混合微电网的电气结构及控制结构。第 3 章主要对系统中的几种分布式电源建模,通过对其数学模型和特性的分析,在 MATLAB/Simulink 中建立相应的仿真模型,为整个交直流混合微电网的控制与仿真奠定基础。在发电系统最大功率点跟踪(maximum power point tracking,MPPT)控制方面,以燃料电池系统为例,介绍一种开路电压与变步长扰动观察法相结合的优化方法,以解决传统扰动观察法在跟踪速度和精度上的不足;在发电系统直流母线恒压控制方面,以铝空电站为例,介绍一种发电系统恒压控制策略和储能系统充放电控制策略,以维持直流母线电压稳定和铁锂蓄电池合理充放电;在储能系统控制方面,以铁锂蓄电池系统为例,介绍常用的 DC/DC 切换控制方式及充放电控制策略。第 4 章深入探讨交直流混合微电网领域的核心技术与挑战,剖析交直流混合微电网的运行模式、控制策略及高效监控管理技术。在能源转型与智能电网建设的背景下,本章内容不仅具有重要的理论价值,更为推动微电网技术在实际应用中的安全、经济、高效运行提供了宝贵的参考与指导。第 5 章主要针对并网及孤岛模式下分布式电源及微电网系统的控制策略进行研究和仿真。第 6 章围绕交直流混合微电网中的双向 DC/AC 变流器控制技术展开深入探讨,首先介绍双向 DC/AC 变流器的基本工作原理及控制方法,然后构建双向 DC/AC 变流器的数学模型,最后向读者介绍一种基于改进谐振抑制的逆变器恒压恒频控制策略和基于改进逆变器输出电压直接控制的恒功率控制策略。在第 7 章中,我们对双向 DC/DC 变流器和不同的直流母线电压控制策略进行分析和设计。

尽管交直流混合微电网在理论研究与实际应用中取得了显著进展,但仍面临诸多挑战与未知领域。例如，如何进一步提升微电网的智能化水平，实现更精准的预测与调度；如何优化微电网的经济性，降低运行成本；如何提升微电网的故障检测与恢复能力，保障供电可靠性等。这些问题都需要我们持续探索与创新，不断推动交直流混合微电网技术的发展与成熟。

  本书是我们对交直流混合微电网领域研究成果的一次系统总结与展示。我们希望通过本书的出版，能够激发更多学者与工程师对交直流混合微电网的兴趣与关注，共同推动这一领域的理论研究与技术创新。同时，我们也期待与业界同仁携手合作，共同应对能源转型的挑战，为实现全球能源可持续发展贡献我们的智慧与力量。在未来的日子里，我们将继续深耕细作，不断探索交直流混合微电网的新理论、新技术与新应用，为构建更加美好的未来而不懈努力。

作　者

2025 年 1 月

目录
CONTENTS

第1章　绪论 ·· 1
1.1　分布式电源 ·· 1
 1.1.1　太阳能发电 ··· 4
 1.1.2　风力发电 ·· 6
 1.1.3　生物质发电 ··· 8
 1.1.4　地热发电 ·· 9
 1.1.5　海洋能发电 ·· 10
 1.1.6　燃料电池 ·· 11
1.2　微电网基本概念 ··· 13
 1.2.1　交流微电网 ··· 15
 1.2.2　直流微电网 ··· 16
 1.2.3　交直流混合微电网 ··· 17
 1.2.4　微电网运行方式 ·· 18
1.3　微电网关键技术 ··· 20
 1.3.1　规划设计 ·· 20
 1.3.2　运行控制 ·· 30
 1.3.3　经济运行与能量管理 ·· 36
 1.3.4　故障检测与保护 ·· 42
 1.3.5　电能质量 ·· 44
 1.3.6　通信技术 ·· 51
 1.3.7　建模与仿真 ··· 53

第 2 章 交直流混合微电网结构 ... 61
2.1 混合微电网拓扑及电气结构 ... 62
2.1.1 混合微电网拓扑 ... 63
2.1.2 混合微电网电气结构 ... 63
2.2 混合微电网工作及控制结构 ... 73
2.2.1 混合微电网工作方式 ... 73
2.2.2 混合微电网控制结构 ... 74

第 3 章 交直流混合微电网模型及控制方法 ... 86
3.1 发电系统 MPPT 控制策略 ... 86
3.1.1 MPPT 控制算法 ... 86
3.1.2 扰动观察法及其优化 ... 88
3.1.3 MPPT 控制模型建立与仿真 ... 90
3.2 发电系统恒压控制策略 ... 93
3.2.1 同步 Buck 控制方式 ... 93
3.2.2 PI 控制算法 ... 95
3.2.3 均值电流型控制算法 ... 97
3.2.4 恒压控制模型建立与仿真 ... 99
3.3 储能系统控制策略 ... 100
3.3.1 双向 DC/DC 切换控制方式 ... 100
3.3.2 放电控制策略 ... 100
3.3.3 充电控制策略 ... 101
3.3.4 充放电控制模型建立与仿真 ... 103

第 4 章 交直流混合微电网控制 ... 107
4.1 混合微电网运行模式 ... 107
4.1.1 并网模式 ... 107
4.1.2 孤岛模式 ... 122
4.2 混合微电网典型控制策略 ... 130
4.2.1 主从控制策略 ... 130

4.2.2　对等控制模式 ··· 132
　　　4.2.3　分层控制模式 ··· 134
　4.3　混合微电网监控管理设计 ·· 137
　　　4.3.1　分层运行控制设计 ··· 137
　　　4.3.2　集中控制器设计 ··· 141
　　　4.3.3　集中监控功能设计 ··· 144
　4.4　分布式电源并网逆变器 ·· 147
　　　4.4.1　并网逆变器拓扑结构 ··· 147
　　　4.4.2　数学模型 ··· 149
　　　4.4.3　控制方法 ··· 153

第 5 章　交直流混合微电网仿真 ·· 162
　5.1　并网模式交直流混合微电网仿真分析 ··································· 162
　　　5.1.1　市电下交直流混合微电网仿真分析 ································ 162
　　　5.1.2　市电+光伏组合下交直流混合微电网仿真分析 ······················ 164
　　　5.1.3　市电+储能组合下交直流混合微电网仿真分析 ······················ 166
　　　5.1.4　市电+储能+光伏组合下交直流混合微电网仿真分析 ················· 169
　5.2　离网模式交直流混合微电网仿真分析 ··································· 171
　　　5.2.1　柴油发电机组下交直流混合微电网仿真分析 ························ 171
　　　5.2.2　储能下交直流混合微电网仿真分析 ································ 174
　　　5.2.3　储能+光伏组合下交直流混合微电网仿真分析 ······················ 176
　　　5.2.4　储能+铝空组合下交直流混合微电网仿真分析 ······················ 178
　　　5.2.5　储能+光伏+铝空组合下交直流混合微电网仿真分析 ················· 181

第 6 章　交直流混合微电网关键单元控制策略及仿真 ··························· 185
　6.1　交直流混合微电网双向 DC/AC 变流器控制 ······························ 185
　6.2　双向 DC/AC 变流器建模 ··· 187
　6.3　基于改进谐振抑制的逆变器恒压恒频控制 ······························ 189
　6.4　基于改进逆变器输出电压直接控制的恒功率控制 ························ 194

第 7 章　交直流混合微电网直流母线电压控制　198
7.1　双向 DC/DC 变流器建模　198
7.2　基于双向 DC/DC 变流器恒压控制的直流母线电压控制　199
7.3　基于双向 DC/AC 变流器双闭环控制的直流母线电压控制　201
7.4　交直流混合微电网不同工作模式仿真分析　204
7.4.1　交直流混合微电网系统模型　204
7.4.2　并网模式仿真分析　204
7.4.3　孤岛模式仿真分析　209
7.4.4　市电检修模式仿真分析　213

参考文献　218

第 1 章

绪　　论

随着全球能源结构的不断调整和可再生能源的快速发展,分布式电源和微电网作为新型能源系统的关键组成部分,日益受到人们的广泛关注。本章全面介绍分布式电源、微电网的基本概念及其关键技术,以帮助读者深入理解和应用这些新兴技术。

首先,本章将探讨分布式电源的基本原理和应用场景,展示分布式电源的种类、工作原理及其与传统能源系统的异同,帮助读者建立起对分布式电源的初步认识。

然后,本章将介绍微电网的基本概念及其与传统电网的关系,简要阐述微电网结构、功能,及其在能源管理、环境保护等方面的优势,使读者对微电网有一个清晰的认识。

最后,本章将介绍微电网的关键技术,主要包括微电网的规划设计技术、运行控制技术、经济运行与能量管理技术、故障检测与保护技术、电能质量提升技术、通信技术、建模仿真技术等,帮助读者掌握微电网技术的核心要点,为实际应用提供指导。

1.1　分布式电源

分布式电源(distributed generation,DG),作为一种新兴的能源供应方式,近年来在全球范围内得到了广泛的关注和应用。其核心特点在于其分布式的结构和供电方式,可以根据当地的需求和资源情况进行灵活调整和布置。接下来从定义与分类、特点与优势、应用场景、发展趋势等方面对其进行简要介绍。

1. 定义与分类

分布式电源是一种新型的发电和供电方式,它将传统的集中式发电模式转变为在用户或负荷附近进行发电和供电,以满足当地的电能需求。分布式电源通常接入 35 kV 及以下电压等级的电网,并以就地消纳为主,这有助于减少输配电损耗,提高能源利用效率。

根据使用技术、能源类型和储能形式的不同,分布式电源可以分为多种类型。其中,按照技术类型划分,主要包括微型燃气轮机、燃料电池、光伏电池、风力发电、生物质能发电等。按照能源类型划分,则包括太阳能、天然气、生物质能、风能、水能、氢能、地热能、海洋能以及资源综合利用发电(如煤矿瓦斯发电)等。此外,储能装置也是分布式电源的重要组成部分,包括蓄电池储能、超导储能和飞轮储能等,用于储存多余的电能并在需要时释放。

2. 特点与优势

(1)灵活性:分布式电源可以根据当地的能源资源和负荷需求进行灵活配置,不受地理位置和传输线路的限制。这种灵活性使得分布式电源能够适应各种复杂的电力需求环境,提高能源利用效率。

(2)高效性:由于分布式电源靠近负荷中心,减少了输配电网络的建设成本和损耗,提高了能源转换效率。此外,分布式电源可以利用可再生能源进行发电,进一步提高了能源利用效率。

(3)可靠性:分布式电源系统相互独立,用户可以自行控制,减少了因电网故障而导致的停电风险。在意外灾害发生时,分布式电源可以继续供电,成为集中供电方式的重要补充,提高了供电的安全性和可靠性。

(4)环保性:分布式电源广泛利用清洁可再生能源进行发电,如太阳能、风能等,减少了化石能源的消耗和有害气体的排放。这有助于缓解环保压力,改善空气质量,减少温室气体的排放。

(5)经济性:分布式电源的规划和建设周期短,投资见效快,风险较小。同时,由于减少了输配电网络的建设和运营成本,降低了整体能源成本。此外,分布式电源还可以促进当地经济发展,提高能源自给率。

3. 应用场景

分布式电源适用于多种场景,包括农村地区、城市建筑物、社区、工业园区等。以下展示一些具体应用场景。

(1)农村地区:在农村地区,由于电网建设相对滞后,电力供应不稳定。利用分布式电源,如生物质能发电、小型风力发电等,可以为农村居民提供稳定可靠的电力供应。

(2)城市建筑物:在城市建筑物中,可以利用太阳能光伏板和风力涡轮发电机等分布式电源设备进行发电。这不仅可以为建筑物自身提供电力,还可以将多余的电能并入电网,实现能源的共享和利用。

(3) 社区：在社区中，可以建立小型的分布式电源系统，如太阳能光伏电站、小型风力发电站等。这些系统可以为社区居民提供电力供应，并减少对传统电网的依赖。

(4) 工业园区：在工业园区中，可以利用燃气轮机或燃料电池等设备将天然气转化为电能。这些分布式电源设备可以为工业园区内的企业提供稳定可靠的电力供应，并降低能源成本。

(5) 国防工程：在国防工程中，当主电网发生故障或受到攻击时，微电网可以迅速与主电网断开连接，独立为国防工程提供电力供应，这对于确保国防设施在紧急情况下的正常运行至关重要。

4. 发展趋势

随着可再生能源和智能电网技术的不断发展，分布式电源技术也在不断进步。以下简要说明分布式电源的发展趋势。

(1) 智能化：未来的分布式电源将更加智能化，能够实现自动控制和优化运行。通过智能传感器、物联网和云计算等技术，可以实现对分布式电源的实时监测和控制，提高能源利用效率和管理水平。

(2) 模块化：分布式电源将逐渐实现模块化设计，使得设备的安装、维护和更换更加便捷。模块化设计还可以提高设备的可靠性和可维护性，降低运营成本。

(3) 集成化：未来的分布式电源将更加集成化，能够将多种能源类型和储能形式进行有机结合。例如，可以将太阳能光伏板、风力涡轮发电机和蓄电池储能系统进行集成，形成一个综合性的分布式电源系统。

(4) 与大电网的协调运行：随着分布式电源在能源系统中的占比不断提高，其与大电网的协调运行和互补互济也将成为重要的研究方向。通过智能调度和控制技术，可以实现分布式电源与大电网的互补运行，提高电力系统的稳定性和可靠性。

(5) 政策与市场推动：政府对可再生能源和分布式电源的支持政策以及市场机制的完善将推动分布式电源的快速发展。各国政府加大对分布式电源行业的支持力度，通过政策激励和监管规范，推动分布式电源的健康发展和接入电网。我国政府对分布式电源的支持政策经历了从"鼓励建设"到"大力推进"的变化。特别是"十四五"时期，加快电网基础设施智能化改造和智能微电网建设成为重要任务，为分布式电源的发展提供了良好的政策环境。

然而，分布式电源也存在一些挑战，如储能容量的限制、环境影响、不稳定因素等,这些问题需要在未来的技术研发和应用实践中加以解决。总的来说,分布式电源以其灵活性、高效性、可靠性和可持续性等特点,为全球的能源供应提供了一种新的解决方案。随着技术的不断进步和应用的不断扩展,未来分布式电源有望在能源领域发挥更加重要的作用。

1.1.1 太阳能发电

社会的进步、经济的繁荣和科技的快速发展都以能源的大量消耗为前提条件。传统能源由于不可再生,造成储能危机日益严重。同时,其燃烧后带来的大气污染对人类的生存环境产生重大影响。目前生产生活中的电力主要由煤、水等一次能源转变而来。近年来,煤炭资源缺口严重且燃烧后对环境的影响很大,水资源严格依赖地理位置开发,无法在各地得到广泛推广。传统能源已不能满足日益增长的生产生活的电力需求,因此强化新型可再生能源发电模式的研发力度,采取高效环保的发电方式来维持生产活动是很有必要的。

太阳能是理想的可再生清洁能源,取之不尽、用之不竭,基本不受地域限制,它不会对大气环境带来污染并且分布地域十分辽阔。目前,太阳能发电已经成为传统发电的补充方式,其应用技术也越来越成熟。20 世纪 60 年代以前,光伏发电技术始终处于缓慢发展的状态,直到在欧洲、美国和日本等发达国家和地区的推动下才开始迅速发展,他们在光伏发电技术方面的研究自此一直处于世界顶尖水平[1]。21 世纪以后,光伏产业在全球范围内呈现出爆炸式地增长趋势。2004 年以来,多个欧洲国家针对光伏发电修订了新的能源法规,对光伏发电的广泛推广提供了有力支撑。随着各个发达国家在光伏领域不断出台新的政策法规,光伏发电技术也得到了全面飞速的发展。

我国光伏产业虽起步较晚,但近十年以来,我国政府也将新能源技术的研究重点放在光伏发电项目上,并先后出台多项政策来扶持光伏并网项目的广泛推广。1980 年后,我国政府加大了对光伏发电的支持。截至 2012 年"金太阳能示范工程"第五期实施,国家重点扶植太阳能工程项目和太阳能扶贫工程,随着初步政策的相继出台,光伏产业市场蓄势待发。2012 年 9 月,《国家能源局关于申报分布式光伏发电规模化应用示范区通知》(国能新能〔2012〕298 号)的发布,标志着光伏分布式应用拉开了序幕。2013 年 8 月和 11 月发布的《国家发展改革委关于发挥价格杠杆作用促进光伏产业健康发展的通知》(发改价格〔2013〕1638 号)和《国家能源局关于印发分布式光伏发电项目管理暂行办法的通知》(国能新能〔2013〕433 号),首次明确了分布式光伏补贴期限和结算方式。2014

年9月下发的《国家能源局关于进一步落实分布式光伏发电有关政策的通知》(国能新能〔2014〕406号),标志着光伏新政正式落地。2015年前后,国家针对太阳能光伏产品、市场等方面陆续出台了相关的规范及标准,如《光伏制造行业规范条件》《光伏发电企业安全生产标准化创建规范》等,都推进了光伏行业向规范化的方向发展。2016年开始,我国的光伏扶贫政策陆续出台,将光伏扶贫政策进一步深化和落实,开始向全国范围内开展光伏扶贫。2017年对能源行业来说是飞跃的一年,由于分布式光伏补贴政策的出台,分布式光伏产业进入了发展的快车道[2]。而2018~2019年,随着《国家能源局关于2019年风电、光伏发电项目建设有关事项的通知》等的出台,我国确定了电价下调的原则,明确优先推进无补贴的平价上网项目建设,再开展需要国家补贴项目的竞争配置工作。这两个政策看似为我国光伏产业泼了冷水,但实则是推进我国光伏产业革新的又一项举措。与此同时,我国多次电价下调也促使太阳能电池制造企业研发并制造出高效、发电成本更低的太阳电池板,以增强产品的市场竞争力[3]。

光伏发电系统存在两种工作模式,即离网独立型和并网型,如图1-1所示。离网独立型光伏系统一般由太阳能电池组件组成的光伏方阵、太阳能充放电控制器、蓄电池组、离网型逆变器及直流和交流负荷组成。离网型光伏系统中的逆变器为输出电压控制,其为负荷提供电压和频率支撑,工作方式类似于不间断电源,可等效为一个电压源。在实际系统中,离网逆变器多采用下垂控制或电压电

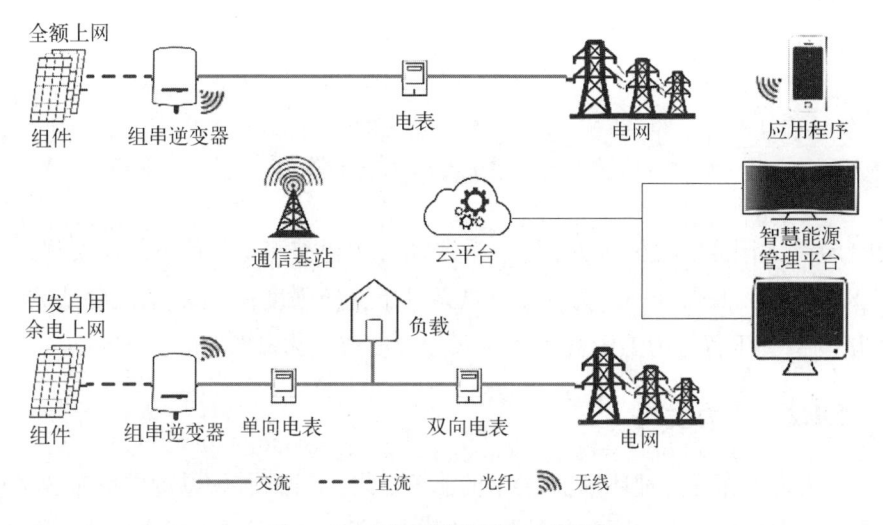

图1-1 光伏系统的两种工作模式

流双环控制。而并网型光伏系统主要由光伏方阵、太阳能充放电控制器、并网逆变器和电网组成。在并网型光伏系统中,并网逆变器直接将能量送到网上,为电网注入功率,不需要提供电压和频率支撑,所以并网逆变器为输出电流控制或功率跟踪控制,可等效为一个电流源。光伏逆变器作为新能源与公用电网或新能源与负载之间的接口装置具有举足轻重的地位,其涉及的关键技术主要有逆变器的建模技术、输出电压/电流控制技术、电能质量控制技术等。上述这些关键技术将在本书的后续章节中详细讨论说明。

光伏(photovoltaic,PV)发电原理基于光伏效应。太阳能光伏电池等效电路如图1-2所示。

该等效模型对应光伏电池伏安关系为

$$I = I_{ph} - I_s (e^{\frac{q(U+IR_s)}{AkT}} - 1) - \frac{U + IR_s}{R_{sh}} \tag{1-1}$$

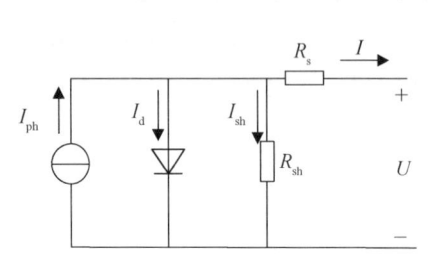

图 1-2 光伏电池等效电路

注:U 为光伏电池输出电压;I 为光伏电池输出电流;I_{ph} 为光生电流源电流;I_d 为 pn 结在外部电压作用下内部流过的单向电流;I_{sh} 为旁路电流;R_s 和 R_{sh} 分别为等效串联和并联电阻。

式中,I_s 为二极管饱和电流;q 为电子电量常量;A 为二极管特性拟合系数;k 为玻尔兹曼常量;T 为光伏电池工作的绝对温度值。

光伏电池输出功率与环境温度、光照强度有关,其出力模型可用下式来描述:

$$T_{real} = T_c + \frac{3S}{100} \tag{1-2}$$

$$E_{PV} = \frac{\eta E_{STC} S}{S_{STC}} [1 + \alpha (T_{real} - T_{STC})] \tag{1-3}$$

式中,η 为太阳能电池板的功率降额系数;E_{STC} 为标准测试条件下的最大测试功率;S 为实际光照强度;S_{STC} 为标准测试条件下光照强度;α 为功率温度系数,其值为 -0.47%/K;T_{real} 为工作温度;T_c 为环境温度;T_{STC} 为参考温度,为 25℃。

1.1.2 风力发电

风力发电作为一种环保、可再生的能源形式,在全球能源结构中扮演着越来越重要的角色。根据国际能源署发布的数据,全球风力发电装机容量持续增长,尤其在近年来增速显著[4]。丹麦、德国、荷兰、西班牙以及美国等国家作为风电发展的大国,近年来其年增长更是高达50%以上,并掌握着世界先进的风力发电技术与控制技术。新兴风力发电市场,如印度、拉丁美洲等也展现出强劲的增长势头。中国作为全球风电市场的重要一员,风力发电装机容量和发电量均居世界前列。近年来,中国风电产业实现了跨越式发展,不仅在陆上风电领域取得了显著成就,海上风电也呈现出蓬勃发展的态势[5]。同时,随着技术的不断进步和成本的降低,风力发电在中国能源结构中的比例逐渐增加,为中国的能源转型和应对气候变化做出了积极贡献。

  风力发电是一种利用风力驱动风力发电机组发电的可再生能源发电方式,原理如图 1-3 所示。当风吹动风车叶片时,叶片受到风力作用而旋转,这种旋转运动通过增速机传递给发电机。发电机将机械能转化为电能,经过变压、变频等处理,最终并入电网供用户使用。风力发电技术的核心是风力发电机组的设计和制造。风力发电机组包括风车叶片、增速器、发电机等主要部件。风车叶片的形状、材料和气动性能对发电效率具有重要影响。增速器则负责将风车叶片的旋转速度提升到适合发电机工作的范围。发电机则将旋转的机械能转化为电能。随着技术的进步,风力发电机组的设计日趋成熟,单机容量不断增大,发电效率不断提高。同时,风力发电技术也在不断创新,如采用新型材料、优化风力发电机控制系统等,以提高发电效率和降低运维成本。

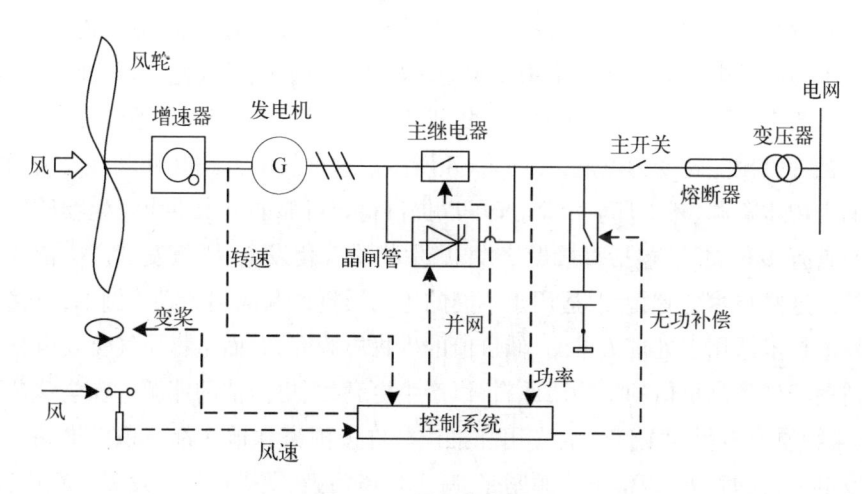

图 1-3 风力发电原理

  尽管风力发电在全球范围内得到了广泛应用,但仍面临一些挑战,如风速不稳定导致的可靠性和稳定性问题、电网建设进展缓慢、储能技术成本高等。然而,随着全球对可再生能源的需求不断增加,以及政策支持力度的加大,风力发电市场仍然具有巨大的机遇。未来,随着技术的进步和成本的降低,风力发电有望在全球能源结构中占据更重要的地位。

风力发电机(简称风机)的输出功率取决于塔架实际安装高度处的风速大小,两者关系可用下式描述:

$$E_{WT} = \begin{cases} 0, & v < v_{ci} \\ \dfrac{v - v_{ci}}{v_{cr} - v_{ci}} E_r, & v_{ci} \leqslant v < v_{cr} \\ P_r, & v_{cr} \leqslant v \leqslant v_{co} \\ 0, & v_{co} < v \end{cases} \quad (1-4)$$

式中,E_{WT}为风力发电机实际输出功率;E_r为风力发电机额定输出功率;v_{ci}、v_{cr}、v_{co}分别为风力发电机的切入风速、额定风速和切出风速;v为实际风速;P_r为风力发电机有功功率。

1.1.3 生物质发电

生物质发电是一种利用生物质能源转化为电能的技术,它是可再生能源领域的重要组成部分。生物质能源主要来源于农林废弃物、城市生活垃圾、畜禽粪便等有机物质,这些物质通过特定的技术处理,可以转化为高效、清洁的电能[6]。

生物质发电的原理是将生物质中的化学能通过燃烧或气化等方式转化为高温高压蒸汽或可燃气体,进而驱动汽轮机或燃气轮机转动产生机械能,最终通过发电机将机械能转变为电能,如图1-4所示。这种发电方式既可以有效利用废弃的生物质资源,减少环境污染,又可以提供稳定可靠的电力供应。生物质发电技术具有多种类型,包括直接燃烧发电、生物质气化发电、厌氧发酵产生沼气发电等。这些技术各有特点,适用于不同的生物质资源和应用场景。例如,直接燃烧发电技术适用于处理大量的、低价值的生物质废弃物,而生物质气化发电技术则适用于处理高价值的生物质原料,以产生更高效、更清洁的能源。在全球范围内,生物质发电得到了广泛的应用和推广。许多国家和地区都在积极推动生物质发电项目的发展,以缓解能源紧张、减少环境污染、促进可持续发展。在中国,随着政策的出台和落实,生物质发电行业也呈现出快速发展的态势,为我国的能源结构转型和应对气候变化做出了积极贡献。

然而,生物质发电也面临一些挑战和问题,如生物质资源的收集、运输和储

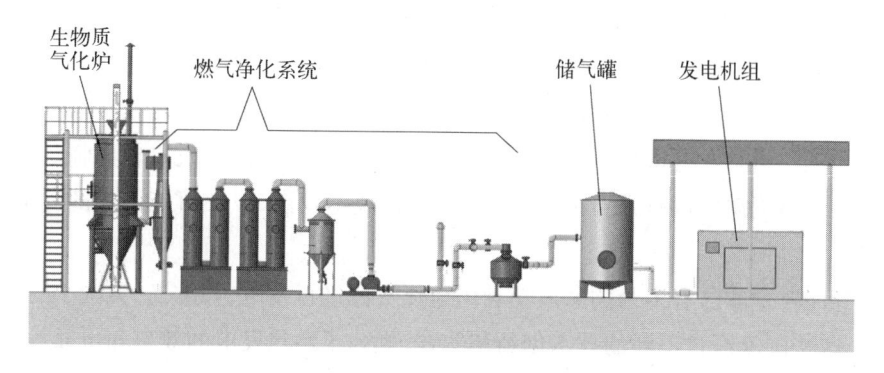

图 1-4 生物质发电原理

存成本较高,生物质发电技术的效率和稳定性有待进一步提高等。未来,随着技术的进步和成本的降低,生物质发电有望在全球范围内得到更广泛的应用和发展。

1.1.4 地热发电

地热发电是一种利用地球内部热能产生电能的技术。其工作原理主要依赖于地下热水或蒸汽,通过一定的技术手段将其热能提取出来,进而驱动发电机发电,如图 1-5 所示。地热发电的过程通常包括将冷水或工作流体注入地下的储热层,通过热交换使其加热,然后将加热后的流体或蒸汽输送到地面。在地面,蒸汽或热流体通过涡轮机驱动发电机旋转,从而产生电能。在此过程中,部分未利用的热能或废气经过冷凝处理后,会再次被送回地下,以实现热能的循环利用[7]。

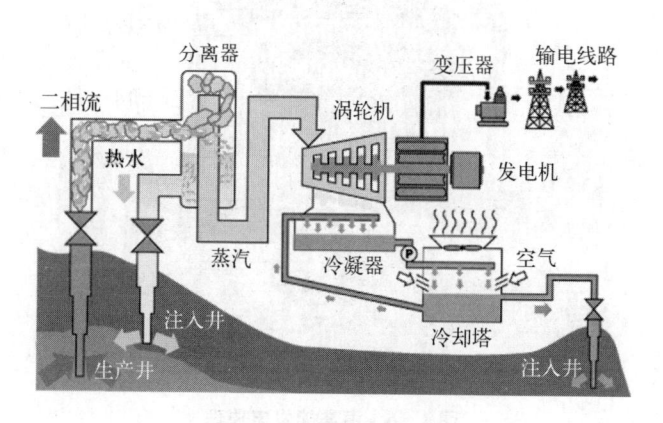

图 1-5 地热发电原理

根据地热资源的类型,地热发电主要分为蒸汽型和热水型两种。蒸汽型地热发电主要利用地下高压蒸汽直接驱动涡轮机;而热水型地热发电则需要先将热水加热并产生蒸汽,再利用蒸汽发电。地热发电的优势在于其能源来源稳定且可再生,同时发电过程中产生的污染相对较少。然而,地热发电也面临一些挑战,如地热资源的勘探和开发难度较大,投资成本较高,以及可能引发的环境问题等。

目前,全球已有多个国家成功利用地热资源进行发电,如冰岛、美国、菲律宾等。这些国家通过不断的技术创新和实践,提高了地热发电的效率和可靠性,为地热发电的进一步发展奠定了基础。

1.1.5 海洋能发电

海洋能发电是指利用海洋中所蕴藏的能源,如潮汐能、波浪能、海流能、海水温差能和海水盐差能等,通过一定的技术手段将其转换为电能的过程。这些能源都是可再生能源,具有清洁、无污染的特点,对于缓解能源紧张、保护环境、促进可持续发展具有重要意义。

海洋能发电主要依赖于各种能源形式的转换技术。以潮汐能为例,其发电原理是通过修建堤坝和闸门,利用潮汐的涨落来形成水位差,进而驱动水轮发电机组发电[8],如图 1-6 所示。波浪能发电则是通过波浪采集系统,将波浪的动能转换为机械能,再进一步转换为电能[9]。海流能发电则类似于水力发电,利用海底海水的流动来驱动涡轮发电机组。海洋能发电具有多种优势[10]。首先,海

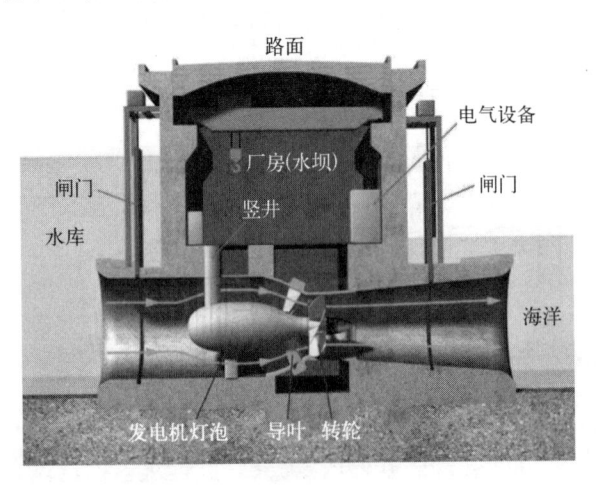

图 1-6 海洋能发电原理

洋能资源丰富,分布广泛,具有巨大的开发潜力。其次,海洋能发电作为可再生能源,不会产生污染物,对环境友好。此外,海洋能发电还具有运行稳定、维护成本低等优点。

然而,海洋能发电也面临一些挑战和限制。由于海洋环境的复杂性和不确定性,海洋能发电设备的设计和制造难度较大,成本较高。同时,海洋能发电的效率和可靠性也受到多种因素的影响,如波浪大小、潮汐周期、海水温度等。

目前,全球已有多个国家在海洋能发电领域进行了积极探索和实践。随着技术的不断进步和成本的降低,海洋能发电有望在未来得到更广泛的应用和推广。

1.1.6 燃料电池

燃料电池是一种将燃料(如氢气)与氧化剂(如氧气)通过化学反应直接转换成电能的发电装置,如图1-7所示。其工作原理类似于电池,但不同的是,燃料电池需要连续不断地输入燃料和氧化剂以维持化学反应,从而持续产生电能。燃料电池的核心组成部分包括阳极、阴极和电解质。燃料在阳极发生氧化反应,释放出电子和离子;氧化剂在阴极发生还原反应,接受电子并与来自阳极的离子结合。电解质则起到分隔阳极和阴极,同时允许离子通过的作用。这一系列的反应构成了一个闭合的电路,从而产生了电流[11,12]。

燃料电池具有多种类型,每种类型都有其特定的燃料和电解质。例如,铝空气金属燃料电池(简称铝空燃料电池或铝空电池)利用铝和空气中的氧气之间的化学反应来产生电能。在单体电池中,铝作为负极,氧作为正极,而氢氧化钾或氢氧化钠水溶液作为电解质。燃料电池作为一种高效、环保的能源转换技术,具有诸多优势。首先,燃料电池的能量转换效率高,可以直接将化学能转化为电能,避免了传统发电过程中的能量损失。其次,燃料电池在发电过程中产生的污染物极少,甚至可以实现零排放,对

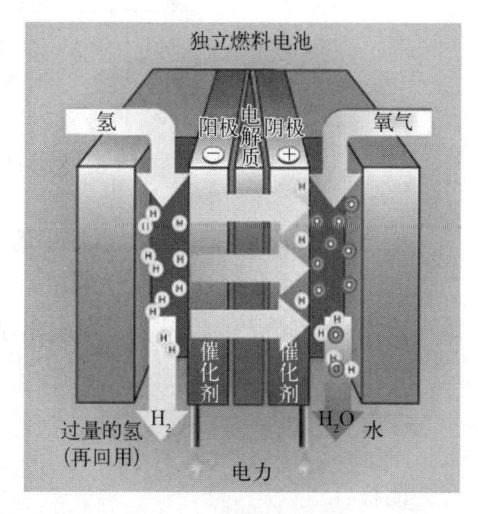

图1-7 燃料电池结构

于改善环境质量和应对气候变化具有重要意义。此外,燃料电池还具有燃料来源广泛、可靠性高等特点。

铝空燃料电池是一种常见的燃料电池,由铝合金电极、空气电极和电解液三部分构成,其中,铝合金电极为阳极,空气电极为阴极,工作原理如图1-8所示。

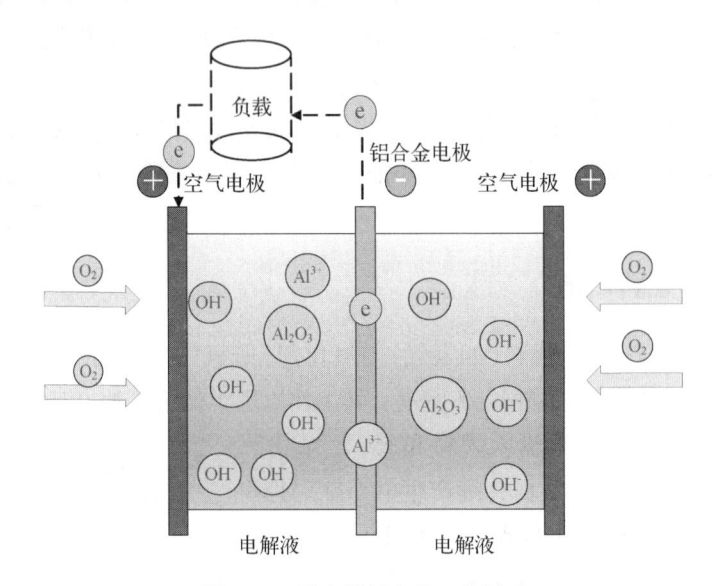

图1-8 铝空燃料电池工作原理

如图1-8所示,阳极与电解液中的OH^-发生反应后释放电子(e),电子通过负载到达阴极并参与O_2和H_2O的还原反应,生成OH^-,随着该反应的持续进行,电子定向移动形成电流,从而发电输出功率。电化学反应公式如下。

阳极:

$$Al + 4OH^- \longrightarrow Al(OH)_4^- + 3e \tag{1-5}$$

阴极:

$$O_2 + 2H_2O + 4e \longrightarrow 4OH^- \tag{1-6}$$

铝空燃料电池通过反应生成产物与电解液中OH^-的含量有关。
当在中性电解液中发生反应时:

$$4Al + 3O_2 + 6H_2O \longrightarrow 4Al(OH)_3 \tag{1-7}$$

当在碱性电解液中发生反应时:

$$4Al + 3O_2 + 6H_2O + 4OH^- \longrightarrow 4Al(OH)_4^- \qquad (1-8)$$

电池总反应为

$$4Al + 3O_2 + 4OH^- + 6H_2O \longrightarrow 4Al(OH)_4^- \qquad (1-9)$$

铝空燃料电池成本-功率模型为

$$C_{FC} = C_{ng} \frac{E_{FC}\Delta t}{\eta_{FC}Q_{ng}} \qquad (1-10)$$

式中,C_{ng}为燃料的市场价格;E_{FC}为电池的输出功率;Δt为燃料电池的运行时间;η_{FC}为燃料电池的效率,一般取值为50%~70%;Q_{ng}为燃料的比能量。

目前,燃料电池已经在交通、电力、工业等领域得到了应用。在交通领域,燃料电池汽车以其零排放、高效能的特点受到了广泛关注;在电力领域,燃料电池可以作为分布式能源系统的重要组成部分,为电网提供稳定可靠的电力支持;在工业领域,燃料电池则可以为各种设备提供动力或作为备用电源[13]。

1.2 微电网基本概念

微电网是一个小型、完整的电力系统,其内含有分布式电源、储能装置、能量转换装置、相关负荷以及监控和保护装置等。它具备自我控制、保护和管理的功能,既可以与外部电网并网运行,也可以独立运行。微电网的主要目标是实现分布式电源的灵活、高效应用,并解决分布式电源并网的问题,从而实现对负荷多种能源形式的高可靠供给。

美国学者 Lasseter 教授最早阐释了微电网这一概念[14],而后欧盟等国家和地区的学者与机构也根据自身需求相继对微电网的内涵进行了阐述。目前国际上尚未就微电网的定义达成统一标准。在我国,依据《微电网规划和设计规程》以及《推进并网型微电网建设试行办法》等,微电网是指由分布式电源、用电负荷、配电设施、监控和保护装置等组成的小型发配用电系统。

由于具有显著优势与巨大潜力,微电网已成为诸多国家和组织的重点研究对象,各国根据本国自然资源条件与能源使用需求,纷纷提出微电网发展的目标与路线。美国在全球最早提出了微电网概念,并且在学术与工程领域开展微电网技术的研究。美国微电网示范工程有200多个,世界上约34%的微电网项目集中在美国及北美地区。美国能源部将微电网技术列入"Grid 2030"发展战略中。其研究重点主要在于提高重要负荷供电可靠性、推进电网智能化进程、满足用户多样化用电需求等。欧盟对于微电网的研究开始较早，于2005年提出了智能电网（smart power networks）概念，并于2006年出台相关技术实现方略。在第五框架计划、第六框架计划和第七框架计划的支持下，对分布式发电和微电网的一系列关键技术进行探究。目前，欧盟已在多个成员国建成了微电网示范项目，如丹麦的博恩霍尔姆（Bornholm）微电网、意大利的中央电工技术实验研究机构（CESI）微电网等。欧盟对于微电网的研究重点是提高清洁能源使用效率、满足电力市场需求以及增强电网的稳定性等。日本是亚洲地区较早开展微电网研究的国家，特地成立了日本新能源开发机构，管理协调新能源研究相关事宜。在该机构协调支持下，自2003年起，先后在爱知县、八户市等地建成微电网示范工程。针对本土资源匮乏、能源紧缺、自然灾害频发的现状，日本科研机构将研究重点放在最大限度合理利用可再生能源、减少污染排放以及提高供电可靠性等方面。

我国对于微电网技术的研究起步相对较晚，2008年的特大冰雪灾害暴露了我国主电网供电存在的缺陷，由此推动了我国微电网技术的迅速发展。在国家高技术研究发展计划（863计划）等一系列项目的支持下，国内众多科研机构纷纷投入微电网研究之中，并已取得了一定成果。天津大学、合肥工业大学等多家高校和科研单位建设成了高水平微电网实验系统[15, 16]；浙江东福山岛微电网、天津中新生态城微电网等一批实际工程已经投入运行。针对目前能源需求持续增长、环境治理任务形势严峻的实际国情，我国研究侧重于提高可再生能源利用效率和电网接纳能力，提高电网智能化水平。

微电网的分类方式主要有两种：按运行方式分类，可分为独立型微电网、并网型微电网和混合型微电网；根据供电形式不同，微电网可分为交流微电网、直流微电网与交直流混合微电网三类。交流微电网是当前微电网应用最广泛的形式，由于传统主电网采用交流供电，因此交流微电网与主电网连接时无须对原有配电网的结构进行大幅改动，操作更为简单，但也存在一些问题，如损耗大、控制复杂、换流环节较多、电能质量较差等。直流微电网可解决交流微电网的上述缺陷，然而由于尚未有统一成熟的制度标准出台，且在建设时对原有配电网结构改动较大，因此仍处于起步阶段，距离大规模推广应用还需要一个较长的周期。交直流混合微电网兼顾交流微电网与直流微电网的优点，对原有配电网结构的改造程度也较小，具有更为广阔的发展前景，是目前微电网技术的研究热点之一。以下将对上述三种微电网类型及运行方式进行详细介绍。

1.2.1 交流微电网

在微电网发展历史中,由于传统电力系统多为交流系统,最先进入研究视野的是交流微电网。图1-9所示为交流微电网的典型结构图,完整的交流微电网一般包括交流母线、分布式电源、储能装置、小型发电机、交直流负荷和一些电能变换装置[17]。直接接入交流母线的负荷一般为电压和功率等级与系统电压和功率等级相匹配的负荷,分布式电源、储能装置和其他类别的负荷一般通过电力电子变换装置接入交流母线,在大电网与交流母线的连接处设有连接点,其闭合与切断可以用以交流微电网的并网或孤岛运行。

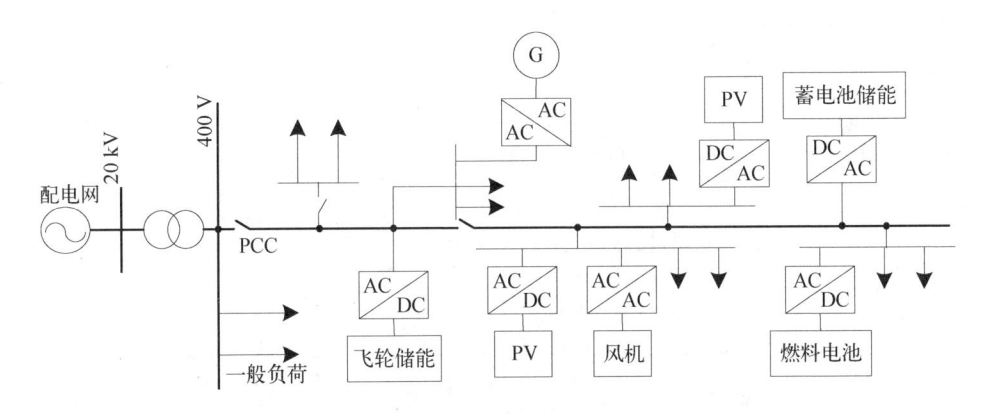

图1-9 交流微电网典型结构

注：图中,PCC指公共连接点(point of common coupling);PV指光伏(photovoltalc);G指内燃机/发电机(generator)。

目前,国内外已成功建立多个交流微电网实验室或示范工程。美国分布式能源技术实验室搭建的交流微电网包含光伏、风机、燃料电池、交流负荷等,用于分析分布式电源利用率、微电源输出功率对系统运行的影响;日本东京燃气公司所搭建的交流微电网用于分析微电网内部能量流动,探索利用微电网进行供能供热的可行性;西班牙搭建的交流微电网包含光伏、风机、蓄电池、飞轮储能、交流负荷等,用于对微电网并网状态下的运行控制策略进行研究。我国交流微电网的研究起步较晚,但近年来在研究实践方面取得了不少成果。天津大学、华北电力大学、合肥工业大学等高校相继建立了交流微电网实验平台和相关国家重点实验室,浙江东极岛、北京左安门、新疆吐鲁番等地建成了一大批交流微电网示范工程,尤其是近年来随着光伏发电、风力发电等可再生能源发电技术和大容量储能技术的发展,带动了我国西部地区微电网能源体系建设,极大地促进了能源结构转型。

1.2.2 直流微电网

很多分布式电源和用电设备为直流输入输出,若全部接入交流微电,需增加大量电能转换装置,容易引起谐波,增加电力损耗,影响电能质量,同时会提高建设成本。随着直流发电与直流输配电技术的发展,促进了人们对直流微电网的研究[18]。相较于交流微电网,直流微电网电能转换环节更少,结构更简单,控制更便捷,不需要考虑无功补偿,在不同分布式电源间的环流抑制方面具有明显优势,能源利用率更高。图1-10所示为直流微电网的典型结构图,包括直流母线、分布式电源、储能装置、交直流负荷和电能变换装置等,不同类别的分布式电源和负荷需要通过电能转换装置接入直流母线,以实现电压和功率等级的匹配。直流母线与大电网之间通过电能变换环节后进行连接,对各分布式电源和负荷的控制主要依托相应的电能变换环节实现。

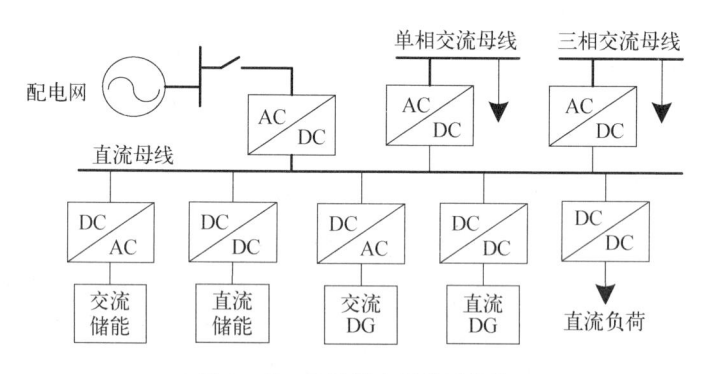

图1-10 直流微电网典型结构

近几年,很多国家将直流微电网列入研究重点。瑞典的相关学者率先对多直流端互联的网状结构直流微电网进行了研究,美国的宾夕法尼亚大学建立了包含380 V与48 V的双直流母线直流微电网的实验系统,用来实现对不同电压等级用电设备的供电,日本东京大学与东北大学在光储直流微电网的工程应用方面进行了研究和实践,不少地区的家庭或小型机构已将此作为用电的重要来源。罗马尼亚的布加勒斯特理工大学和米兰理工大学相继提出了利用光伏、风力发电和沼气等生物质能供电的直流微电网系统。国内对直流微电网的研究和应用也逐步进入工程实践阶段。位于浙江舟山东福山岛的直流微电网工程是我国目前较大的离网型综合直流微电网工程,它集风、光、柴、储互补发电和海水淡化于一体,总装机容量 300 kW,利用蓄电池组进行功率调节,为直流微电网的工程化应用起到了示范作用。我国新疆星星峡地区也组建了由光、柴、蓄联合供电的直流微电网系统,实际运行效果表明该系统具备较为高效、稳定的供电能力。尤其是随着近年来国家政策和一些基金项目对新能源发电的大力支持,我国的直流微电网发展逐步走上快车道。

1.2.3 交直流混合微电网

虽然直流微电网在系统结构、电能质量和控制模式上具有优势,但受大电网固有拓扑结构的制约,电力系统内仍然以交流形式为主。为充分发挥交流微电网与直流微电网的各自优势,新加坡南洋理工大学学者提出了交直流混合微电网的概念。

交直流混合微电网是指包含交流、直流母线,可同时满足交直流负荷需求的微电网形式。分布式电源、储能装置和交直流负荷可依据自身电能输出形式及需求,对应接入交、直流母线,减少用户端的电能转换装置环节和数量,减少多级变换导致的能量损失,避免单侧微电网超负荷引发的运行不稳定,还可简化分布式电源并入微电网的拓扑结构,从而简化整个微电网的控制。虽然对于交直流混合微电网的探究尚处于初期阶段,但相对于单纯的交流或直流微电网而言,在提高能源利用率和成本节约等方面优势明显[19]。简而言之,交直流混合微电网主要有以下几个特点:① 同时包含直流子系统、交流子系统和双向变流器;② 既可以向直流负荷供电,也可以向交流负荷供电,减少了电能变换环节和能量损耗;③ 交直流系统间功率可以双向流动,同时整个微电网系统具备并网和孤岛运行的能力。图 1-11 所示为交直流混合微电网典型结构,整个交直流混合微电网包括分布式电源、储能装置、小型发电机、交直流负荷和相应的电能变换环节等,交直流混合微电网兼顾了交流微电网和直流微电网的连接特性,具有开放性强、融合度高、运行模式多样等特点。交直流母线间能量的双向流动依靠电能变换装置实现,在交流母线与大电网间设置有静态转换开关,其闭合与切断可以实现交直流混合微电网的并网或孤岛运行。

交直流混合微电网作为微电网新的发展方向,针对其展开的相关研究起步不久。但由于交流微电网与直流微电网的技术优势,一些国家已经在工程应用上取得突破。美国建立的国家可再生能源实验室是一个典型的交直流混合微电网系统。混合微电网的组成包含 200 kW 的交流电网模拟设备(含光伏、风机、储能装置等)和直流母线,允许独立的交直流系统同时运行,主要进行交直流混

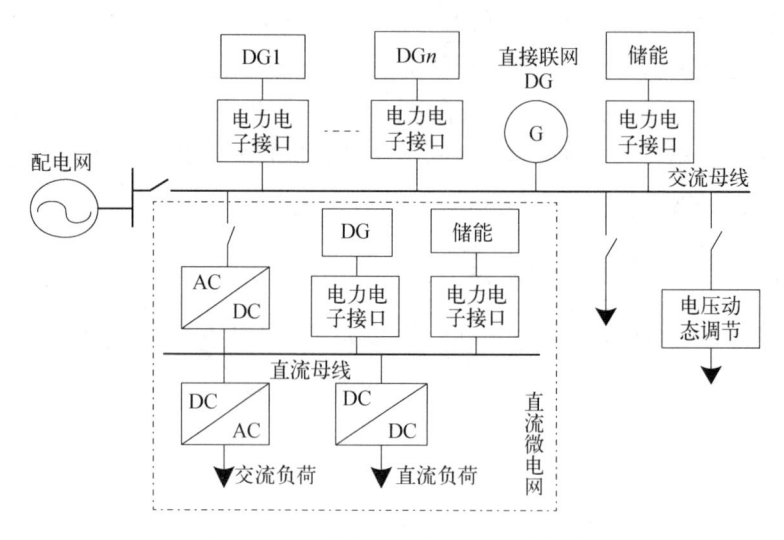

图 1-11　交直流混合微电网典型结构图

合微电网的运行稳定性、运行规则、微源发电可靠性等方面的研究。日本仙台的交直流混合微电网工程含有多种类型的分布式电源和各类交直流负荷,可以提供不同等级的供电质量和补偿设备。2018 年 10 月,西太平洋岛国帕劳与法国 ENGIE EPS 公司签署了当时全球最大的微电网项目,名为"Armonia"的系统包括柴油发电机、高达 35 MW 的太阳能和 45 MWh 的电池储能,是目前最大的可应用的交直流混合微电网系统项目。国内方面,2017 年 8 月,国家 863 计划项目"高密度分布式能源接入交直流混合微电网关键技术"示范工程在浙江上虞投入运行,首次实现了国内交直流混合微电网在用户侧的商业化运营,提供了高密度分布式电源接入的新模式。类似的交直流混合微电网项目还有北京顺义风光柴蓄微电网中心工程、新疆吐鲁番新能源城市微电网示范工程、珠海东澳岛微电网示范工程等,这些项目集成了光伏、风电和高新技术等地区资源优势,在不少关键技术研究上取得了突破。

1.2.4　微电网运行方式

微电网存在两种典型的运行模式——并网模式和孤岛模式,如图 1-12 所示。

并网模式:即微电网与公用大电网相连,微电网断路器闭合,与主网配电系统进行电能交换。在并网运行时,光伏系统可以并网发电,储能系统也可进行并

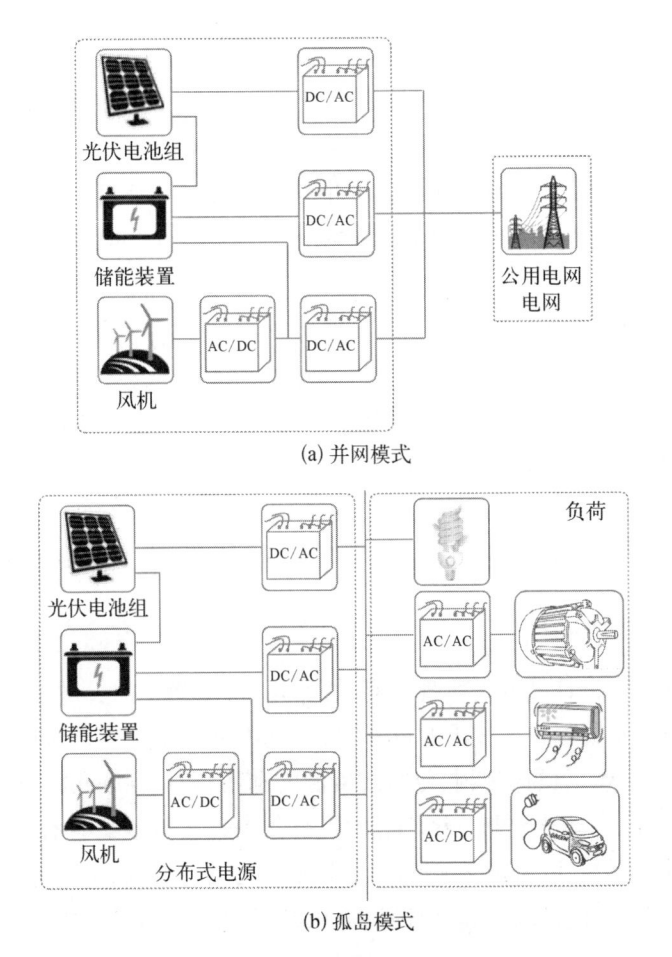

图 1-12 微电网的两种运行模式

网模式下的充电与放电操作。并网模式主要集中于城市电网当中,按照居民小区、宾馆、医院、商场、办公楼等区域进行建设,微电网通过并网模式与大电网相连,实现电能的优化利用和互补。同时,在城市或工业区域,随着电力需求的不断增长,传统的电力系统可能无法满足需求。微电网的并网模式可以有效地接入新增的电源,满足不断增长的电力需求。

孤岛模式:也称离网运行,是在电网故障或计划需要时,与主网配电系统断开,由分布式电源、储能装置和负荷构成的运行方式。孤岛运行时,储能变流器工作于离网运行模式,为微电网负荷继续供电,光伏系统因母线恢复供电而继续发电,储能系统通常只向负载供电。微电网孤岛模式主要用于偏远地区供电、岛屿供电,以及用作紧急备用电源。

另外,微电网也常常采用并/离网混合运行模式。混合运行模式的关键在于微电网的控制系统。控制系统能够实时监测电网状态、分布式电源和储能装置的运行情况,以及负荷需求等因素,根据预设的策略和算法,自动判断并选择最佳的运行模式。同时,控制系统还需要能够实现并网和孤岛模式之间的平滑切换,确保切换过程不会对电力供应造成影响。

1.3 微电网关键技术

微电网是一个集发电、输电、配电、用电于一体的局部电力系统,能够实现自我控制、保护和管理,既可以与外部电网并网运行,也可以孤岛运行。因此,微电网的规划设计、运行控制、经济运行与能量管理、故障检测与保护、电能质量、通信技术以及建模与仿真等内容,对于推动微电网技术的发展具有重要意义。

1.3.1 规划设计

微电网规划设计技术是实现其高效、稳定、可靠运行的关键环节。首先,微电网架构设计是规划设计技术的重要方面。架构设计应满足能源匹配的灵活性和可靠性需求,包括整体规划、分布式资源的利用、能量互联、通信连接等方面。同时,还需考虑自动化控制系统、储能系统、集中式和本地配电系统以及配电网连通性设计等因素,以实现微电网的高效、稳定运行。其次,微电网容量、电压设计对电网安全具有直接影响。应确保电压等级适宜,以避免因电压过高或过低而导致的安全事故。另外,负荷预测技术也是微电网规划设计的重要组成部分。由于地区用电量容易受到外部环境的影响,如大型社会活动、电力设备故障以及天气变化等因素,因此需要对这些变化进行准确的预测。采用人工神经网络等先进方法,可以更好地计算和分析电力负荷情况,为微电网的规划设计提供有力支持。最后,在微电网规划设计过程中,还需注意负荷需求的管理和掌控。通过清晰定义每个区域的需求,可以针对每个区域的负荷类型进行负荷的配置和最优化运转,从而提高微电网的运行效率和可靠性。

考虑到分布式电源的接入会对原有的电力系统潮流产生影响,引起电压、网损等的改变,因此,分布式电源对电力系统的影响与分布式电源的安装位置、容量等有关。接下来,对微电网中分布式电源的选址定容方法进行说明,主要涉及交直流混合潮流计算、分布式电源选址方法、分布式电源容量优化等技术。

1.3.1.1 交直流混合系统潮流计算方法

在建立分布式电源选址定容模型并求解时,为保证电网的稳定性与可靠性,通常将节点功率平衡、节点电压波动范围和母线传输功率波动范围等作为优化模型的约束条件[20]。此外,在选择经济性指标作为目标函数时,一般也需要计算网络功率损耗,从而计算损耗成本。节点电压、母线功率、系统损耗等,都需要通过潮流计算获得。交流电网是当前应用最广泛的微电网形式,关于交流潮流计算的方法较多,研究较为充分。而关于直流微电网与交直流混合微电网的潮流计算方法的研究相对较少。在此,以交直流混合微电网为例,简要说明其潮流计算方法。

类似于交直流混合电力系统潮流计算方法,交直流混合微电网的潮流计算方法也可分为统一迭代法与交替迭代法。统一迭代法收敛性好,但是复杂程度高、计算时间长[21]。交替迭代法虽然收敛性略差,但易于实现,简单直观,因而使用更为广泛[22]。接下来,以交替迭代法为例,实现交直流混合微电网的潮流计算。交替迭代法在计算过程中,分别对交流系统与直流系统的潮流进行求解,直至各系统潮流均收敛为止。交流系统潮流计算方法研究已相当成熟,书中不再介绍,直流系统潮流计算方法可借鉴交流系统潮流计算方法实现。

1. 直流系统潮流计算方法

在此采用牛顿-拉夫逊法求解直流系统潮流,其基本原理与流程类似于交流系统潮流计算。直流系统节点可分为 P 节点、I 节点和 V 节点三种类型。Y 为节点导纳矩阵,则节点注入电流为

$$I = YU \tag{1-11}$$

节点注入功率为

$$P = UI \tag{1-12}$$

P 节点和 I 节点的不平衡量数学模型分别为

$$\begin{cases} \Delta P = P_e - P \\ \Delta I = I_e - I \end{cases} \tag{1-13}$$

式中,P_e 为 P 节点注入有功功率;I_e 为 I 节点注入电流;I 为节点注入电流;U 为节点电压。

若雅克比矩阵 J 的结构为

$$J = \begin{bmatrix} H \\ L \end{bmatrix} \quad (1-14)$$

那么雅克比矩阵 J 中,非对角线元素如式(1-15)所示,对角线元素如式(1-16)所示。

$$\begin{cases} H_{ij} = \dfrac{\partial P_i}{\partial U_j} = U_i Y_{ij} \\ L_{ij} = \dfrac{\partial I_i}{\partial U_j} = Y_{ij} \end{cases} \quad (1-15)$$

$$\begin{cases} H_{ii} = \dfrac{\partial P_i}{\partial U_j} = U_i Y_{ii} + I_i \\ L_{ij} = \dfrac{\partial I_i}{\partial U_j} = Y_{ii} \end{cases} \quad (1-16)$$

式中,i 和 j 分别为行与列元素序号。则修正方程式为

$$\begin{bmatrix} \Delta P \\ \Delta I \end{bmatrix} = -J\Delta U \quad (1-17)$$

设定 ε 为设定潮流迭代误差,迭代终止条件为 $|\Delta U_{max}| \leq \varepsilon$。当满足该条件时,表明潮流已达到收敛,即可终止迭代,输出潮流计算结果。当不满足迭代条件时,计算修正后节点电压,进行下一次迭代。第 n 次迭代后修正节点电压计算如下:

$$U(n) = U(n-1) + \Delta U(n-1) \quad (1-18)$$

2. 交直流混合系统潮流交替迭代求解方法

采用交替迭代法实现交直流混合系统潮流计算,在进行交流系统潮流计算时,可将直流系统视作施加于交流系统上的等效电荷,在进行直流系统潮流计算时,可将交流系统视作施加于直流系统上的稳压电源。直流系统通过电压源型变流器(voltage source converter, VSC)注入交流系统的功率与 VSC 直流侧电压的值,取决于 VSC 的控制方式。

在此,微电网中 VSC 采用的控制方式为定直流电压、交流无功功率。此时,由于 VSC 直流侧电压为固定值,即直流系统潮流计算参数已知,其潮流计算不会受到交流系统的影响。因此,直流系统仅需进行一次潮流计算便可得到结果。根据直流系统潮流计算结果与 VSC 稳态模型,可获得直流系统注入

交流系统的有功功率与无功功率,然后对交流系统进行潮流计算,交替迭代流程如图 1-13 所示。

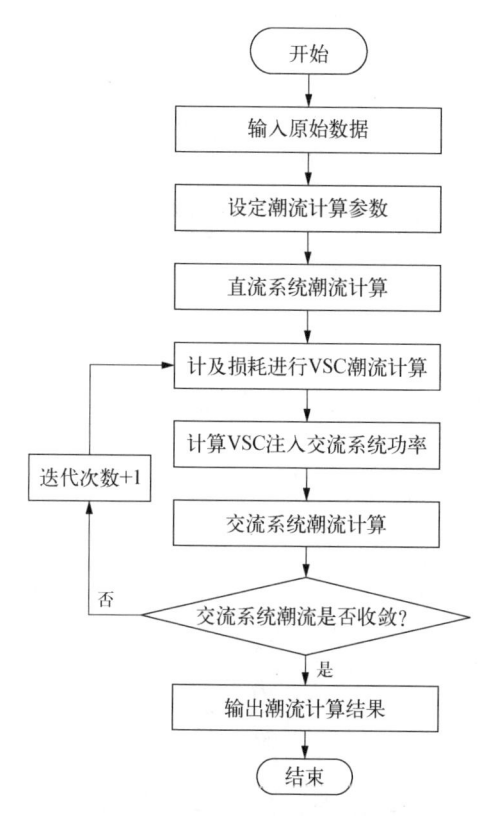

图 1-13 交直流混合微电网交替迭代法潮流计算流程图

1.3.1.2 交直流混合微电网分布式电源选址方法

灵敏度分析法是微电网中分布式电源选址的常用方法,通过计算各节点接入分布式电源后对系统网损、电压稳定性等的影响,常用指标包括网损微增率、静态电压稳定度等。

1. 网损微增率计算方法

网损微增率表征各个节点注入功率对系统网络损耗的影响程度。配电网简化等效电路如图 1-14 所示。

由图易知,配电系统中所有支路的总有功损耗为

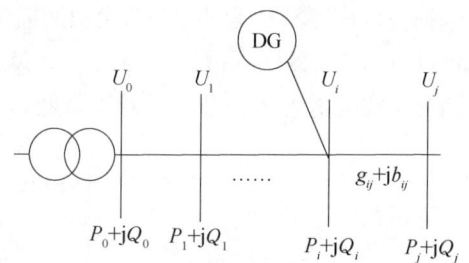

图 1-14 配电网简化等效电路

$$P_{\text{loss}} = \sum_{l=1}^{n} [(U_i^2 + U_j^2 - 2U_iU_j\cos\delta_{ij})g_{ij}] \qquad (1-19)$$

式中，n 为配电系统支路总数。

将系统总有功损耗分别对电压相角与电压幅值求偏导：

$$\begin{cases} \dfrac{\partial P_{\text{loss}}}{\partial \delta} = \dfrac{\partial P_{\text{loss}}}{\partial P}\left(\dfrac{\partial P}{\partial \delta}\right) + \dfrac{\partial P_{\text{loss}}}{\partial Q}\left(\dfrac{\partial Q}{\partial \delta}\right) \\ \dfrac{\partial P_{\text{loss}}}{\partial U} = \dfrac{\partial P_{\text{loss}}}{\partial P}\left(\dfrac{\partial P}{\partial U}\right) + \dfrac{\partial P_{\text{loss}}}{\partial Q}\left(\dfrac{\partial Q}{\partial U}\right) \end{cases} \qquad (1-20)$$

将上式转换为矩阵形式，即

$$\begin{bmatrix} \dfrac{\partial P_{\text{loss}}}{\partial \delta} \\ \dfrac{\partial P_{\text{loss}}}{\partial U} \end{bmatrix} = \begin{bmatrix} \dfrac{\partial P}{\partial \delta} & \dfrac{\partial Q}{\partial \delta} \\ \dfrac{\partial P}{\partial U} & \dfrac{\partial Q}{\partial U} \end{bmatrix} \begin{bmatrix} \dfrac{\partial P_{\text{loss}}}{\partial P} \\ \dfrac{\partial P_{\text{loss}}}{\partial Q} \end{bmatrix} = T \begin{bmatrix} \dfrac{\partial P_{\text{loss}}}{\partial P} \\ \dfrac{\partial P_{\text{loss}}}{\partial Q} \end{bmatrix} \qquad (1-21)$$

雅克比矩阵的求取公式为

$$J = \begin{bmatrix} \dfrac{\partial P}{\partial \delta} & \dfrac{\partial P}{\partial U} \\ \dfrac{\partial Q}{\partial \delta} & \dfrac{\partial Q}{\partial U} \end{bmatrix} \qquad (1-22)$$

故

$$\begin{bmatrix} \dfrac{\partial P_{\text{loss}}}{\partial P} \\ \dfrac{\partial P_{\text{loss}}}{\partial Q} \end{bmatrix} = (J^{\text{T}})^{-1} \begin{bmatrix} \dfrac{\partial P_{\text{loss}}}{\partial \delta} \\ \dfrac{\partial P_{\text{loss}}}{\partial U} \end{bmatrix} \qquad (1-23)$$

则可得各节点网损微增率如式(1-24)所示。式中，LSFP_i 为节点 i 的有功网损微增率，LSFQ_i 为节点 i 的无功网损微增率。设分布式电源功率因数为 φ，则可计算节点 i 的网损微增率为式(1-25)。该值通常为负值，其绝对值越高，说明分布式电源接入该节点后对于降低系统网损的效果越明显。

$$\begin{cases} \text{LSFP}_i = \dfrac{\partial P_{\text{loss}}}{\partial P_i} \\ \text{LSFQ}_i = \dfrac{\partial P_{\text{loss}}}{\partial Q_i} \end{cases} \qquad (1-24)$$

$$\text{LSF}_i = \text{LSFP}_i + \text{LSFQ}_i \cdot \tan(\arc(\varphi)) \qquad (1-25)$$

2. 静态电压稳定度计算方法

静态电压稳定度是表征系统电压稳定性的重要指标，计算公式为

$$\text{VSI}_{j,t} = U_i^4 - 4(P_{j,t}R_{ij} + Q_{j,t}X_{ij})U_i^2 - 4(P_{j,t}X_{ij} - Q_{j,t}R_{ij}) \qquad (1-26)$$

式中，i、j 分别为母线起始节点与终止节点；U_i 为 t 时段节点 i 处电压；R_{ij}、X_{ij} 分别为线路电阻、电抗；$P_{j,t}$、$Q_{j,t}$ 分别为 t 时段母线末端 j 处的有功功率与无功功率。电压稳定度值越小表明母线对电压崩溃越敏感，即该母线越需要改善，因此选择电压稳定度小的母线作为分布式电源的安装位置。

3. 分布式电源选址方法

若仅依据网损微增率与静态电压稳定度值的大小确定分布式电源的安装位置，得到的安装节点通常为微电网中同一支路上相邻的几个节点，并且这些节点多集中于支路末端。研究表明，按照上述方法得到的几个相邻节点中，实际上仅有一个节点是真正的高灵敏度节点，其余节点呈现出的高灵敏度值是由该节点造成的。相同渗透率的分布式电源，散布在系统中比集中在同一位置对电压的支撑作用更强。因此，微电网中分布式电源安装位置不宜过于集中，应均匀分散于各支路上。以下引入聚类分析思想，获得分布均匀且有效的安装位置。

由于负荷具有波动性与时序性，在进行节点灵敏度计算时，若将负荷取为恒定值会对计算结果产生极大偏差，影响计算精度，因此以一小时为间隔，计算节点全年各时段灵敏度值作为选址依据。

对网损微增率与静态电压稳定度值进行归一化操作：

$$L_{i,t} = \frac{\text{LSF}_{i,t} - \min(\text{LSF})}{\max(\text{LSF}) - \min(\text{LSF})} \qquad (1-27)$$

$$V_{i,t} = \frac{\text{VSI}_{i,t} - \min(\text{VSI})}{\max(\text{VSI}) - \min(\text{VSI})} \qquad (1-28)$$

在聚类算法中，各节点灵敏度特征取为全年网损微增率与静态电压稳定度数值，即

$$K_i = [L_i, V_i] = [L_{i,1}, \cdots, L_{i,T}, V_{i,1}, \cdots, V_{i,T}] \qquad (1-29)$$

式中，T 为全年总时段数，取 $T = 8760$。

在进行聚类的过程中，先将各节点视作单独的类，计算两节点之间的距离，

合并距离最近的两个节点形成新的类,而后计算各类间的距离,合并最近的两个类,依照此法不断完成类的聚集,至类的数目达到设定数值时停止聚类。

在计算节点间距离时,采用欧氏距离。类中心位置计算公式为

$$S_C = \frac{1}{S}\left(\sum_{i=1}^{S} K_i\right) \tag{1-30}$$

式中,S 为该类中合并节点数。

同一类中节点数据差异小,不同类中的节点数据差异程度较大。因此选择各簇中同时满足以下条件的节点作为安装位置:距离类中心最远,网损灵敏度较大,静态电压稳定度较小。

1.3.1.3 交直流混合电网分布式电源容量优化模型

1. 目标函数

在此以系统网损改善率与电压波动改善率为分布式电源选址定容的目标函数,定义网损改善率为

$$F_1 = \frac{\sum_{t=1}^{T} P_{\text{loss},t}}{\sum_{t=1}^{T} P_{\text{Wloss},t}} \tag{1-31}$$

定义电压波动改善率为

$$F_2 = \frac{\sum_{t=1}^{T} \sum_{i=1}^{N} (U_{i,t} - U_{\text{ref}})^2}{\sum_{t=1}^{T} \sum_{i=1}^{N} (U_{mi,t} - U_{\text{ref}})^2} \tag{1-32}$$

则目标函数为

$$\min f = \omega_1 F_1 + \omega_2 F_2 \tag{1-33}$$

式中,$P_{\text{Wloss},t}$、$P_{\text{loss},t}$ 分别为 t 时刻安装分布式电源前后系统网损;$U_{i,t}$、$U_{mi,t}$ 分别为节点 i 在 t 时刻安装分布式电源前后的电压幅值;U_{ref} 为基准电压幅值;N 为节点总数目;T 为全年总时段数;ω_1、ω_2 为权重系数,取 $\omega_1 = \omega_2 = 0.5$。

2. 约束条件

1)潮流约束

$$\begin{cases} P_{is} = U_i \sum_{j \in n} U_j (G_{ij} \cos \delta_{ij} + B_{ij} \sin \delta_{ij}) \\ Q_{is} = U_i \sum_{j \in n} U_j (G_{ij} \sin \delta_{ij} - B_{ij} \cos \delta_{ij}) \end{cases} \tag{1-34}$$

式中，P_{is}、Q_{is} 分别为节点 i 的有功注入功率和无功注入功率；G_{ij}、B_{ij} 分别为节点导纳矩阵的实部与虚部。δ_{ij} 为节点 i、j 间电压相角差。

2）分布式电源出力约束

$$E_{DG,min} \leq E_{DG} \leq E_{DG,max} \qquad (1-35)$$

式中，$E_{DG,min}$、$E_{DG,max}$ 分别代表分布式电源出力上下限。

3）节点电压约束

$$u_{min} \leq u_{i,t} \leq u_{max} \qquad (1-36)$$

式中，$u_{i,t}$ 为 t 时刻节点 i 电压；u_{min}、u_{max} 分别为电压上、下限值。

4）节点安装容量约束

$$0 \leq G_i \leq G_{i,max} \qquad (1-37)$$

式中，G_i 为节点 i 实际安装分布式电源容量；$G_{i,max}$ 为节点 i 允许安装分布式电源最大容量。

5）系统安装容量约束

$$\sum_{i=1}^{n} G_i \leq S_{max} \qquad (1-38)$$

式中，n 为系统节点数目；S_{max} 为系统允许安装分布式电源最大容量。

1.3.1.4 优化求解流程

1. 优化算法

James Kennedy 等学者于 1995 年提出粒子群优化（particle swarm optimization，PSO）算法，该算法基于鸟群觅食行为求取全局最优解，因参数少、收敛快等优点，在多个领域中都得到了广泛应用。然而该算法存在收敛精度低、易陷入局部最优解等缺陷，为克服上述缺点，Sun 等于 2004 年提出结合量子力学领域研究成果对其进行改进，提出了量子粒子群优化算法。相比于 PSO 算法，量子粒子群优化（quantum particle swarm optimization，QPSO）算法减去了速度参数，减少了对于粒子位置的制约因素，使得粒子可以出现在解空间内任意位置，在一定程度上提高了算法跳出局部最优解的能力。

QPSO 算法中，粒子状态通过波函数 $\Psi(X,t)$ 进行描述，求解薛定谔方程得到粒子出现在空间中某位置的概率密度函数，再利用蒙特卡罗随机模拟的方式，得到粒子的位置方程：

$$X(n) = p \pm \frac{L(n)}{2}\ln\left(\frac{1}{u}\right) \tag{1-39}$$

$$p = \varphi P + (1-\varphi)P_g \tag{1-40}$$

式中，u 为在 (0,1) 区间上均匀分布的随机数；P 为粒子最优位置；P_g 为全局最优位置；n 为当前迭代次数。

定义 m_{best} 为当前所有粒子最优位置平均值，即

$$m_{best} = \frac{1}{K}\sum_{i=1}^{K}P_i = \left[\frac{1}{K}\sum_{i=1}^{K}P_{i1}, \frac{1}{K}\sum_{i=1}^{K}P_{i2}, \cdots, \frac{1}{K}\sum_{i=1}^{K}P_{id}\right] \tag{1-41}$$

式中，K 为粒子总数；d 为粒子维度。

$L(n)$ 为控制波函数的特征长度，可依据 $X(n)$ 与 m_{best} 间的距离进行评价，即

$$L(n+1) = 2\beta|m_{best} - X(n)| \tag{1-42}$$

β 为控制粒子的收敛速度，是 QPSO 算法中唯一需要确定的参数。

2. 优化算法改进策略

为提高 QPSO 算法的收敛速度与计算效率，提高全局寻优能力，对算法改进如下。

1）基于反向学习的种群初始化策略[23]

算法进行迭代前的初始解通常采取随机方式生成，然而随机生成解通常质量不高，甚至可能出现初始解中没有可行解的现象，会导致求解时间过长、求解效率较低。为提高初始种群质量，采用反向学习的初始化策略，即在随机生成初始解后，计算其反向解，比较初始解与反向解的适应度，将更优质的解纳入初始群体参与迭代，提高初始解质量。

2）精英保留策略

粒子在迭代过程中不断变化，可能会出现当前群体最好粒子在下一次迭代时因发生变化而丢失的现象，因此引入精英保留策略，将群体中最好的或者相对较好的粒子直接传递至下一代，以取代下一代群体中较劣粒子，加快种群进化速度。

3）基于高斯扰动的改进策略

算法迭代后期，由于所有粒子都在向全局最优解靠近，使得种群多样性有所下降，易陷入局部最优。因此，在现有种群的基础上添加一个服从高斯分布

的扰动量,以提高种群的多样性,增强跳出局部最优能力。添加扰动后的粒子位置为

$$X_g = X + X(2N(0,1) - 1) \quad (1-43)$$

式中,$N(0,1)$ 服从高斯分布。

采用灵敏度分析法与 IQPSO 算法求解交直流混合微电网中分布式电源选址定容模型的流程如图 1-15 所示。

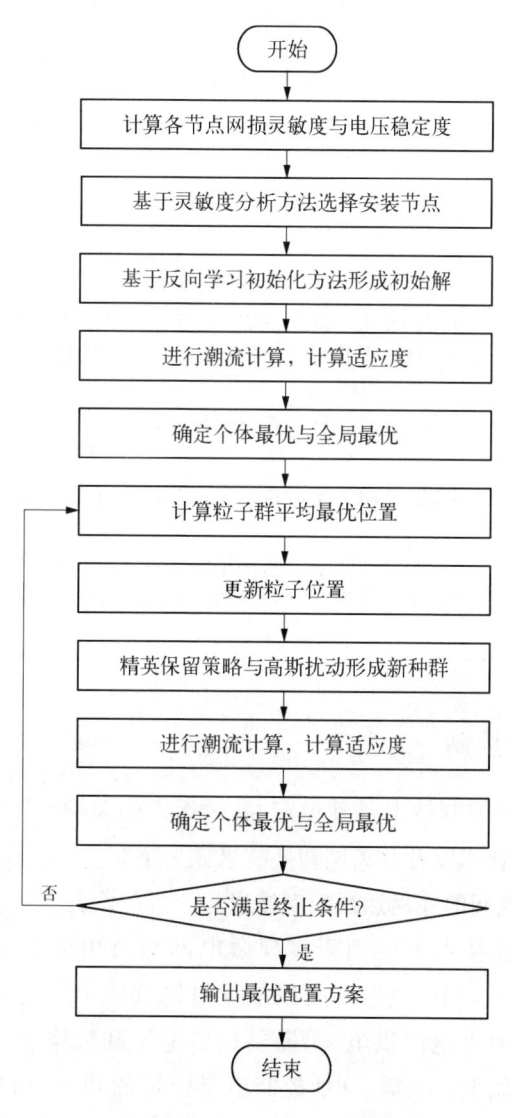

图 1-15 交直流混合电网中分布式电源选址定容流程

随着国内外的学者对微电网规划与配置优化研究的不断深入,一大批智能化优化配置分析软件相继研发面世,主要有 HOMER、Hybird2、HOGA、PDMG、H2RES 和 EnergyPLAN 等,它们的出现简化了微电网研究人员设计流程,加速推动了微电网优化配置理论研究和微电网系统工程设计建设的进程。上述软件的性能特点如表 1-1 所示。

表 1-1 微电网优化配置中常见智能分析软件的性能特点

名称	功能	输入	输出	优点	不足
HOMER	仿真、优化、敏感性分析	负荷、变量、系统组件、资源情况、调度策略	系统配置方案、费用信息、供电信息	方案优化、敏感性分析	运行策略简单
Hybird2	仿真	负荷、资源情况、系统参数	性能概要文件、经济概要文件、详细概要文件	约束条件精细、运行策略丰富	不支持地热能、小水电等仿真
HOGA	仿真、优化	负荷、变量、系统组件、资源情况、调度策略	系统最优解集	计算速度快、支持多目标计算	易陷入局部最优
PDMG	微电网规划设计、优化	负荷、资源情况	系统配置方案	直接设置多种实际应用场景	部分功能待完善
H2RES	仿真、优化	负荷、资源情况	系统配置方案	仿真模块丰富	仿真分析功能需完善
EnergyPLAN	仿真	负荷、资源情况、系统参数	系统年发电量、燃料消耗量、运行费用等	功能模块丰富、运行策略多	输入参数多、结果无时序明细

1.3.2 运行控制

微电网的运行控制技术是其稳定、高效运行的关键,其中并网运行控制技术、孤岛运行控制技术以及并离网切换技术尤为重要。

1.3.2.1 微电网的并网运行控制技术

并网运行控制技术主要用于实现微电网与公用大电网相连,并进行电能交换。在并网模式下,微电网可以从大电网获取电能,同时也可以通过自身的分布式电源向大电网供电,不需要提供电压和频率支撑,所以微电网中的变流器通常采用 PQ 控制。PQ 控制就是恒定的功率控制,它的电压、频率都是由电网决定的,然后再根据电流的大小来决定输出的功率,所以 PQ 控制实质上是一种电流控制,如图 1-16 所示。

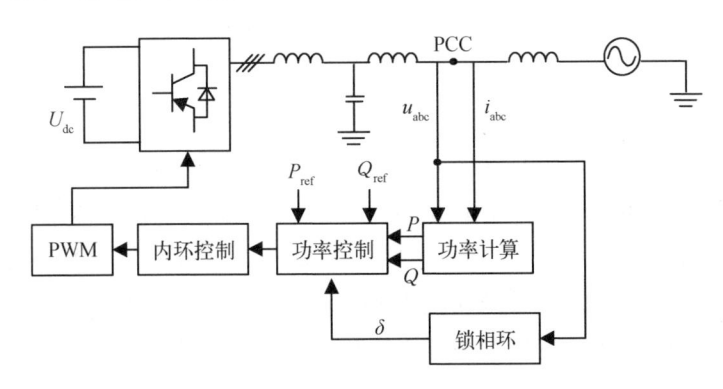

图 1-16 变流器的 PQ 控制[24]

在这一过程中,确保分布式电源与主电网之间的同步运行至关重要,而锁相环(phase locked loop, PLL)正是实现这一同步的关键技术。

图 1-17 给出了 PLL 的基本原理,它包括鉴相器(phase detector, PD)、环路滤波器(loop filter, LF)、压控振荡器(voltage controlled oscillator, VCO)三个基本单元。SRF(synchronous reference frame,同步旋转坐标系)-PLL 的线性化模型如图 1-18 所示。可以看出,电网电压相位 θ 为指令值,SRF-PLL 通过闭环控制使输出的相位 θ' 跟踪 θ,从而实现对电网电压相位的提取[25]。

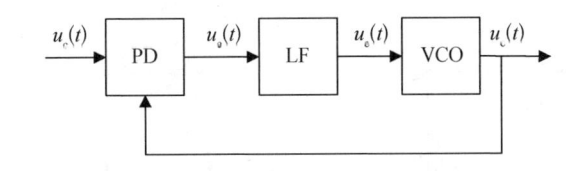

图 1-17 PLL 原理示意图

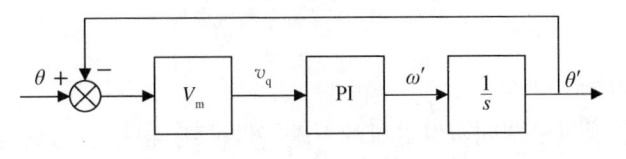

图 1-18 SRF-PLL 模型框图[25]

1.3.2.2 微电网的孤岛运行控制技术

孤岛运行控制技术,又称离网运行控制技术,主要在电网故障或计划需要时应用。在孤岛运行模式下,微电网与主电网断开连接,独立供电,其为负荷提供电压和频率支撑,工作方式类似于不间断电源,可等效为一个电压源。此时,微电网中的变流器多采用 V/f 控制、下垂控制或者虚拟同步发电机控制。

1. V/f 控制

V/f 控制是将分布式电源输出的电压和频率分别控制至与其参考值相等,所以又称为恒压恒频控制。在该控制方法下可以保证分布式电源输出电压和频率保持不变,为微电网系统提供电压和频率支撑,所以常和 PQ 控制一起搭配使用,保证微电网的安全稳定运行。具体的 V/f 控制特性曲线如图 1-19 所示。假设 V/f 控制下的分布式电源运行工作在 A 点时,此时输出的有功功率为参考值 P_N,输出的无功功率为参考值 Q_N,对应的输出频率为 f_N,输出电压为 U_N。当输出的有功功率变化时,通过左右平移 $P-f$ 曲线,使运行工作点由 A 点变化为 B 点或 C 点,此时输出有功功率为 P_B 或 P_C,输出频率仍为参考值 f_N;当输出的无功功率变化时,通过左右平移 $Q-U$ 曲线,使运行工作点由 A 点变化为 B 点或 C 点,此时输出无功功率为 Q_B 或 Q_C,输出电压仍为参考值 U_N,由此可见实现了电压和频率的稳定控制。在微电网孤岛运行时,系统内的电压频率容易波动,在该运行模式下,V/f 控制应用较为广泛[26]。

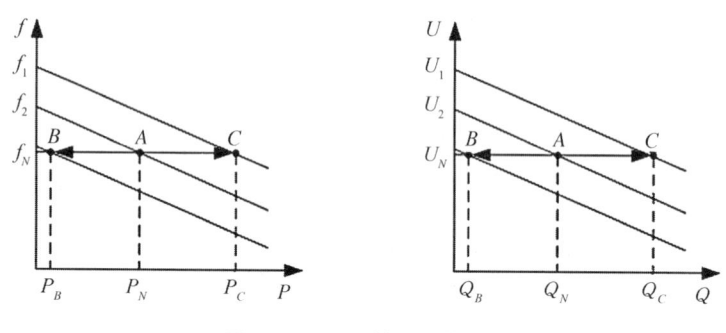

图 1-19 V/f 控制特性曲线

2. 下垂控制

下垂控制通过模拟同步发电机的下垂特性曲线,根据其自身的 $P-f$ 和 $Q-U$ 下垂曲线达到新的工作,并为系统提供一定的电压和频率支撑,实现功率的分配。下垂控制下的分布式电源在控制中的决策和运行状态不会相互干扰,每一个分布式电源有其自身的下垂特性曲线,在无需要建立通信的情况下就可以根据下垂特性曲线进行自适应调节,具有即插即用性,在微电网中得到广泛应用。具体的下垂控制特性曲线如图 1-20 所示。假设下垂控制下的分布式电源运行

在额定工作点 A,此时输出电压为额定电压 U_N,输出频率为额定频率 f_N,输出的有功和无功功率为额定有功功率 P_N 和额定无功功率 Q_N。当微电网负载变化时,分布式电源的输出功率将发生变化,其运行工作点将根据 P-f 和 Q-U 下垂特性曲线达到新的稳定工作点 B,此时输出电压为 U_B,输出频率为 f_B,输出的有功和无功功率分别为 P_B、Q_B [26]。

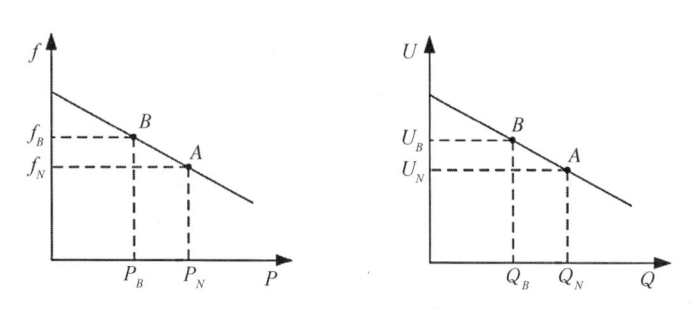

图 1-20 下垂控制特性曲线

3. 虚拟同步发电机(virtual synchronous generator, VSG)控制

目前主流的 VSG 为电压控制型 VSG。VSG 有功环路控制方程如式(1-44)所示:

$$\begin{cases} P_m - P_{ref} = -K_w(\omega - \omega_{ref}) \\ \dfrac{P_m}{\omega_{ref}} - \dfrac{P_e}{\omega_{ref}} - D(\omega - \omega_{ref}) = J\dfrac{d\omega}{dt} \\ \theta = \int \omega dt \end{cases} \quad (1-44)$$

式中,P_m 为虚拟转子发出的机械功率;P_{ref} 为参考有功功率;P_e 为电磁功率;K_w 为下垂系数;ω 为虚拟同步机输出的角频率;ω_{ref} 为参考角频率;θ 为虚拟同步机输出的相角。VSG 无功环路控制可采用与下垂控制相似的形式。有功控制环路输出相角 θ,无功控制环路输出电压幅值 U。θ 与 U 合成为后续电压电流双闭环控制中电压外环的参考电压,如图 1-21 所示。结合下垂控制和 VSG 的控制方程与控制框图可知,这两种控制技术存在相似性。VSG 控制可以认为是增加了惯性和阻尼项的广义下垂控制,下垂控制可以认为是不考虑惯性和阻尼的广义 VSG 控制。

1.3.2.3 并离网切换技术

并离网切换技术是实现微电网在并网运行和孤岛运行之间平滑切换的关键。在电网发生故障或电能质量问题时,微电网可以通过静态开关切断与主电

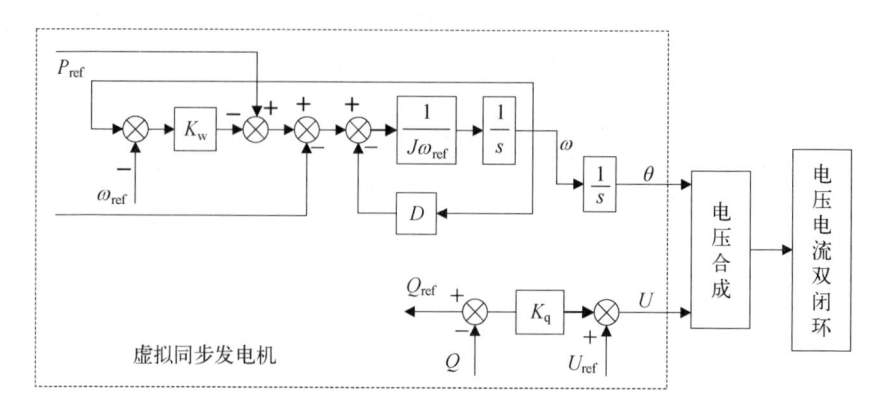

图 1-21　VSG 控制策略[24]

注：K_q 为无功环比例系数。

网的联系,进入孤岛运行模式。而当故障消除后,微电网又需要能够迅速、安全地恢复并网运行模式。这就需要一套高效的并离网切换技术,确保在切换过程中微电网的供电不中断,电压和频率保持稳定。

1. 并网切换离网技术

1) 切换前准备

电网状态监测：实时检测电网的电压、频率和相位等关键参数。

负载需求评估：根据历史数据和实时测量,预测切换后的负载需求,准备应对突发高负载或低负载情况的策略。

2) 切换执行

断开与主网的连接：通过自动断路器或开关,在毫秒级内断开与主电网的连接,以减少对微电网的冲击。

控制模式转换：将 PQ 控制策略(控制有功和无功功率)转换为 V/f 或下垂控制策略(控制电压和频率),确保转换过程的平滑,避免电压和频率的突变。

储能系统调整：储能系统从可能的并网充电/放电状态,转换为离网模式下的稳定供电状态。

3) 切换后监控与调整

状态监控：实时监控微电网的电压、电流、功率因数等关键参数。使用高级算法进行数据分析,预测潜在问题。

电源输出调整：根据实时监控数据,动态调整分布式电源的输出,确保微电网内部供需平衡。

2. 离网切换并网技术

1）切换前准备

电网状态检查：确认主电网的电压、频率和相位是否稳定，并符合并网要求。

微电网与主网同步：使用同步装置或算法，确保微电网的电压和频率与主网相匹配。

2）切换执行

闭合与主网的连接：在确认同步后，通过自动断路器或开关，平滑地闭合与主网的连接。

控制模式转换：将 V/f 控制策略转换为 PQ 控制策略，与主网协同工作。

储能系统调整：储能系统可能需要从离网模式下的稳定供电状态，转换为并网模式下的充电/放电状态。

3）切换后监控与调整

并网状态监控：实时监控并网点的电能质量，包括电压波动、频率偏差等。

功率输出调整：根据主网的需求，动态调整微电网内部电源的功率输出。

在微电网的并离网切换过程中应注意电压和频率稳定性，即在切换过程中，确保电压波动不超过±5%，频率偏差不超过±0.5 Hz。另外要注意切换时间，即切换过程应在几十毫秒至几秒内完成，以减少对负载和电源的影响。

接下来以直流微电网为例，说明其典型的工作模式切换过程。

直流微电网在运行过程中，集中控制器将对采集数据进行分析，并下发指令给各设备控制器，实现各单元的协调控制，使直流微电网稳定于某一工作模式下。直流微电网运行受很多不确定因素的影响，例如：① 负载的变化导致直流微电网系统内功率关系发生变化，若维持原工作模式不变将导致系统失稳；② 通常铝空电池输出比较稳定，其反应温度及电解液浓度不会发生剧变，但由于各铝空电池发电单元在发电过程中可能存在个别发电单元因反应温度过高、输出电压过低（设定输出电压最低值为 U_{femin}，当 $U_{\text{fe}} < U_{\text{femin}}$ 时切除该发电单元）而引发自我保护程序，并从微电网中切除，同样会导致微电网内功率瞬时不平衡，须调整直流微电网工作模式；③ 储能系统荷电状态的改变也会对系统工作模式产生影响，当储能系统荷电容量超出正常工作范围时，系统将自主切换到另一工作模式，保证直流微电网系统运行的稳定性。

因此在直流微电网运行过程中，集中控制器需要实时对系统运行状况进行检测，包括铝空电池发电单元的输出情况、负载需求、储能系统状态及直流母线电压等。通过检测得到的这些信息，集中控制器将进行综合判断后确定各单元的工作模式以及直流微电网系统的工作模式,维持系统的稳定,从而实现系统级控制的主要目标——实现功率/能量分配和运行模式切换。

直流微电网工作模式切换条件如图 1-22 所示。直流微电网的 6 种工作模式及其切换条件共同构成了直流微电网的稳定运行系统。以直流微电网系统初始工作模式(工作模式四)为例,此时由于 $P_{fc} > P_{load}$,且储能系统达到恒流(恒压)充电,则铝空电池发电单元工作于直流母线恒压控制(constant voltage control,CVC)模式,此时如果增大负载或由于铝板损耗等其他原因导致铝空电池单元输出功率下降,不足以在满足负载需求的前提下对储能系统进行恒流(恒压)充电,则铝空电池发电单元由 CVC 模式切换至最大功率点跟踪(maximum power point tracking,MPPT)模式并输出最大功率,而储能系统则作为功率平衡单元工作于下垂控制充电模式,此时直流微电网系统由工作模式四切换至工作模式三。通过系统级控制及设备级控制协调配合,使直流微电网系统运行在合适的工作模式,各单元相互配合维持直流微电网系统的稳定。

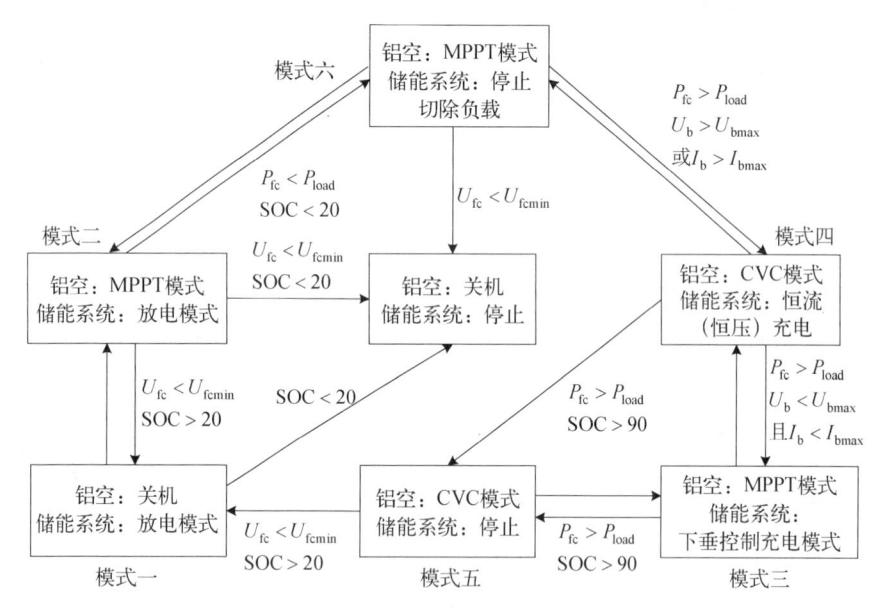

图 1-22 直流微电网工作模式切换

1.3.3 经济运行与能量管理

1.3.3.1 经济运行

经济运行是微电网实现其经济效益和环境效益的关键。在满足负荷供电质量和供电可靠性的基础上,经济运行旨在最大化利用可再生能源、减少温室气体排放和降低系统电力成本。这要求在运行过程中,充分考虑当地的光伏与风力等资源、用电负荷特点和储能技术的成本等因素,通过合理规划设计和调度策略,实现微电网的经济、高效运行。

微电网的规划是保证微电网经济、可靠和稳定运行的一个重要关注点,经过优化设计后的微电网,可以有效地提高分布式电源的利用效率,保证系统的安全稳定性和用户端的电能质量。因此,在微电网的规划、设计和建设过程中,必须充分考虑微电网规划与容量配置优化。

微电网运行优化策略是微电网运行的时候应该遵循的一种工作原则和方案,微电网系统为了要达到不同的运行目标,就必须考虑运行优化策略的选择。目前,微电网的运行优化策略主要包括专家经验运行策略和智能化运行策略两种[27]。专家经验运行策略是一种基于权威人员经验或者是经过实践总结的微电网运行原则和方案,由于不同的微电网之间的差别比较大,运用专家经验只能明确大致方向,不能实时根据负载和可再生自然资源的变化而调整自身的运行工作原则和方案,因为其设定的运行优化策略已经固定在系统中。

微电网的建设过程中面临着很多选择,为了保证微电网建设质量,专家们制定了微电网评价指标作为微电网建设中衡量其性能的标准,有效地指导了微电网的规划与建设。如图 1-23 所示,微电网的评价指标主要有经济性指标、环保性指标、可靠性指标和其他指标。

经济性指标主要包括分布式电源及其附属配件的购置成本、系统运行维护成本、置换成本和燃料消耗成本等经济成本,综合反映了微电网系统规划和运行的经济性。可靠性指标用来衡量微电网供电性能,主要指标包括电量不足指标、平均停电频率、平均停电持续时间、平均供电可用度等。环保性指标主要反映了微电网系统的环境效益,主要是污染气体的排放水平和清洁能源的渗透率。其他指标是为了满足一些特殊条件下微电网系统的建设需求,和用户需求紧密相关。根据用户设计需求,我们一般选择组合评价指标体系,综合全局考量经济性指标、环保性指标、可靠性指标和其他自定义指标要求,目前通常采用的方法是把可靠性指标和环保性指标转化为经济性指标,通过加权系数等方式确定所占比例,把复杂的多目标混合问题的求解转化为单一目标求解。

1.3.3.2 能量管理

能量管理技术则是微电网稳定运行的保障。它主要涉及对微电网中各种分布式能源的可靠监管和管理。这包括算法的设计和实现、传感器的选择和优化、监控与

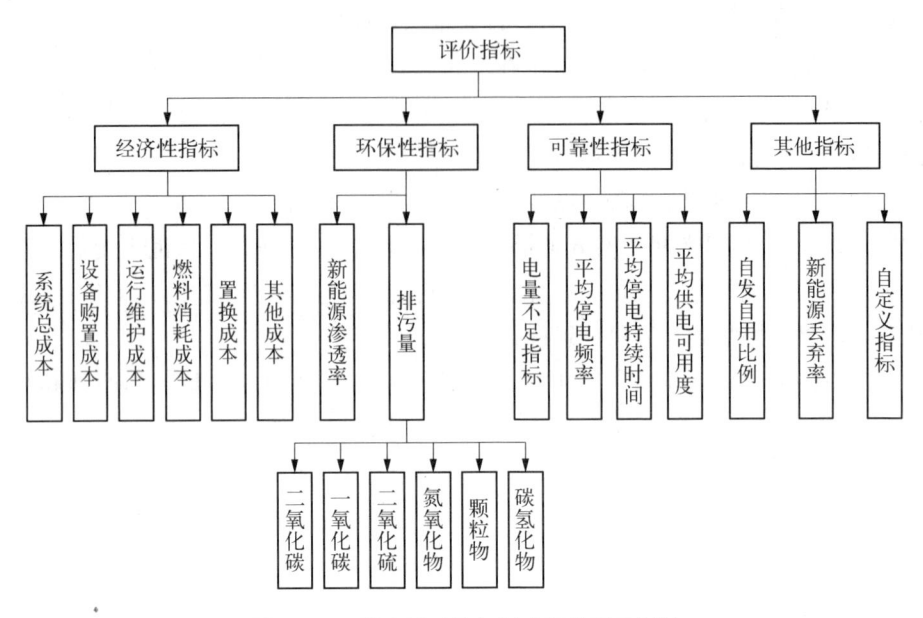

图 1-23 微电网系统规划建设的评价指标

控制等方面。通过能量管理系统,可以实现对微电网发电的优化调度、负荷管理以及实时监测和自动实现微电网同步等功能。同时,能量管理还涉及对储能设备的优化利用,通过需求响应和合理的充放电策略,进一步提高微电网的经济性和运行效率。

能量管理主要任务是实时满足负载的需求、降低发电成本、实现能量的优化分配。希腊一些学者把风能发电和光伏发电多年花费成本最低作为优化目标[28],并利用遗传算法来优化两个发电系统的容量配置,结果表明,相比于其他优化算法,遗传算法更加简单有效。也有一些专家侧重于研究系统的能量管理策略,这种管理策略通过改变能量的流动方向来达到改善系统供电性能的目的。EI-Shatter 等学者在风能与光伏互补发电系统中,通过模糊逻辑控制方法[29]来对这两种发电系统的最大功率进行控制,在最大功率点稳定后通过母线给负载供电,如果前者的输出功率大于负载需求,则把剩下电能通过电解槽产生氧气,储存后用于其他方面,有效避免了能量浪费。Barley 等设计了由柴油机和蓄电池组成的独立发电系统,通过优化控制策略对能量进行合理配置,在详细分析该发电系统的成本费用基础上,给出了相应的数学模型[30]。Ipsakis 等把光伏发电系统的输出能量和储能设备的电容量作为优化目标,同时给出了 3 种有效的能量管理控制策略,实验结果表明了控制策略的可行性[31]。也有些学者将多代理系统应用于新能源发电能量管理系统中,并设计了相应的算法,有效改善了能量管理系统容错性等问题。

21世纪以来,随着国家对新能源发电的大力扶持,国内很多高校和科研院所进行了大量相关研究,大多集中在风能发电和光伏发电。如今发电技术日趋成熟,一些学者逐渐将更多的精力投入到能量管理上来,目前主要集中在能量优化仿真方面,应用到实际中的并不多。蔡国伟等针对风能和光能互补发电系统的能量分配问题,利用遗传算法来确定风能发电机组和光伏发电系统的容量分配,并给出了相应的能量管理控制策略[32]。廖志凌和阮新波根据光伏电池与蓄电池实时的电压和电流,控制双向DC-DC变流器工作在适当工作方式,实现光伏发电系统的能量管理,达到发电系统稳定运行的目的[33]。也有一些专家学者围绕燃料电池等新兴能源开展了能量管理相关研究。卢广苗根据燃料电池发电系统输出功率、储能设备荷电状态及负载需求功率,采用了自适应能量分配算法,合理地将负载需求能量分配给储能设备和燃料电池发电系统[34]。尹巍通过分析燃料电池客车运行过程中多种工作模式,提出了一种根据实时路况,通过模糊控制切换到相应的工作模式,并通过客车样机实验验证该能量管理策略的可靠性[35]。

接下来,分别以铝空电站和直流微电网为例,简要说明其能量管理系统的构成。

1. 铝空电站的典型能量管理系统

铝空电站能量管理控制系统由发电系统控制子系统、储能系统控制子系统和电站级能量管理控制器组成,图1-24为铝空电站控制框图。能量管理控制系统主要对发电系统和储能系统的能量流向协调控制,同时对负载需求能量进行合理分配。发电系统通过单向DC/DC实现其MPPT控制和直流母线恒压控制(CVC);储能系统通过双向DC/DC与直流母线连接进行电压匹配,起到了支撑直流母线电压的作用,避免了因负载突变导致直流母线电压过低使系统不稳定的现象。在该电站中,发电系统只能输出功率,而储能系统既能利用发电系统进行充电,也能在负载峰值功率时,与发电系统共同给负载供电。

其中,能量管理控制器是铝空电站微电网中的控制核心,需要根据发电系统控制模块和储能系统控制模块采样信息,结合自身检测到的参数,对负载功率进行合理分配,保障电站稳定运行。能量管理控制器需要实现以下功能。

1) 参数检测与通信功能

能量管理控制器除了接收下位机传送上来的参数信息外,还需要检测直流母线电压、铝空电池和负载电压电流。同时也与监控系统进行通信,发送并接收数据和指令。

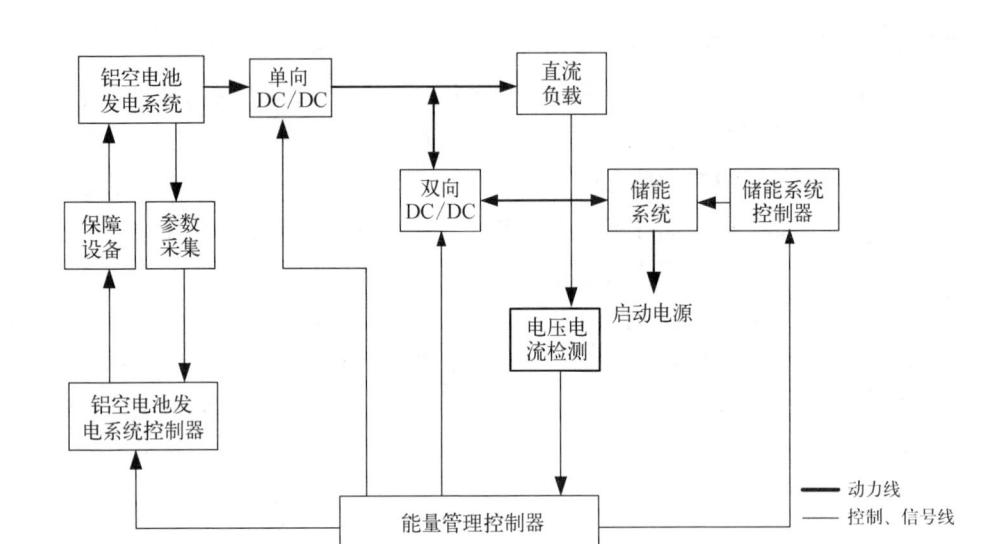

图 1-24　铝空电站控制框图

2）单向 DC/DC 控制

能量管理控制器根据发电系统输出电压电流、直流母线电压,通过单向 DC/DC 对发电系统进行 MPPT 和恒压控制。

3）双向 DC/DC 控制

能量管理控制器根据铝空电站各系统的参数,确定双向 DC/DC 工作模式,完成对铁锂蓄电池充放电控制。

4）能量优化分配

能量管理控制器根据电站的实时参数,对负载需求功率进行合理分配,给发电系统控制器和储能系统控制器发送指令,同时控制单向 DC/DC 和双向 DC/DC,确保发电系统和储能系统按照分配的功率进行输出。

5）报警功能

为确保铝空电站安全运行,能量管理控制器根据检测到的参数进行母线欠压和过压报警、功率管过热报警。

2. 直流微电网的典型能量管理系统

简化的直流微电网系统的能量管理控制如图 1-25 所示。

1）铝空电池发电单元能量管理

铝空电池发电单元通过 Boost 变流器连接到直流母线,能够工作于 MPPT 模式和 CVC 模式。铝空电池发电单元工作模式的切换是通过控制开关信号 S 来

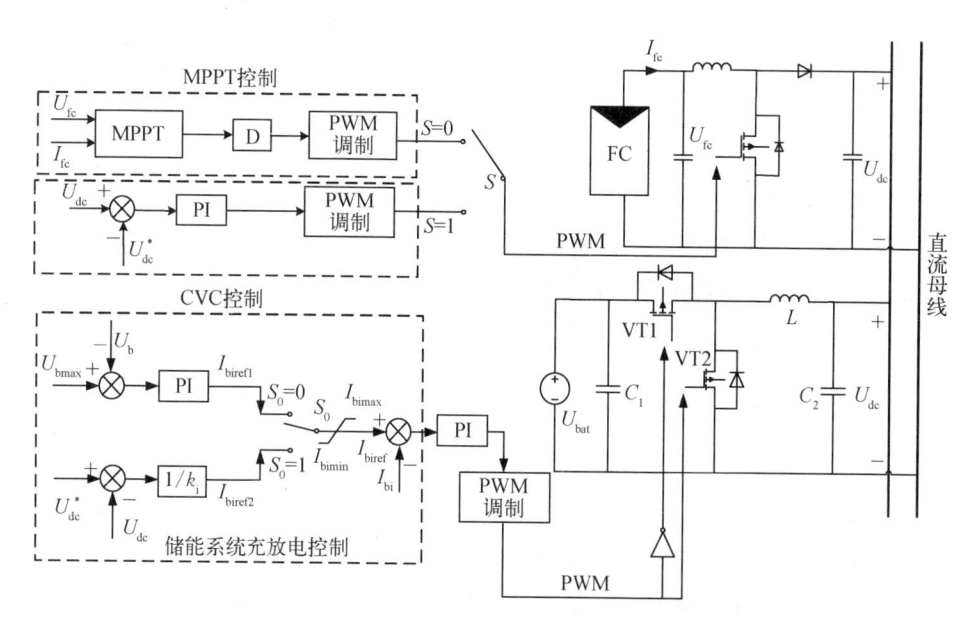

图 1-25　简化的直流微电网能量管理控制图

实现的,由直流微电网系统集中控制器实现能量管理和调度,通过直流母线电压、系统内功率需求及储能系统状态进行综合判断后给出开关信号 S,控制其工作于合理的工作模式。为提高铝空电池利用率,通常要求其始终工作于 MPPT 模式,输出最大功率,此时开关信号 $S=0$;当铝空电池发电单元输出功率满足负载和储能系统充电所需功率仍有多余能量时,将由 MPPT 模式切换至 CVC 模式,作为功率平衡单元维持母线电压的稳定,此时开关信号 $S=1$。

2)储能系统能量管理

储能系统在直流微电网中扮演着非常重要的角色,需要根据铝空电池发电单元输出能力和负载功率需求对充放电模式进行判断,并通过 Buck-Boost 变流器实现与直流母线间能量的双向导通。当铝空电池发电单元输出最大功率,在满足负载需求之外仍有盈余能量时,且储能系统荷电容量 SOC<90%,则储能系统进行充电吸收多余能量;当直流微电网内功率缺额导致功率不平衡,且储能系统荷电容量 SOC>20%,则储能系统放电以保证直流微电网系统稳定运行。

储能系统利用优化下垂控制稳定直流母线电压,实现负荷在储能系统中的合理分配。集中控制器检测直流母线电压和各储能单元荷电容量,然后执行相应的优化下垂控制算法,实时调整各储能系统控制器中下垂系数等控制参数,来达到相应的控制要求;充电过程中,集中控制器通过采集储能单元电压及充电电流,并执行充电控制方法判断,给出开关 S_0 的状态,从而实现对充电过程的控制。

3) 切负载控制

当出现储能系统 SOC 过低或母线电压误差过大并超过允许范围时,集中控制器应控制负载控制器按照负载优先级进行切负载,以保证重要负载、敏感负载的可靠供电,一旦负载恢复正常或者故障解除,系统便会从负载切除模式重新切换至正常模式。

1.3.4 故障检测与保护

微电网的故障检测与保护技术是确保微电网安全、稳定运行的关键环节。这些技术主要涉及对微电网中各种潜在故障的实时监测、快速识别以及有效隔离,从而保障微电网的连续供电和用户的用电安全。

1.3.4.1 故障检测

故障检测主要涉及电流检测、电压检测、频率检测、温度检测技术等。而故障保护装置能够在检测到故障后迅速动作,切断故障支路或设备,防止故障扩大化,确保微电网系统的其他部分能够继续正常运行。同时,微电网系统还具备自我恢复能力,在故障被隔离后,能够自动调整运行策略,恢复对非故障区域的供电。此外,随着信息化和数字化技术的发展,微电网的故障检测与保护技术也在不断升级和完善。例如,利用大数据分析和人工智能技术,可以实现对微电网系统的实时监测和预警,提前发现潜在故障并进行处理。同时,数字化技术的发展也使得保护装置的性能更加稳定可靠,故障判断和动作更加精准快速。

以下简要介绍两种常用的电压、电流采样及调理电路。

1. 电压采样及调理电路

完成控制算法顺利运行的前提是电压、电流等各类信号的采集和调理,交直流电压信号采集常用霍尔传感器,它既能将电信号实现由强向弱转化,也能实现电气隔离,保护控制电路。本实例中的电压传感器类型为 LEM 公司生产的 LV-25P 型电压传感器,该传感器利用的是霍尔效应的闭环补偿原理,它的固定变比为 2 500 : 1 000,原边电流的额定值为 10 mA,副边电流的有效值为 25 mA,它的线性度较好、温漂程度小。为了将电压信号顺利送到数字处理器的采样通道,还需要对霍尔传感器输出的电压信号进行调理。图 1-26 为典型的电压采样及调理电路原理图。

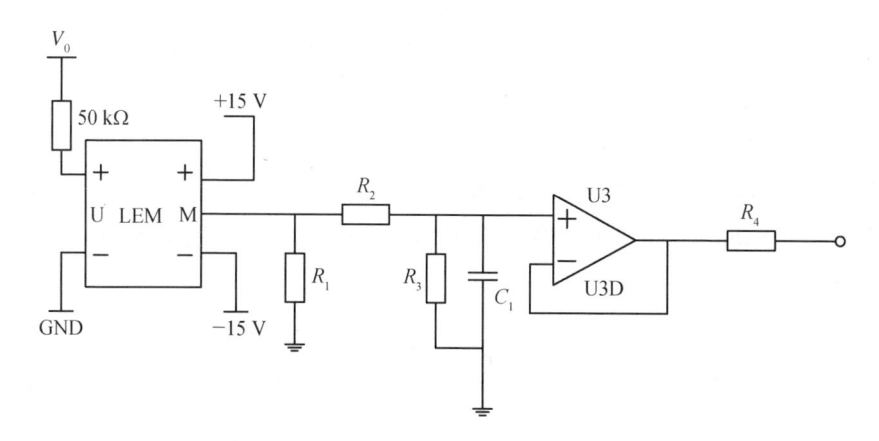

图 1-26　电压采样及调理电路原理图

2. 电流采样及调理电路

图 1-27 为典型的电流采样及调理电路原理图。本实例中选用的电流传感器类型为 LEM 公司的 LA-25NP 型传感器,它的原边电流的额定值为 25 A,副边电流的有效值为 25 mA,选用的连接方式为 1∶1 000,它的响应时间短、精度高、频带宽。由于目前大多数数字处理芯片的转换通道电压信号转换范围为 0~3.3 V,因此为了将电流信号顺利送到数字处理器的采样通道,同样需要对传感器输出的电流信号进行调理。

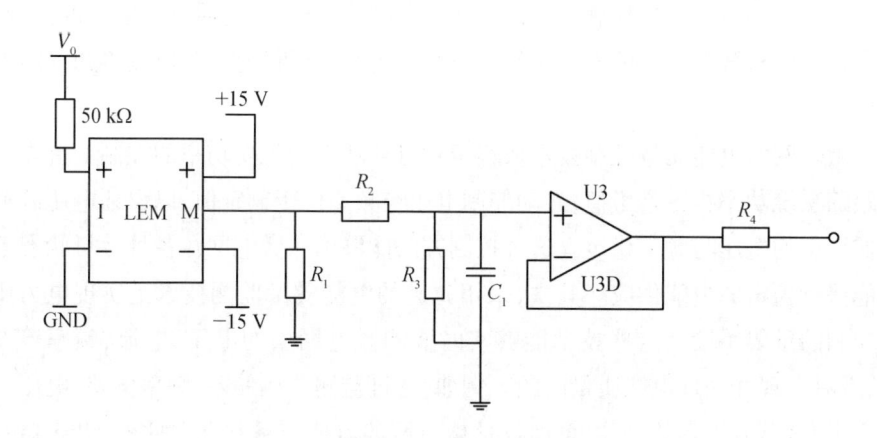

图 1-27　电流采样及调理电路原理图

1.3.4.2　保护

保护电路的功能和原理是通过比较器来实时判断电压、电流是否超过保护阈值。以过电压保护为例,说明其典型保护电路,如图1-28所示。由于参考电压值是通过改变R_1的滑动值来实现的,通过设置的参考值与采样信号实际值的比较,决定了 OV 端口的信号强弱。当采样信号的实际值高于参考值时,输出端信号降低,通过与其他信号的相与运算,得到数字处理器引脚的输入信号,该引脚信号随即被拉为低电平,数字处理器内部定时器立即停止计数,导致脉冲宽度调制(pulse width modulation, PWM)的信号输出停止,由此实现故障检测和电路保护功能。

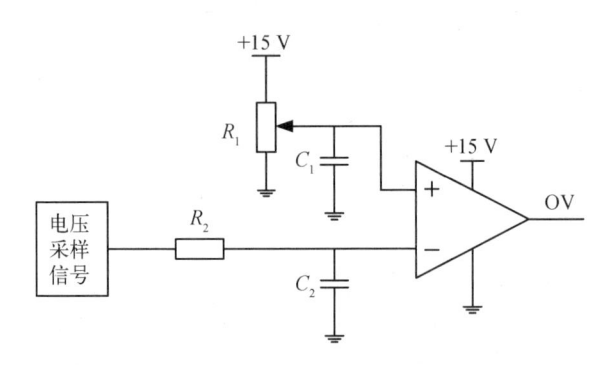

图1-28 过电压保护电路原理图

1.3.5 电能质量

微电网的电能质量控制技术是确保微电网系统稳定、优质供电服务的关键。它主要涉及对微电网中的电能质量参数进行监测、分析和控制,以改善和提高电能质量。

微电网的电能质量控制技术依赖于对有功功率和无功功率的控制。首先通过跟踪系统功率指令参考值,自动控制电压与频率位于额定值,以保证电压源逆变器输出的电压与频率稳定。这种控制方法能够确保微电网在各种运行状态下都能保持稳定的电能供应。其次,采用先进的电能质量监测技术是实现电力质量控制的重要手段。这些技术能够实时监测微电网中的电压、电流、频率等参数,及时发现并处理电能质量问题。例如,通过监测电压偏差、频率偏差、电压三相不平衡、谐波等参数,可以全面评估微电网的电能质量状况。此外,电容器补偿技术是一种常见的电能质量控制技术。通过安装电容器,可以使微电网中的功率因数达到合理值,从而提高微电网的电能质量。然而,电容器补偿技术无法解决谐波等问题。因此,还需要结合其他技术,如电力电子变压器技术和有源滤波技术等,来综合解决微电网中的电能质量问题。

1.3.5.1 功率因数及谐波畸变率

理想的电网电压是纯粹的工频正弦波,即在正弦波上没有叠加任何谐波,且无任何瞬时扰动。但实际电网因为许多内部原因和外部干扰,其波形并非标准的正弦波,而是存在波形畸变。其中,发电厂本身输出的交流电不是纯正的正弦波,电网中大功率负载的投切、开关电源的使用、各类开关操作等属于内部原因;雷电、风雨等属于外部原因。另外,因为电路阻抗有限,其电压也并非稳定不变,而是存在幅值波动。通常,电网的非理想特性主要包括以下几类:① 电压尖峰。指峰值达到 6 000 V、持续时间为 0.01~10 ms 的尖峰电压,它主要由雷击、电弧放电、静电放电以及大型电气设备的开关操作而产生。② 波形畸变。指市电电压相对于线性正弦波电压的偏差,一般用总谐波畸变(THD)来表示。其产生的原因一方面是发电设备输出电能本身不是纯正的正弦波,另一方面是电网中的非线性负载对电网的影响。③ 电压跌落。指市电电压有效值介于额定值的 80%~85% 之间,并且持续时间超过一个至数个周期。大型设备开机、大型电动机启动以及大型电力变压器接入电网都会造成电压跌落。④ 欠电压。指低于额定电压一定百分比的稳定低电压,其产生原因包括大型设备启动及应用、主电力线切换、大型电动机启动以及线路过载等。⑤ 过电压。指超过额定电压一定百分比的稳定高电压。一般是由接线错误、电厂或电站误调整以及附近重型设备关机引起。⑥ 频率偏移。指市电频率的偏移超过 2 Hz[36]。

功率因数 PF 是描述电能质量高低的参量之一,定义如下:

$$\mathrm{PF} = \frac{P}{S} \tag{1-45}$$

式中,PF 为功率因数;P 为有功功率;S 为视在功率。

定义 d 为畸变因数,表示基波电流有效值与总电流有效值之比,则

$$d = \frac{I_1}{\sqrt{I_1^2 + I_2^2 + \cdots + I_n^2}} \tag{1-46}$$

式中,$I_1, I_2, \cdots, I_n$ 分别表示 1, 2, $\cdots$, n 次谐波电流有效值。若再假设基波电流与电压的相位差为 ϕ,则功率因数 PF 可表示为

$$\mathrm{PF} = \frac{P}{S} = \frac{UI_1\cos\phi}{UI} = d\cos\phi \tag{1-47}$$

即功率因数为畸变因数 d 与位移因数 $\cos\phi$ 之积。输入功率因数则表示电源从电网吸收有功功率的能力以及对电网的干扰。

畸变因数 d 的百分比形式即为总谐波畸变率(total harmonic distortion,THD)。美国电气与电子工程师协会制定的 IEEE 519 等标准对电力电子设备在并网模式下的入网电流谐波畸变率提出了要求,我国并网标准对入网电流谐波畸变率的要求与 IEEE 519 一致,如表 1-2 所示。

表 1-2 IEEE 519 并网标准对入网电流谐波分量最大限值的要求(占额定并网电流比例)[a][37]

I_{SC}/I_L [b]	$3 \leqslant h < 11$	$11 \leqslant h < 17$	$17 \leqslant h < 23$	$23 \leqslant h < 35$	$35 \leqslant h \leqslant 50$	THD
<20	4.0%	2.0%	1.5%	0.6%	0.3%	5.0%
20~50	7.0%	3.5%	2.5%	1.0%	0.5%	8.0%
50~100	10.0%	4.5%	4.0%	1.5%	0.7%	12.0%
100~1 000	12.0%	5.5%	5.0%	2.0%	1.0%	15.0%

a:偶数谐波限值为上述奇数谐波限值的 25%。

b:I_{SC} 代表公共连接点(point of common coupling, PCC)处的最大短路电流;I_L 代表正常负载运行工况下 PCC 处最大负载电流(基频分量)。

1.3.5.2　电能质量监测和评估

电能质量在线监测能够帮助电力系统运营人员实时了解电力系统中的电能质量状况,及时发现存在的问题,并采取相应的措施。通过电能质量在线监测,可以有效预防电力系统运行中的故障和事故,提高电力系统的运行可靠性和供电质量。同时,电能质量在线监测结果也为电力市场监管提供重要依据,能够对电力供应商的服务质量进行监督和评估。

电能质量在线监测主要借助电能质量监测仪器设备。这些设备连接到电力系统的关键节点,实时采集电压、电流等参数,并将数据传输到监测中心进行处理和分析。随着科技的进步,电能质量监测仪器设备的功能和性能也在不断提升,能够实现更精确和全面的电能质量监测。

电能质量在线监测中,数据通信和远程监控技术起到了重要的作用。通过数据通信技术,监测仪器设备可以将实时采集的数据传输到监测中心,实现数据共享和实时监控。远程监控技术则可以实现对监测设备的遥控遥测,提高了监测效率和便利性。

电能质量的评估需要借助一些关键指标来进行,主要包括电压波形畸变、电流波形畸变、电压暂降暂升、电压闪变、谐波等。这些指标能够客观反映电能质量的问题和不良现象,并为问题的分析与解决提供重要的依据。

电能质量在线监测为电力系统运营者提供了宝贵的实时数据,使他们能够即时评估电能的质量状况。运营者可以通过深入剖析这些数据,识别电能质量方面存在的问题,并据此采取相应的改善措施。例如,若发现电流波形出现较大的畸变,运营者可能会考虑调整负载分布或替换电源供应,以纠正波形畸变并优化电能质量;若监测到电压频繁出现暂降或暂升,这可能意味着系统需要更深入的检修,以便及时排除隐患,确保电力系统的持续稳定运行。简而言之,电能质量在线监测数据是电力系统运营的得力助手,有助于提升运营决策的准确性,优化电力系统的性能。

1.3.5.3 电能质量控制

本地控制主要为一次控制,可以包括:① 内环电压/电流控制,通常使用的控制方法有比例积分控制、比例谐振控制及重复控制等;② 外环功率控制,下垂控制与主从控制是最常用的控制方法;③ 外环阻尼控制,虚拟阻抗和有源阻尼方法常用在这一控制中以提高系统稳定性。

系统控制包括二次控制和三次控制。二次控制主要针对系统电能质量,包括对电压频率、幅值、谐波、不平衡等进行补偿和控制。三次控制的核心通常是管理策略及优化算法,用以实现整体系统的高效、低成本运行,并能够响应用户需求,对电能质量进行调控。

1. 电能质量一次调节

比例积分(proportional-integral,PI)控制器是经典、常用的控制方法。为了同时控制负序及谐波次分量,需要多个 PI 控制器并联运行。每个 PI 控制器运行在各自的同步旋转坐标系下,这些坐标系的旋转频率与旋转方向则根据相应正序/负序及谐波阶次来确定。比例谐振(proportional-resonant,PR)控制器本质上等效于两个 PI 控制器并联运行在正序与负序旋转坐标系下,因此 PR 控制可以同时实现正/负序分量的控制。同时,在参数设计合理的前提下,PR 控制器能够无静差地跟踪交流给定信号。相比 PI 控制器而言,PR 控制的优点主要在于:减少了控制器的数量,因正/负序可以同时控制;实现了交流信号的直接控制,简化了单相交流变流器的控制;降低了控制系统的计算量。虽然 PI 与 PR 控制器可以用于不平衡与谐波补偿控制中,但需要对各次谐波分别进行控制,导致过多的控制环路并联。而基于控制理论内膜原理的重复控制器,可以实现对周期信号及各整数次谐波信号的高精度控制。当然,重复控制也有其固有缺陷,一方面,较长的控制延时时间限制了控制器的响应速度;另一方面,因其内部植入模型周期通常是固定的,因此传统的重复控制器在频率变化系统中的应用有一定的局限性。近年来,重复控制与其他控制方法混合式的控制器以及频率自适应的重复控制器等可用于解决上述缺陷,使得重复控制器在电能质量领域的应用成为可能。除了上述提到的典型线性控制算法外,非线性控制算法也被越来越多地应用在有源滤波器及并网逆变器控制领域。常用的非线性控制方法包括无差拍控制和预测控制等。非线性控制方法的最大优点在于它没有传统线性控制方法的稳定性问题,可以在任何情况下保证系统的稳定运行,但其也受限于相应的缺陷:无差拍控制与预测控制需要详细的系统电气模型以预测电流与电压的变化趋势,因此这两种控制方法若想要获得较高的控制精度,需要较为精确的系统电气参数;预测控制基于一个内置的优化算法计算求得最优控制解,因此它需要一个强大的计算核心来实现优化问题的快速计算,以保证较高的开关频率。

2. 电能质量二次控制

由功率因数的概念可知,电能质量由畸变因数和位移因数决定,前者表征了波形谐波含量大小,而后者表征了电压与电流之间的相位差值,也间接表征了系统中无功功率的大小。因此,电能质量二次控制也分为对谐波的抑制和对无功的补偿。

谐波抑制的一个重要方法是在谐波源处加装有源电力滤波器(active power filter,APF)。APF 是一种电力电子装置,其基本原理是从补偿对象中检测出谐波电流,由补偿装置产生一个与该谐波电流大小相等但极性相反的补偿电流,从而使电网电流只含有基波分量。APF 的补偿原理如图 1-29 所示。这种滤波器能对频率和幅值变化的谐波进行跟踪补偿,且补偿特性不受电网阻抗的影响。APF 的变流电路可分为电压型和电流型,目前实际应用的装置中,90% 以上是电压型。从与补偿装置的连接方式来看,可分为并联型和串联型,且目前以并联型为主。上述类型的谐波补偿装置可单独使用,也可同时使用,或者和无源滤波器混合使用。APF 具有如下特点:① 实现了动态补偿,可对频率和大小都变化的谐波以及变化的无功功率进行补偿,调节连续、响应速度快;② 不会出现过载现象;③ 能够跟踪电网频率变化;④ 既可对一个谐波源进行单独补偿,也可对多个谐波源集中补偿[38]。APF 技术的应用领域广泛,包括工业、商业用电、牵引供电系统以及配电网等,适用于大容量、动态变化的电网谐波负载。通过 APF 的综合补偿控制方法,负载谐波含量可以从 22.5%下降到 0.5%,同时解决无功和不平衡补偿问题。这种技术可以大幅降低谐波对电网、变压器和负载造成的危害,减免无功罚款,降低变压器容量要求和损耗。

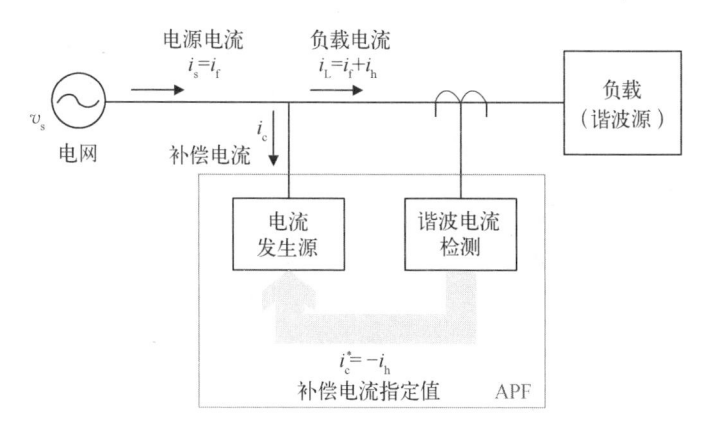

图 1-29　APF 的补偿原理

无功补偿的重要方法是在指定点加装无功补偿装置。其基本原理是通过产生与负荷所需的无功功率相等但方向相反的无功功率,来减小电网中的无功损耗,提高电能质量。在电网中,感性负荷(如电动机、变压器等)在运行过程中需要消耗无功功率以建立磁场,而无功补偿装置则能提供这部分所需的无功功率,从而改善电网的功率因数,减少线路和变压器的损耗。无功补偿装置的作用主要体现在以下几方面:① 提高电网功率因数。通过补偿无功功率,增加电网中有功功率的比例,减少无功功率在电网中的流动,从而提高电网的功率因数。② 降低电网损耗。由于减少了无功功率的传输,电网中的线路和变压器损耗相应降低,提高了电网的经济性。③ 改善电能质量。无功补偿装置有助于稳定电网电压,减少电压波动和闪变,提高供电质量。④ 提高电网稳定性。在大功率电器负荷开关状态或电网本身变化时,无功补偿装置能控制电压变化,保证电网稳定运行。无功补偿装置主要包括静止补偿器(包括晶闸管相控电抗器等)、静止无功发生器(static var generator, SVG)、并联电容器、同步调相机等几种类型。

SVG 的补偿原理如图 1-30 所示。SVG 除了能够补偿无功,还能补偿三相不平衡,即当系统三相电流出现不平衡时,SVG 能够通过调整某相的开关管动作,将多余的电流存储到 SVG 内部的母线电容中,或从母线电容取出电流去补偿需要补偿的某相,以实现三相电流的平衡补偿。同时,SVG 也能够对电压进行支撑,通过对补偿点电压进行采样,将电压信息传递给内部数据处理器,以判断

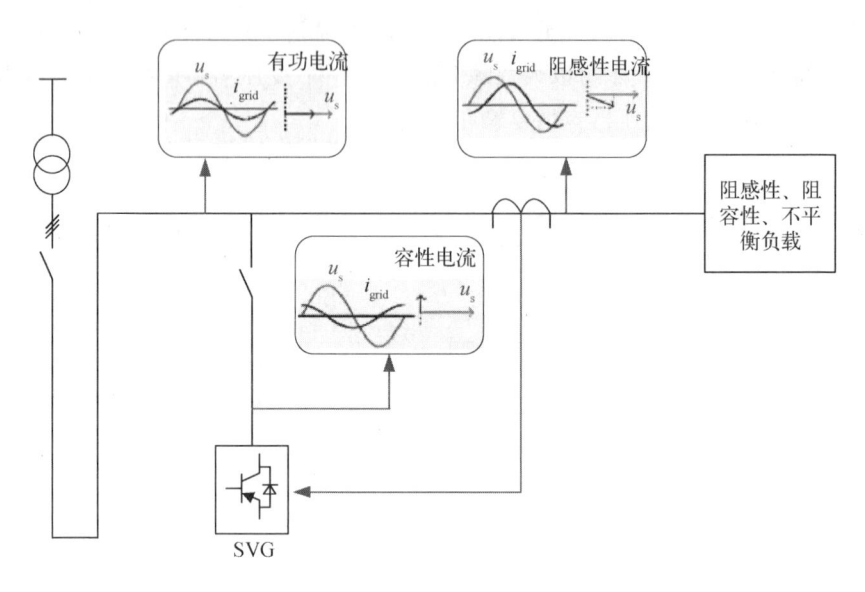

图 1-30 SVG 的补偿原理

补偿点电压是否超过设定值,当电压超过调压上限时,SVG 输出感性电流,降低电压;当电压低于调压下限时,SVG 输出容性电流,提升电压,从而保持各相电压稳定在正常范围内。通过这些功能,SVG 能够有效提高电力系统的功率因数,改善电力系统的稳定性和效率。

3. 电能质量三次控制

虽然二次调节基本实现了指定负载点电能质量的提高,但它还存在几个方面的问题:第一,所有并网发电系统的补偿输出相同,而未考虑其容量、线路阻抗及工作情况的差异;第二,适用于小区域或负载较为集中的微电网系统,而对于用户较为分散或多负载汇流条的微电网则无法通用;第三,仅依靠二次控制无法响应用户端的需求,因为不同用户对电能质量的需求可能因时而异。因此,系统层面的三次优化很有必要。其主要目标包括:第一,在电能质量二次调节基础上,优化各并网发电系统的补偿输出,以实现微电网效率与经济性等优化目标,并考虑各发电系统的容量与补偿能力;第二,通过建模分析与实时优化,实现多负载点的电能质量调节;第三,实现针对用户电能质量要求变化的响应调节。

当微电网系统中有各种不同工作模式的发电机时,主从控制法也可以作为一个很好的备选方法,这种方法被证明可以有效地实现多微电网系统的电能质量调节。该方法假设在微电网系统中存在一个主发电单元和多个从属发电单元,其中主发电单元工作在电压源型控制模式,对微电网的电压和频率进行直接调控；而各从属发电单元工作在电流源模式。从属发电单元选择性地对本地的谐波和负序电流进行补偿；而主发电单元承担剩余的所有负载。各微电网中的主发电单元通过下垂控制自动调控，实现多微电网之间的有功/无功分配。

1.3.6　通信技术

微电网中的通信技术是实现微电网中各组件之间信息传输和交互的关键环节。在硬件层面上，微电网的通信技术主要依赖于有线通信和无线通信两种方式。有线通信，如以太网、控制器局域网（controller local area network，CAN）通信和 485 通信等，是微电网通信架构中的主体，大多数传感器和执行器采用这种方式进行数据传输。它们具有较高的传输速度和稳定性，适用于对数据传输要求较高的场景。而无线通信则适用于数据量少、传输速率要求不高，且不易采用有线方式在目标环境部署的系统。此外，微电网中的通信技术还需要与微电网的其他关键技术，如能量管理技术、故障检测与保护技术等深度融合，共同实现微电网的高效、稳定运行。例如，通过通信技术实现微电网的集中控制，可以协调各分布式电源的工作状态，达到全局优化的效果。

相对于坚强的大电网，微电网相对脆弱，这就要求其具有快速恢复和自治能力，这取决于其通信系统的高可靠性。当微电网出现故障或发生问题时，能够迅速切除故障并将负荷切换到可靠的电源上，及时提供来自故障部分的核心数据，减少微电网在出现较大故障时的恢复时间。为了满足双向、实时、高效通信的要求，微电网通信必须基于公开、公认的通信技术标准。公认的标准将会为传感器、高级电子设备、应用软件之间高速、准确的通信提供必要的支持，目前缺少被用户和智能微电网运营商共同认可的通信标准，在未来的发展中需尽快制定。微电网的通信系统辅助其运营，通过预测、阻止对电网可靠性产生消极影响的事件发生，避免因电能质量问题造成的成本追加，同时基于智能微电网的通信自动监测功能大大减少人员监控成本和设备维护成本。

目前应用于微电网中的通信技术较多，大体可分为有线和无线两类：有线类包括光纤通信、电力线通信（power line communication，PLC）等，无线类包括无线扩频通信、无线局域网（wireless local area network，WLAN）、无线广域网（wireless wide area network，WWAN）、通用分组无线服务（general packet radio service，GPRS）、码分多址（code division multiple access，CDMA）通信、5G 移动通信、卫星通信、微波通信、短波/超短波通信、空间光通信等。以下对几类常用通信技术进行说明。

（1）光纤通信技术：光纤是光导纤维的简称，光纤通信是以光波作为载频，以光导纤维作为传输媒质的通信方式，光纤通信满足了在信息传输中对于带宽和容量的需要，是信息传输的重要方式之一，也是电网通信主干传输网的主要通信方式。目前世界上有60%~80%的通信业务是经光纤传输的。光纤通信具备通信容量大、损耗低、传输距离长、抗电磁干扰能力强、传输质量佳、通信速度快等优点。其中无源光网络是一种点对多点的光纤传输和接入技术，下行采用广播方式，上行采用时分多址方式，是在智能微电网中使用得较多的一种通信技术。

（2）电力线通信技术：电力线通信技术是利用电网低压线路传输高速数据、话音、图像等多媒体业务信号的一种通信技术。其缺点是数据传输速率较低，容易受到干扰，非线性失真和信道间交叉调制的影响大，电力线载波通信系统采用的电容器和电感器的体积较大，价格也较高。

（3）5G移动通信技术：第五代移动通信技术（5th Generation Mobile Communication Technology，简称5G）是一种具有高速率、低时延和大连接特点的新一代宽带移动通信技术。5G的传输速率远高于前几代移动通信技术，用户体验速率可达1 Gb/s，峰值速率甚至可达20 Gb/s，为用户提供了更加流畅的数据传输体验。5G的时延低至1 ms，极大地满足了工业控制、远程医疗、自动驾驶等对时延要求极高的应用场景。5G的用户连接能力可达每平方千米100万连接，支持海量设备的接入，为物联网的发展提供了强有力的支撑。5G通信技术在电网中能实现的功能如下。

1. 应急抢险指挥通信

在电力应急抢修车中加装5G移动通信终端，通过音频和视频传输远程现场信息，将抢修现场情况与电网运行情况、设备运行系统资料、客服中心的报修系统、事故抢修决策预案等系统互联，以保证各部分信息迅速流通、互动。使远端指挥人员实时了解电网的现场状况，做出正确判断和指挥，提高现场的指挥调度能力，缩短抢险时间，提高应急能力，减少灾害造成的影响。

2. 负荷管理通信

负荷管理是电力需求侧管理（demand side management，DSM）的重要组成部分，是缓解电力供需矛盾、提高电力使用效率、保障电力系统安全运行的重要措施。其通过采用5G移动通信网络的无线通信方式，以视频对电网进行全面监测，同时信息高度共享，多部门联动，增强协调能力，加速信息流转，实现远程监控与操作，准确及时进行负荷管理和人员调度，降低人力成本，提高响应速度。

3. 配电网通信

5G 通信应用于配电网具有许多优势,其覆盖面广,适合分布广泛的配电网终端监测点的接入需求。5G 支持数据双向传输,数据传输速率高,完全能够满足智能电网对配电网信息传输的要求。

微电网的通信系统应用于电力生产、运行的各个环节,按适用范围可分为面向电力生产过程监控的通信网络(微电网生产监控通信网)、面向微电网用户服务的通信网络(微电网配用电通信网),以及微电网与常规配电网调控中心的通信网络三部分。① 微电网生产监控通信网络,利用先网络能够解决的主要问题有电力调度、电力设备在线实时监测、现场作业视频管理等,主要的通信方式有电力线载波、微波通信、光纤通信、GPRS 移动通信、5G 移动通信等。② 微电网配用电通信网络,利用先进的通信技术,可以对家庭用电设备进行统一监控与管理,对电能质量和家庭用电信息等数据进行采集和分析,指导用户进行合理用电,实现微电网与用户之间智能供用电。用户服务通信主要通过光纤专网、低压电力线载波通信、无线宽带通信等相结合的通信平台来实现。③ 智能微电网与常规配电网调控中心之间的通信网络,一般参照智能电网配电网的通信网络架构进行构建,将智能微电网作为一个有源可控客户端来处理。

1.3.7 建模与仿真

微电网系统的建模与仿真技术是研究和优化微电网运行的重要手段。首先,建模是仿真的基础,需要对微电网系统的各个组成部分进行详细的描述。这包括微电网内的各个设备和能源之间的连接关系,如太阳能电池板、风力发电机、蓄电池、逆变器等,以及这些部分的特性参数和运行状态。同时,还需要对能源负荷进行描述,包括其能耗需求量和能源使用规律。此外,系统运转规律的描述也是建模的重要部分,涉及能源转化的流程、转化效率的影响因素以及其他复杂情况下的运转方式等。这些描述和建模有助于我们更深入地了解微电网系统的运行特性和行为。然后,仿真技术则基于这些模型,通过模拟实验来分析和优化微电网系统的性能和行为。

1.3.7.1 微电网系统的建模方法

1. 状态空间平均建模方法

状态空间平均建模方法由 Middlebrook 和 Ćuk 于 1976 年提出[39]。状态空间平均建模法是一种将系统动态特性标识为状态变量、输入变量和输出变量之间关系的方法。它通过建立系统的状态空间方程来描述系统内部状态随时间的变化规律。状态空间平均建模法利用开关周期平均算子[式(1-48)]将系统的离散模型转换为连续模型：

$$\bar{x}(t) = \frac{1}{T}\int_{t-T}^{t} x(\tau)\mathrm{d}\tau \qquad (1-48)$$

之后，往往需要通过线性化方法得到系统的线性时不变模型(linear time-invariant，LTI)。常用的线性化手段主要有谐波线性化和 dq 变换+小信号线性化方法。谐波线性化方法是对非线性系统施加正弦输入信号，将其输出进行傅里叶级数展开，略去输出的高次谐波，以输出的基波分量近似代替整个输出的方法。dq 变换+小信号线性化的方法是对引入开关周期平均算子后的非线性连续模型先进行 dq 坐标变换，将各个状态变量及输入、输出变量转换为直流量，然后采用小信号线性化方法对所得 dq 域模型进行线性化。状态空间平均建模法的优点在于能够详细描述系统的动稳态特性，适用于稳定性分析与时域分析。其缺点在于随着系统网络结构的复杂化，状态空间矩阵的阶数会急剧上升，导致建模和分析过程变得复杂，且对于非线性较强的系统，线性化处理可能会引入较大误差。

2. 端口阻抗建模法

阻抗建模法是一种基于频域特性的建模方法。其基本原理是将系统或设备在特定端口上的电气特性等效为一个阻抗或者导纳模型。这个模型描述了端口电压和端口电流之间的关系，即阻抗是电压和电流的比值。在建模过程中通常需要将系统进行戴维南等效或诺顿等效，即将系统等效为一个电压源串联输出阻抗模型，或一个电流源并联输出导纳模型。阻抗模型主要用于分析系统的频率响应和稳定性。阻抗建模法的优点在于建模简单直观、易于理解，特别适用于具有线性和时间不变特性的系统，在频域分析方面具有优势。其缺点在于通常只适用于线性系统或可以近似为线性系统的场景，对于非线性系统或时变系统可能不够准确，且在时域分析方面存在局限。

1.3.7.2 微电网系统的常用仿真软件

微电网系统仿真常用的软件主要包括 PSIM、MATLAB/Simulink、PLECS、PSpice、PSCAD、Multisim、Saber 等。下面对这些软件进行介绍和对比。

1. PSIM

PSIM 全称为 Power Simulation，是一款面向电力电子领域以及电机控制领域的仿真应用包软件。它由 SIMCAD 和 SIMVIEM 两个软件组成，提供高速仿真、

用户界面友好、波形解析等功能,适用于控制系统设计、电机驱动研究等场景。特点如下:

(1) 仿真速度高,PSIM 高效的算法克服了其他多数仿真软件的收敛失败、仿真时间长的问题。

(2) 用户界面友好,直观、易于使用的 GUI 操作界面,可迅速搭建电路图。

(3) 功能强大,支持复杂的控制电路、模拟电路、s 域传递函数、z 域传递函数以及用户自己编写的 C/C++ 程序来表示控制回路。

(4) 输出数据格式兼容性好:仿真结果以 TXT 文件格式输出,可方便转换为 EXCEL 与 MATLAB 认同的数据格式。

2. MATLAB

MATLAB 全称为 Matrix & Laboratory(矩阵实验室),是一个高性能的数值计算和可视化软件,广泛应用于科学计算、算法开发、数据可视化等领域。MATLAB 的 Simulink 模块提供了图形化建模和仿真环境,特别适用于动态系统和嵌入式系统的设计与分析。特点如下:

(1) 语言简洁灵活,核心代码主要利用 C 语言实现,提供丰富的运算符和自由度。

(2) 强大的图形功能,支持二维、三维甚至四维图形的绘制和处理。

(3) 丰富的工具箱,包括信号处理、控制系统、图像处理等多个领域的工具箱。

(4) 良好的软件接口,可以与 Maple、Excel、Word 等软件进行通信交互。

3. PLECS

PLECS 是瑞士 Plexim GmbH 公司开发的系统级电力电子仿真软件,特别适用于电力电子和传动系统的建模与仿真。它结合了电路和控制的多功能仿真,支持热建模、磁建模和机械建模等。特点如下:

(1) 快速高效,提供快速且高效的仿真能力。

(2) 易于使用,具备开放式元件库,支持稳态分析和小信号分析等工具。

(3) 高度集成,嵌套版 PLECS 与 Simulink 完全集成,使用 Simulink 求解器,同时可以利用 Simulink 或 PLECS 中的模块搭建控制回路。

4. PSpice

PSpice 是由 Spice(Simulation Program with Integrated Circuit Emphasis)发展而来的通用电路分析程序,主要用于模拟电路和数字电路的仿真分析。PSpice 集成了电路原理图编辑、电路仿真、输出结果绘图等功能。特点如下:

(1) 功能强大,支持直流分析、交流分析、噪声分析、温度分析等多种仿真功能。

(2) 易于学习,从 6.0 版本开始引入图形界面,使电路设计更加直观形象。

(3) 广泛应用,在大学和公司中广泛使用,是电子设计自动化中不可或缺的工具。

5. PSCAD

PSCAD(Power Systems Computer Aided Design)是一款电磁暂态仿真软件,其核心是 EMTDC。PSCAD 为 EMTDC 提供图形操作界面,便于用户建立电路模型进行仿真分析。特点如下:

(1) 时域分析,采用时域分析求解完整的电力系统及微分方程。

(2) 灵活建模,允许用户在一个完备的图形环境下灵活地建立电路模型。

(3) 丰富元件库,提供从简单的无源元件到复杂的控制模块等丰富的元件库。

6. Multisim

Multisim 是美国国家仪器(NI)有限公司推出的基于 Windows 的仿真工具,适用于板级的模拟/数字电路板的设计工作。它提供描述语言输入方式,具有丰富的仿真分析能力。特点如下:

(1) 图形化界面,基于交互式图形化设计,易于上手。

(2) 功能全面,支持多种类型的电路仿真和分析。

(3) 广泛应用,是学生和专业人士广泛使用的工具之一。

7. Saber

Saber 是美国 Synopsys 公司开发的一款电子设计自动化(electronic design automation,EDA)软件,是多技术、多领域的系统仿真产品,现已成为混合信号、混合技术设计和验证工具的业界标准。Saber 可用于电子、电力电子、机电一体化、机械、光电、光学、控制等不同类型系统构成的混合系统仿真,为复杂的混合信号设计与验证提供了一个功能强大的混合信号仿真器,它能兼容模拟、数字、控制量的混合仿真,可以解决从系统开发到详细设计验证等一系列问题。其特点如下:

(1) 多领域仿真能力,Saber 支持电气、电子、通信等多个领域的仿真,能够对各种类型的系统进行仿真,如功率电子系统、模拟电路、数字电路、混合信号电路等。

(2) 强大的建模能力,提供了丰富的元件库和模型库,以及标准化的模型库和接口库,支持电路级、物理级和系统级建模。

(3) 高效的仿真引擎,支持并行计算和分布式仿真,可以利用多核处理器和网络资源,加速仿真过程。

(4) 良好的兼容性和集成性,可以与 Cadence 系统等无缝集成,支持多种数据格式的导入与导出,如 SPICE、MATLAB 等,方便与其他仿真工具和分析工具进行数据交换。

综上,PSIM、MATLAB/Simulink、PLECS 都比较适合做系统级仿真。其中 PSIM 仿真速度较慢;PLECS 仿真速度比 MATLAB 稍快,也可以做一定程度的元件级仿真。PSpice 和 Saber 适合做元件级仿真,每个半导体公司都会有相关元件的仿真模型;Multisim 多用于模拟电路及数字电路的仿真[40]。

1.3.7.3 半实物仿真

半实物(hardware-in-the-loop, HIL)仿真是一种先进的仿真技术,它将实际的物理系统或控制器(硬件)与在计算机上建立的数学模型或仿真环境(软件)相结合,进行实时的交互和测试。半实物仿真技术通过模拟真实世界的运行环境,将控制器或执行机构等实际硬件与虚拟的仿真模型相连接,实现对整个系统的综合测试和验证。这种技术能够模拟各种复杂的工作条件和故障情况,从而全面评估硬件设备的性能、稳定性和可靠性。其特点如下:① 实时性,半实物仿真要求硬件与软件之间的交互是实时的,即仿真模型的运行必须与实际硬件的操作同步进行。② 高精度,仿真模型需要精确地模拟实际系统的动态和静态特性,以确保测试结果的准确性。③ 灵活性,半实物仿真可以方便地更改仿真模型或测试场景,以适应不同的测试需求和硬件配置。④ 安全性,在实际系统中进行测试可能会带来风险,而半实物仿真可以在安全的虚拟环境中进行测试,避免对实际系统造成损害。

半实物仿真的实施流程一般如下:① 建立仿真模型,根据实际需求,建立实际系统的数学模型或仿真环境。② 硬件集成,将实际的控制器或执行机构与仿真模型相连接,确保硬件与软件之间的通信畅通。③ 实时测试,在仿真环境中运行测试场景,实时观察和分析硬件设备的响应和性能。④ 结果分析,根据测试结果,对硬件设备的性能进行评估,并对仿真模型或测试场景进行必要的调整。

在电力电子领域,常用的半实物仿真平台有多种,它们各自具有独特的功能和优势。以下介绍一些常见的电力电子半实物仿真平台。

1. RT-LAB

RT-LAB 由加拿大欧泊实时技术(OPAL-RT)公司开发,是一款功能强大的实时仿真平台,能够与 MATLAB/Simulink 无缝集成,实现 Simulink 模型与真实环境的实时交互。其特点在于：能够支持多核处理器和 FPGA 的实时仿真，能够高效运行复杂的控制算法和电力系统模型；能够提供直观的图形用户界面，降低用户的学习和使用门槛；广泛应用于汽车电子、电力系统、航空航天等领域。

2. PLECS RT Box

PLECS RT Box 是专为电力电子应用设计的半实物仿真平台，配备丰富的数字和模拟接口以及集成 FPGA 的运算模块，能够快速处理实时模型。其特点是：在硬件在环和快速控制原型测试中表现出色，可以模拟电力电子系统，如DC/DC 转换器、AC 驱动系统或多级逆变器系统；与 PLECS 软件环境集成，支持实时仿真和数据可视化。

3. EasyGo

EasyGo 是武汉易信高成科技有限公司推出的电力电子半实物仿真平台，基于实时仿真器 NetBox 和 DSP 构建，提供全面的硬件在环仿真测试解决方案。其特点是：具有自主知识产权，实现仿真技术国产化；支持多种电力电子实验和测试场景，如分布式光伏集群并网控制、飞轮储能系统等；提供图形化界面，兼容主流电力仿真建模环境。

4. dSPACE

dSPACE 是德国德斯拜思（dSPACE）公司研发的半实物仿真平台。该公司专注于为航空航天、轨道交通、电力行业等提供先进的实时控制和仿真解决方案。dSPACE 提供的工具链和硬件平台广泛应用于原型设计及半实物（HIL）仿真，支持从控制算法设计到实时仿真的全过程。其特点在于：包括高性能的实时处理器、丰富的 I/O 接口和易于使用的配置软件，能够快速实现控制器的原型设计和测试验证。

5. NI VeriStand

NI VeriStand 由美国国家仪器（NI）公司开发。其特点在于：VeriStand 结合了 NI 的实时硬件和可配置软件，提供了一个灵活且强大的测试环境，支持快速原型开发、硬件在环测试以及系统级集成测试。

1.3.7.4 软件与半实物仿真平台特点对比

MATLAB 等仿真软件与 RT-LAB 等半实物仿真平台在电力电子及其他工程领域各有其独特的优势和局限性。以下是对两者特点的对比分析。

1. MATLAB 等仿真软件的特点

1) 优势

（1）强大的数值计算能力。支持矩阵运算和向量化操作，能够高效地处理大规模的数值计算任务。这使得 MATLAB 等仿真软件成为科学计算和工程设计的理想工具。

（2）丰富的工具箱和函数库。MATLAB 等仿真软件提供了大量的工具箱和函数库,如信号处理工具箱、控制系统工具箱、图像处理工具箱等,覆盖多个应用领域,方便用户进行不同专业领域的仿真和分析。

（3）简单易用的编程环境。MATLAB 等仿真软件采用高级的矩阵/阵列语言,包含控制语句、函数等,用户可以通过友好的图形用户界面(GUI)或命令行界面进行编程和操作。

（4）图形和可视化功能。MATLAB 等仿真软件具有强大的图形和可视化功能,可以绘制二维和三维图形、动画以及交互式界面等,帮助用户直观地展示和分析数据。

2）局限性

（1）全数字仿真。MATLAB 等仿真软件主要进行全数字仿真,即所有元素都是基于数学模型的。这可能导致在模拟实际物理系统时存在一定的误差,特别是在非线性、动态变化复杂的情况下。

（2）缺乏实时交互。虽然 MATLAB 等仿真软件可以与外部硬件接口进行交互,但在实时性方面可能不如专门的半实物仿真平台。这限制了其在需要高度实时响应的场合的应用。

2. RT‐LAB 等半实物仿真的特点

1）优势

（1）实时仿真能力。RT‐LAB 等半实物仿真平台支持实时仿真,能够将 Simulink 模型转换为实时可执行代码,并在实时硬件上运行。这使得仿真结果更加接近实际物理系统的表现。

（2）硬件在环测试。RT‐LAB 等平台能够实现硬件在环测试,将实际控制器或执行机构与仿真模型相连接,进行实时交互和测试。这有助于验证控制器的性能,并降低在实际系统中进行测试的风险和成本。

（3）高可扩展性和灵活性。RT‐LAB 等平台支持多核处理器和 FPGA 的实时仿真,能够高效运行复杂的控制算法和电力系统模型。此外,其分布式仿真功能支持多台计算机协同工作,进行大规模分布式仿真。

2）局限性

（1）成本较高。与 MATLAB 等仿真软件相比,RT‐LAB 等半实物仿真平台的硬件和软件成本可能更高,这限制了其在一些预算有限的项目中的应用。

（2）使用过程相对复杂。RT-LAB 等平台的使用需要一定的学习和培训时间，用户要掌握实时仿真、硬件接口、模型部署等相关知识。

综上所述，MATLAB 等仿真软件和 RT-LAB 等半实物仿真平台各有其适用场景和优缺点。在选择时，用户应根据具体需求、预算、时间等因素综合考虑。

第 2 章

交直流混合微电网结构

虽然直流微电网在系统结构、电能质量和控制模式上具有优势,但受大电网固有拓扑结构的制约,现有大多数电力系统内仍以交流形式为主。为充分发挥交流微电网与直流微电网的各自优势,相关学者提出了交直流混合微电网的概念[41]。交直流混合微电网是指同时包含交直流母线,可以满足交直流负荷需求和分布式电源接入的一种微电网形式。一般交直流混合微电网包含直流母线、交流母线和与之通过电能变换装置连接的分布式电源、小型发电机及负荷,它兼顾了交流微电网和直流微电网的连接特性,具有开放性强、融合度高、运行模式多样等特点。交直流母线间能量的双向流动依靠电能变换装置实现,在交流母线与大电网间设置有静态转换开关,其闭合与切断可以实现交直流混合微电网的并网或孤岛运行。简而言之,交直流混合微电网主要有以下几个特点:① 同时包含直流子系统、交流子系统和双向变流器;② 既可以向直流负荷供电,也可以向交流负荷供电,减少了电能变换环节和能量损耗;③ 交直流系统间功率可以双向流动,同时整个微电网系统具备并网和孤岛运行能力。图 2-1 所示为交直流混合微电网典型结构图。

交直流混合微电网作为微电网的一个重要的发展方向,针对其展开的相关研究近年来如火如荼,成为智能电网、能源互并网等新兴能源体系发展的载体和重要组成部分。不少具备研究条件的高校、科研机构等已经在拓扑规划设计、运行控制策略和故障检测与保护等领域取得了突出的研究成果,也逐步走向工程实践阶段。美国国家可再生能源实验室建设的交直流混合微电网系统包含了直流母线和 200 kW 的交流电网模拟设备,重点研究混合微电网的可靠性和稳定性[42]。日本仙台投产的交直流混合微电网既为用户和居民供电,同时也开展电压等级调整、容量规划和补偿等方面的研究。2018 年 10 月,西太平洋岛国帕劳与法国 ENGIE EPS 公司签署了全球最大的微电网项目,名为"Armonia"的系统包括现有柴油发电机、高达 35 MW 的太阳能和 45 MW·h 的电池储能。国内也

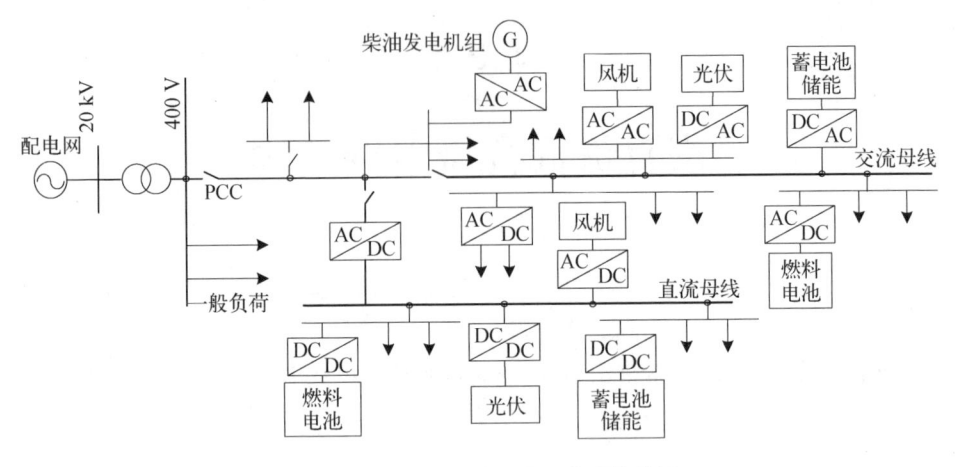

图 2-1 交直流混合微电网典型结构图

有众多国家 863 计划、973 计划等课题支持的项目相继建成并投入运行,如浙江上虞投入运行的混合微电网项目,通过用户侧的商业化运营,提供了高密度分布式电源接入的新模式。类似的交直流混合微电网项目还有北京的中国顺义微电网中心工程、新疆吐鲁番的新能源城市微电网示范工程、珠海东澳岛的微电网示范工程等,这些项目集成了光伏、风电和高新技术等地区资源优势,在不少关键技术研究上取得了突破。

接下来,以某工程的应急保底供电需求为例,详细介绍交直流混合微电网的电气结构及控制结构。

2.1 混合微电网拓扑及电气结构

以某工程的 50 kW 应急保底供电需求为例,将单组小于 50 kW 功率等级的铝空电源作为应急备份电源,分区布设、保底使用,同时与市电、柴油发电机组、蓄电池和光伏发电单元融合互补,发挥各自技术优势,通过合理设计能源侧、用电侧、管理侧的结构体系,构建可靠性高、安全性好、转供能力强的工程供电网络。该供电网络由市电、柴油发电机组、铝空燃料电池单元、蓄电池储能单元、光伏发电单元、能量管理单元和分布式配电单元等组成,具备发电、变电、配电以及能量调度管理、故障保护、线路转供等功能。在该供电网络中,分区域设计铝空燃料电池单元和蓄电池储能单元,构建多个供电"局域网",确保在主干线路故障时不影响单区域设备供电。同时,将各个供电"局域网"引至低压配电柜,融入市电、柴油发电机组供电的"主干网",当需要静默供电时,可综合调用各个"局域网"能源实施供电,实现低辐射静默供电。当市电、柴油发电机组故障或者损坏情况下,启用各个"局域网"能源实施应急供电。

针对本例的 50 kW 应急保底供电需求,设想将单组小于 50 kW 功率等级铝空电源作为应急备份电源,分区布设、保底使用,同时与市电、柴油机电站融合互补,发挥各自技术优势。考虑将 50 kW 功率等级铝空电源分成 2 组 30 kW、1 组 10 kW,共 3 个分区,并与 3 个分区的 5 kW 锂电池储能系统组成直流微电网。这里将铝空燃料电池单元和蓄电池储能单元设置在交直流母线两侧,形成直流微电网和交流微电网,交直流微电网通过电能变换单元混合组网,形成交直流并网混合使用的电网形式。其中,直流微电网可为直流负载供电,交流微电网可为交流负载供电,二者既可孤岛独立运行,也可并网运行。多个标准铝空电堆分别用单向 DC/DC 变流器接入后并联,单向 DC/DC 变流器间形成并联拓扑关系,多个标准铝空电堆并联输出电压等级为直流 28 V,单向 DC/DC 变流器输出电气性能指标满足 28 V 用电负载的要求,可供重点保障区域的设备和系统直流负载供电;同时,通过双向 DC/AC 变流器实现直流 DC 28 V 与交流 AC 380V 的变换,可供重点保障区域的设备和系统交直流负载供电。考虑到供电创新发展需求及趋势,将 10 kW 柔性薄膜光伏系统纳入系统方案中,设置在交流侧,通过 DC/AC 并网变流器并网,用于模拟供电中的光伏发电单元。

2.1.1 混合微电网拓扑

在典型交直流混合微电网系统中,如何使直流系统和交流系统有机耦合是系统设计的关键。通常直流系统连接直流电源和负载,交流系统连接交流电源和负荷,部分分布式能源可以借助先进的电力电子变换技术,根据需要在交直流母线间选择性连接。根据分布式电源、储能装置和交直流负荷接入系统位置和方式的不同,混合微电网拓扑结构又分为交流耦合的混合微电网、直流耦合的混合微电网和交直流耦合的混合微电网。图 2-2 所示为典型交直流耦合的混合微电网系统。

2.1.2 混合微电网电气结构

在分布式电源的选取上,由于很多工程的地理空间有限,复杂的地理特征一般不具备建造大型风力或水力发电设备的条件,而光伏发电因其技术成熟、对地

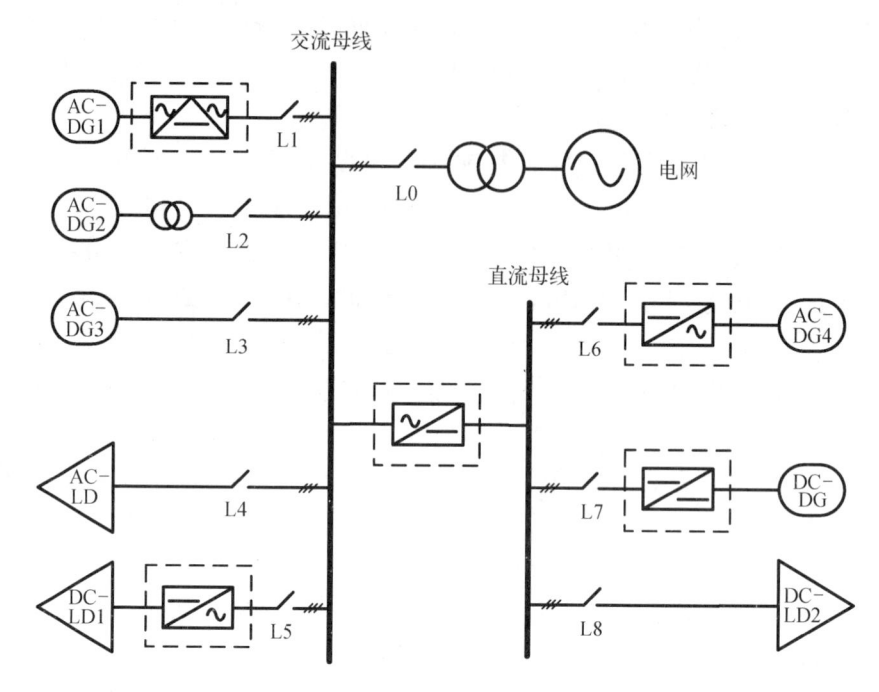

图 2-2 典型交直流混合微电网系统拓扑图

理特征的要求不高、可以灵活方便布置等优点，成为发展最迅速、应用最广泛的可再生式分布式能源。这里选取光伏作为交直流混合微电网的分布式电源之一。考虑到一些工程布设的隐蔽性较强，光伏发电单元可以在距离工程较远的地域布置，当工程附近有村落、民房等民用场所时，尽量靠近民用场所，可采用埋线的方式进行发输电。铝空燃料电池单元作为一种新型燃料电池，一些关键技术，如高效低成本铝合金阳极制备技术、新型高效复合催化剂技术、空气电极三相反应界面设计技术等已经取得突破[43]，具有低温静默、便捷高效、安全环保等优点，容量高于同质量其他类型电池，受到了能源领域的青睐，一般可以作为应急电站使用。蓄电池储能单元可以配合光伏发电单元使用，尤其在直流输配电方面具有稳定电压、平衡功率、削峰填谷的作用，而且随着近年来大规模储能技术的发展，蓄电池储能已经成为微电网构成的必备元素。柴油发电机组作为传统电源，在电能质量、供电时间等方面具有不可替代的优势。因此本实例设计的交直流混合微电网拓扑结构结合工程实际背景，选取了光伏发电单元、铝空燃料电池单元、蓄电池储能单元、柴油发电机组和市电，共同构成交直流混合微电网系统，以满足工程的应急保底供电需求。

考虑到工程内用电设备和负荷特性,根据保障要素设置 A、B、C 三个能源分区,每个分区根据负荷需求设置相应容量的分布式电源和电能变换装置,且与电网和柴油发电机组相连,区域之间能源互联,相当于设置了三个交直流混合子微电网。由于三个分区在地位和角色上具有等同性,暂不考虑子微电网之间的能量流动,以 A 区域为代表,只以单个交直流混合微电网为研究对象。

光伏发电单元设置在离供电系统工程较远的地域,通过直流输电线路连接三个分区,每个分区内含相应电压等级的交直流母线。交流母线连接市电、柴油发电机组和三个分区中的交流负荷;直流母线连接光伏发电单元、蓄电池储能单元、铝空燃料电池单元和直流负荷,其中光伏发电单元通过升压电路连接至直流母线并与三个分区相连,蓄电池储能单元通过双向 DC/DC 变流器连接至直流母线,铝空燃料电池单元通过 DC/DC 升压电路连接至直流母线。每个分区中的交直流母线通过双向 AC/DC 变流器相连,用以实现功率流动。

通过对工程内一般典型动力负荷、重要负荷、照明负荷等需求的分析,设置重点保障区域或系统的 50 kW 应急保底供电需求。其中 A 区域配置为 10 kW 蓄电池储能单元和 20 kW 铝空燃料电池单元,B 区域配置为 5 kW 蓄电池储能单元和 10 kW 铝空燃料电池单元,C 区域配置为 15 kW 蓄电池储能单元和 30 kW 铝空燃料电池单元,工程外部配置 10 kW 光伏发电单元,距离工程位置为 8～10 km,直流母线电压等级为 DC 28 V,交流母线电压等级为 AC 380 V,根据工程负荷需求,A、B、C 三个区域分别设置 15 kW、10 kW、20 kW 的直流负荷和 20 kW、15 kW、10 kW 的交流负荷。系统电气结构如图 2-3 所示。根据系统设计需求,混合微电网配置信息如表 2-1 所示。

制定系统运行策略的目的是实现储能、分布式电源和负荷的有效控制和管理,确保微电网内发电与负荷需求的实时功率平衡,在防止电池过充与过放等约束条件下,实现对分布式电源的优化调度,保证微电网长期稳定运行。

上述系统分布式电源包含光(光伏电池)、柴(柴油发电机)、蓄(蓄电池)和燃料电池,由于光照的随机性和间接性,光伏的发电功率严重依赖于光照,一般无法按照预期功率发供电,所以其为相对不可控电源。柴油发电机、储能装置和燃料电池相对来说为可控电源。当并网运行时,由于大电网的支撑作用,一般不会出现功率缺额的情况,而在孤岛型微电网中,需要考虑各个分布式能源的协同配合作用。因此,在独立运行模式下对分布式电源的控制准则进行分析,柴油发电机和燃料电池包括启动准则、关停准则和运行准则,储能装置包括充电准则、放电准则和功率运行准则。

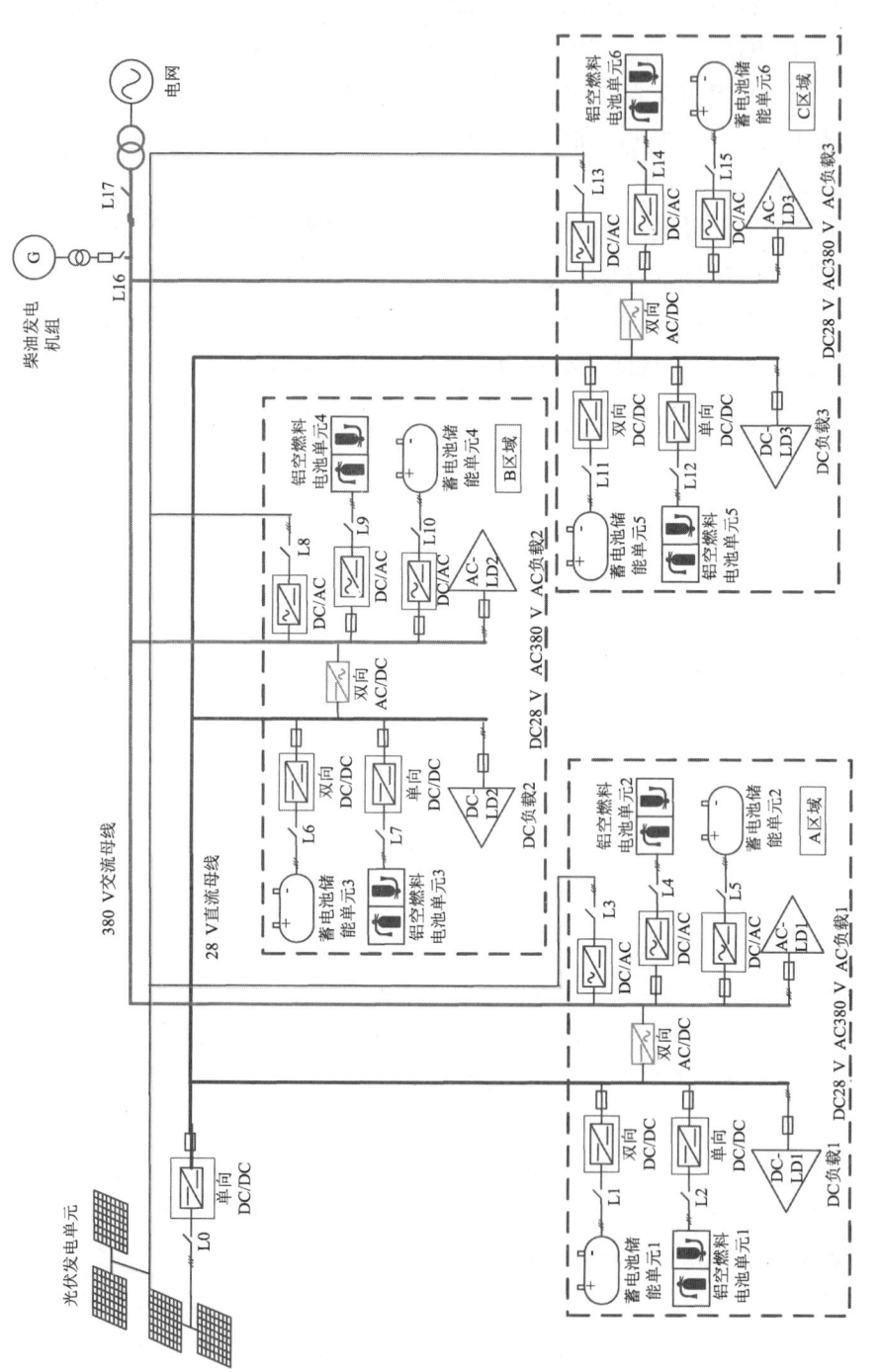

图 2-3 某工程的典型交直流混合微电网系统结构图

表 2-1 交直流混合微电网分布式电源配置

分布式电源设备	个(组)数	容量
光伏发电单元	1	10 kW
蓄电池储能单元	6	10 kW·h×4、15 kW·h×2
铝空燃料电池单元	6	10 kW×2、20 kW×2、30 kW×2
柴油发电机	1	80 kVA
DC/DC 储能变流器	3	20 kW
DC/DC 升压变流器	3	40 kW
AC/DC 双向变流器	3	50 kW
变压器	2	100 kW
RLC 负载	1	30 kVA

2.1.2.1 柴油发电机运行准则

由于柴油发电机通常作为后备电源,在孤岛运行时,只有当光、蓄、燃料电池无法提供可靠的功率保障时,才启动柴油发电机作电力供应。ΔP_{load}为微电网系统的净负荷,P_{fc}为燃料电池功率,P_{pv}为光伏功率:

$$\Delta P_{load} = P_{load} - P_{fc} - P_{pv} \qquad (2-1)$$

1. 启动准则

由于只在光、蓄、燃料电池无法提供可靠的功率保障时,才启动柴油发电机作电力供应,保证供电的可靠性和微电网的安全稳定运行。这里区分了储能装置是否达到下限值的两种情况:当储能系统未达到下限值时,由光、蓄、燃料电池的最大发电能力导致的发电功率不足;当储能系统达到下限值,无法继续放电导致的光、蓄、燃料电池的发电功率不足。两者导致的结果是相同的。柴油发电机的启动准则如图 2-4 所示。

2. 关停准则

混合微电网可能有不同的运行需求,可以根据可再生能源的发电功率或储能系统的 SOC 状态,设置不同的柴油发电机关停准则:

(1) 当光伏发电功率能够满足负荷需求时;

(2) 当光伏与蓄电池发电功率能够满足负荷需求时;

(3) 当光伏发电功率能够满足负荷需求或储能装置 SOC 达到充电限值时;

(4) 当储能装置 SOC 达到充电限值时。

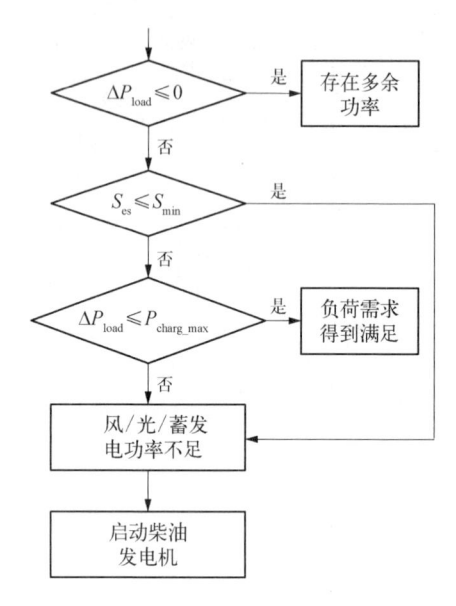

```
┌─────────────┐
│ ΔP_load ≤ 0 │──是──▶┌────────┐
└─────────────┘       │ 存在多余 │
       │否            │  功率   │
       ▼              └────────┘
┌─────────────┐
│ S_es ≤ S_min│──是──────────────┐
└─────────────┘                  │
       │否                       │
       ▼                         │
┌──────────────────┐             │
│ΔP_load ≤ P_charg_max│─是─┐    │
└──────────────────┘       │    │
       │否                 ▼    │
       │           ┌────────┐   │
       │           │负荷需求 │   │
       │           │得到满足 │   │
       │           └────────┘   │
       ▼                        │
┌────────────┐                  │
│风/光/蓄发   │◀─────────────────┘
│电功率不足   │
└────────────┘
       │
       ▼
┌──────────┐
│ 启动柴油  │
│ 发电机    │
└──────────┘
```

图 2-4　柴油发电机的启动准则

注：S_{es} 为蓄电池的 SOC；S_{min} 为蓄电池 SOC 的下限；P_{charg_max} 为蓄电池的最大充电功率。

柴油发电机的关停准则如图 2-5 所示。第一种是当光伏发电功率能够满足负荷需求时，应充分利用可再生能源，减少柴油发电机的运行；第二种是当光、蓄发电功率能够满足负荷时关停柴油发电机，以储能系统作为主电源，提供微电网所需的参考电压和频率，最小化柴油发电机运行；第三种是当风、光发电功率能够满足负荷需求或储能装置 SOC 达到充电限值时关停柴油发电机，此种情况考虑了可再生能源发电功率充足与储能系统能量储备较大两种情况，来保证柴油发电机关停后可利用功率的充足性；第四种是当储能装置 SOC 达到充电限值时关停柴油发电机，由于储能系统的充电过程对保障蓄电池的使用寿命比较重要，该准则可以有效保护蓄电池。

3. 功率运行准则

柴油发电机的功率运行分为负荷跟随模式（柴油发电机只需要保证负荷需求得到满足）、最大输出模式（柴油发电机尽量保证储能装置一定的充电功率）和稳定输出模式（柴油发电机工作在相对稳定的工作水平）。柴油发电机的功率运行准则如图 2-6 所示。

（1）负荷跟随模式：在此模式下，柴油发电机需要保证负荷需求得到满足，仅当其功率低于柴油发电机最小功率时，为满足柴油发电机满足运行功率约束，

(a) 光发电功率能够满足负荷需求时

(b) 光、蓄发电功率能够满足负荷需求时

(c) 风、光发电功率能够满足负荷需求或储能装置SOC达到充电限值时

(d) 储能装置SOC达到充电限值时

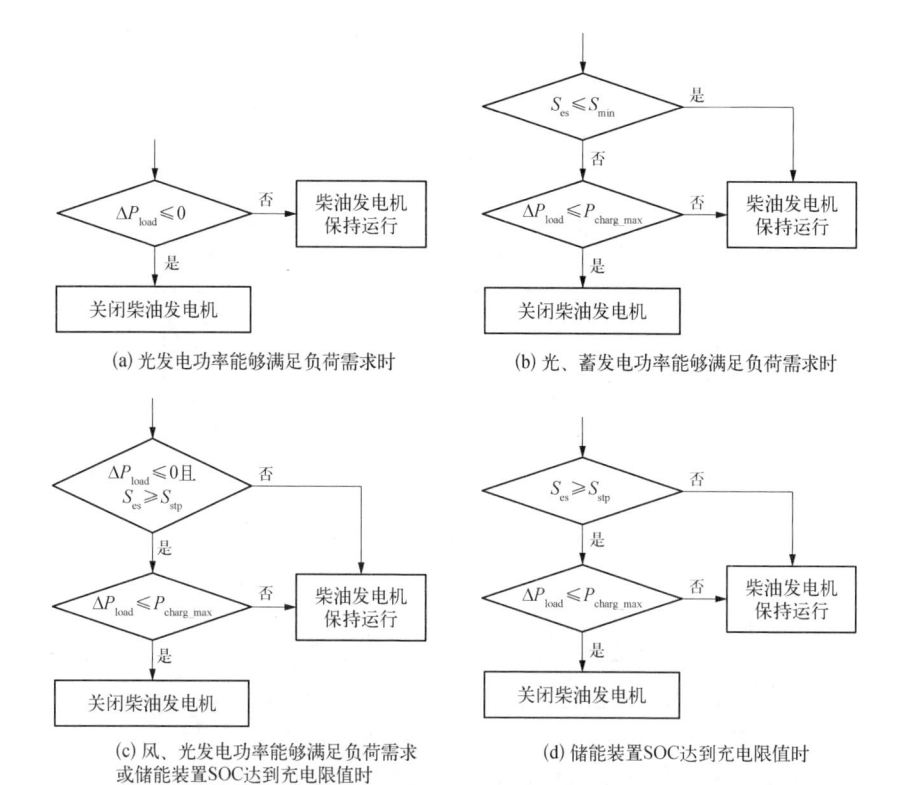

图 2-5 柴油发电机的关停准则

注：S_{stp} 为蓄电池充电限值。

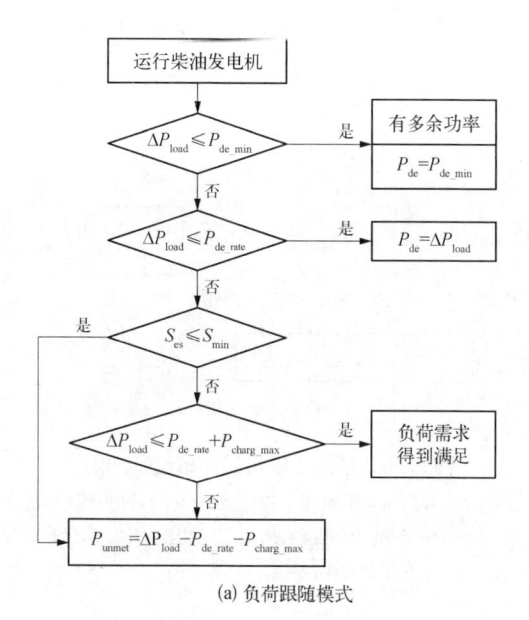

(a) 负荷跟随模式

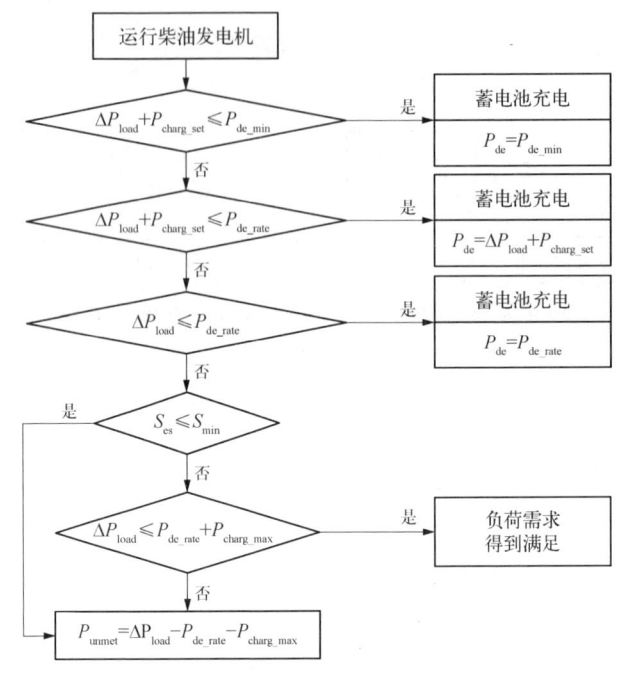

(b) 最大输出模式

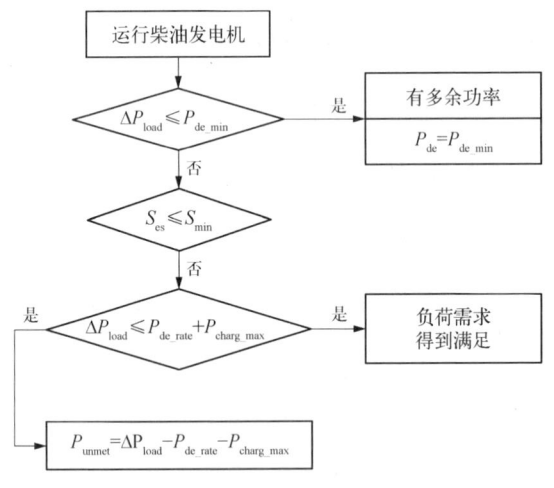

(c) 稳定输出模式

图 2-6 柴油发电机的功率运行准则

注：P_{de} 为柴油发电机功率；P_{de_min} 为柴油发电机最小功率；P_{de_rate} 为柴油发电机功率限额；P_{unmet} 为蓄电池需要补充的电量；P_{charg_set} 为蓄电池充电功率设定。

可以选择向蓄电池储能系统充电或丢弃多余功率,遵循优先使用可再生能源对蓄电池进行充电的原则,当柴油发电机功率不能满足负荷需求时,可利用储能系统放电进行补充。当蓄电池的 SOC 低于最小限值时,最大放电功率将设置为 0。

（2）最大输出模式:在此模式下,柴油发电机应尽量保证蓄电池储能系统一定的充电功率,在保证负荷需求得到满足的情况下,柴油发电机应尽量保证储能系统能以大于柴油发电机最大输出模式下,储能系统充电功率限值的充电功率水平进行补充,其取值要小于储能系统最大允许充电功率。在最大输出模式下,在柴油发电机功率允许范围内,尽量保证蓄电池储能系统得到充分充电。

（3）稳定输出模式:在此模式下,柴油发电机工作在相对稳定的功率水平,当负荷需求无法满足时,可利用蓄电池储能系统放电补充,当发电功率有富余时,可选择向蓄电池储能系统充电或丢弃多余功率。

2.1.2.2 储能装置运行准则

1. 放电准则

当光或光、柴发电功率无法满足负荷需求时,储能系统通过放电来维持功率平衡。在柴油发电机处于关停状态时,储能系统作为主电源,当光发电功率无法满足负荷时,储能系统通过放电来满足负荷;在柴油发电机处于运行状态时,柴油发电机作为主电源,当光、柴发电功率无法满足负荷时,可以利用储能系统放电来维持未满足的负荷。储能装置的放电准则如图 2-7 所示。

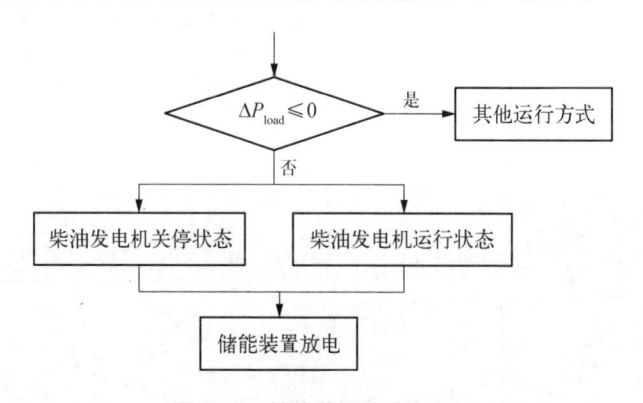

图 2-7 储能装置的放电准则

2. 充电准则

储能系统的充电准则主要有两种:一种是当光或光、柴发电功率大于负荷需求时,多余电能充入储能系统;另一种是当光或光、柴发电功率大于负荷需求,且多余电能大于限值时,充入储能系统。设置一定的充电限值主要是考虑合理的弃风弃光会在一定程度上减少储能系统充放电状态的频繁转换，这有利于延长其使用寿命。储能装置的充电准则如图 2-8 所示。

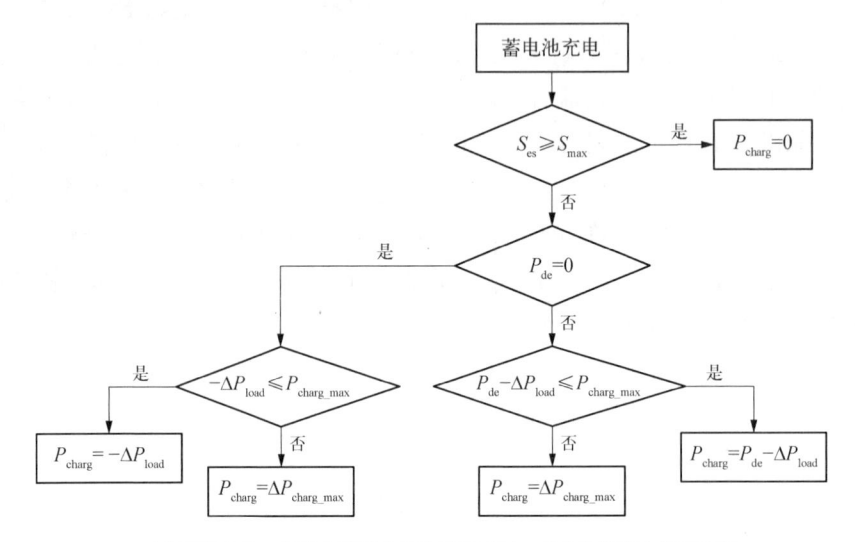

(a) 当光或光、柴发电功率大于负荷需求时，多余电能充入储能系统

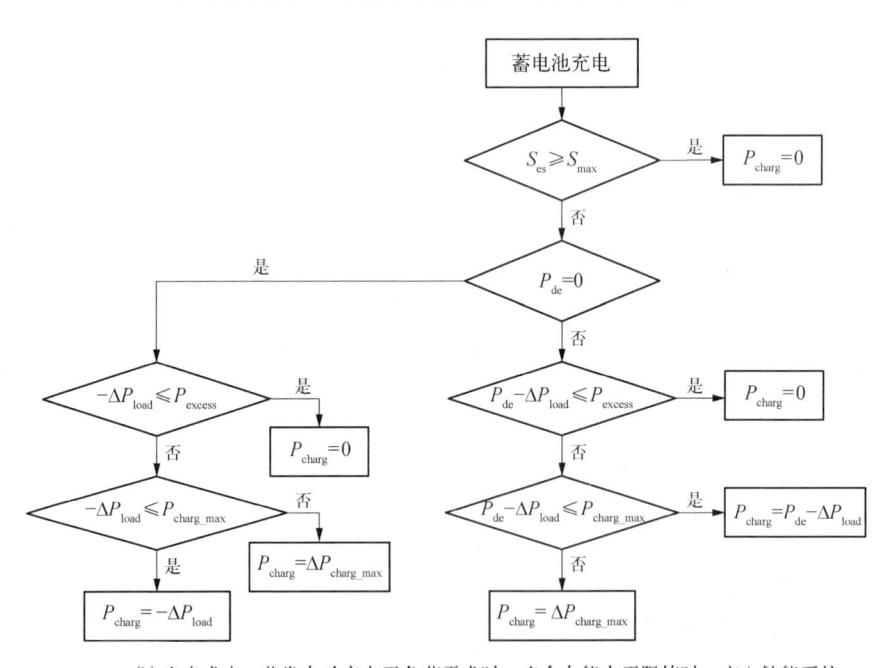

(b) 当光或光、柴发电功率大于负荷需求时，多余电能大于限值时，充入储能系统

图 2-8　储能装置的充电准则

注：P_{excess} 为过剩功率。

3. 功率放电准则

储能系统的放电功率情况取决于放电准则,当柴油发电机处于关停状态时,储能系统在能力范围内放电以供应负荷;当柴油发电机运行,其发电功率不足时,储能系统在能力范围内放电,以供应风、光、柴发电功率无法满足的功率需求。这两种情况下储能系统的放电功率均为系统的缺额功率。储能装置的功率放电准则如图 2-9 所示。

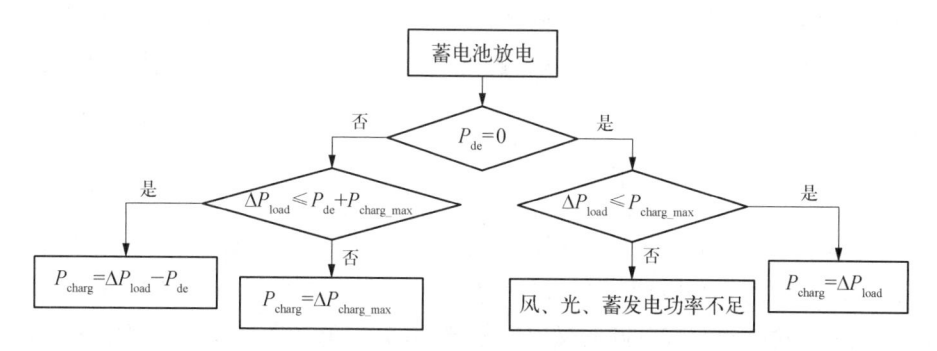

图 2-9 储能装置的功率放电准则

2.2 混合微电网工作及控制结构

2.2.1 混合微电网工作方式

用于某工程应急保底供电的交直流混合微电网,其运行模式主要包括并网(联网)运行模式、孤岛(离网)运行模式和任务模式。

并网运行模式:在这种模式下,交直流混合微电网与大电网相连,可以从大电网获取电力支持,也可以向大电网输送多余电力。在并网运行时,由于大电网的支撑作用,交直流混合微电网主要关注直流子微电网的母线电压稳定问题,通过相应的控制方法实现电压稳定。

孤岛运行模式:当交直流混合微电网与大电网断开连接时,它将进入孤岛运行模式。在这种模式下,交直流混合微电网需要独立运行,既要考虑直流子微电网的电压稳定问题,又要考虑交流子微电网的电压、频率、功角稳定问题。孤岛运行对交直流混合微电网的自治能力和控制策略提出了更高的要求。

任务模式：该模式要求微电网具备高度自治与独立性，能够在与大电网断开连接的情况下，依靠内部电源和储能系统长时间稳定供电；同时，它还需要具备快速响应与灵活性，能够根据负荷需求快速调整电源输出和负荷分配，确保电力供应与负荷需求的高度匹配；此外，安全性和可靠性也是任务模式的关键要求，微电网需要采用多重保护措施和冗余设计，确保在面临内部故障或设备损坏时能够迅速恢复供电；最后，任务模式还应具备定制化和可扩展性，以便根据不同任务需求和负荷需求进行灵活调整和扩展。

接下来，对用于某工程应急保底供电的交直流混合微电网三种运行模式下的控制结构进行说明。

2.2.2 混合微电网控制结构

交直流混合微电网的常用控制结构主要有主从控制、对等控制和分层控制。主从控制结构简单，对分布式电源的整体技术指标要求不高，常用于含具有频率和电压支撑功能分布式电源的微电网系统，多见于孤岛运行场合。其中主控制单元采用恒压恒频控制模式以维持系统运行，并向其他分布式电源提供电压和频率参考，同时跟随负荷变化并在一定功率范围内可控；从控制单元采用恒功率控制模式，维持功率恒定。需要注意的是，主从控制结构的微电网在并网时所有分布式电源一般都采用恒功率控制模式。对等控制是指各分布式电源在控制上具有同等地位，可以自动参与系统功率分配，常采用下垂控制策略以实现分布式电源的即插即用，易于实现系统在并网和孤岛之间的无缝切换。分层控制一般是指具有通信、调度、预测等功能的微电网控制模式，多见于较大型的区域性微电网或电网集群，通常设有集中控制器、负荷跟随器、通信端口等，通过对负荷和分布式电源的电流、电压、功率等实际工况信息的预测、采集和调度，实现系统的稳定运行。

1. 并网模式下的控制结构

并网模式下，能源供给依靠市电，铝空燃料电池单元离网，供电网络由市电、光伏发电单元和蓄电池储能单元组成。并网运行时，微电网内部分布式电源出力对市电配电网的贡献微乎其微，因此整个微电网的频率由配电网来维持。若天气条件允许，则光伏发电单元接入，使其处于最大功率运行模式。市电可为蓄电池储能单元充电，用电高峰期，利用蓄电池储能单元放电，放电时其工作在恒功率运行模式，可以平抑网络侧波动，提高配电网利用率。日常模式分为光伏+储能+市电、光伏+市电、储能+市电三种模式，其中光伏采用最大功率跟踪控制，储能按照削峰填谷的策略运行。

此模式下光伏发电单元发出功率为 P_{PV}；储能单元充放电功率为 $P_{Battery}$，充电时为负值，放电时为正值；混合微电网与大电网的交换功率为 P_{Grid_HMGrid}，从电网吸收功率为正值，向电网发出功率为负值，由于用于某工程应急保底供电的交直流混合微电网具有特殊性，一般只从电网吸收功率并不发出功率；交直流负载消耗功率为 P_{AC_Load} 和 P_{DC_Load}。

（1）光伏+市电组合时，光伏运行在最大功率模式，其余负载消耗功率由市电补充，该并网模式的组合结构如图 2-10 所示。功率平衡方程为

$$P_{PV} + P_{Grid\_HMGrid} = P_{AC\_Load} + P_{DC\_Load} \tag{2-2}$$

（2）储能+市电组合时，储能单元根据电网运行情况处于充电或放电工作状态，与市电共同承担负载消耗功率，该并网模式的组合结构如图 2-11 所示。此时功率平衡方程为

$$P_{Battery} + P_{Grid\_HMGrid} = P_{AC\_Load} + P_{DC\_Load} \tag{2-3}$$

（3）光伏+储能+市电组合时，光伏运行在最大功率模式，储能单元根据电网运行情况处于充电或放电工作状态，两者与市电共同承担负载消耗功率，该并网模式的组合结构如图 2-12 所示。此时功率平衡方程为

$$P_{PV} + P_{Battery} + P_{Grid\_HMGrid} = P_{AC\_Load} + P_{DC\_Load} \tag{2-4}$$

2. 孤岛模式下的控制结构

孤岛模式是在市电损坏的情况下，依托柴油发电机组或其他分布式能源进行能源保障的模式。当光伏发电单元、铝空燃料电池单元和蓄电池储能单元不能满足负荷工况需求时，则预先启动柴油发电机组，并待其输出电压稳定后，通过静态转换开关将其接入系统，并将其余分布式能源切除，依托柴油发电机组供电，该孤岛模式的供电结构如图 2-13 所示。若考虑柴油机组噪声及烟雾污染等因素，则依托光伏发电单元、铝空燃料电池单元和蓄电池储能单元协同保障，当这些分布式能源均不能满足负荷需求时，则采用按照负荷重要等级切除的方式维持工程内重要负荷稳定运行。

当考虑柴油机组噪声及烟雾污染等因素时，微电网以光伏发电单元、铝空燃料电池单元、蓄电池储能单元和交直流负荷组成供电网络。其中铝空燃料电池单元和光伏发电单元以最大功率运行；储能发电单元按照削峰填谷的策略运行；新能源发电输出电能优先供给负载，当新能源发电功率大于负载功率

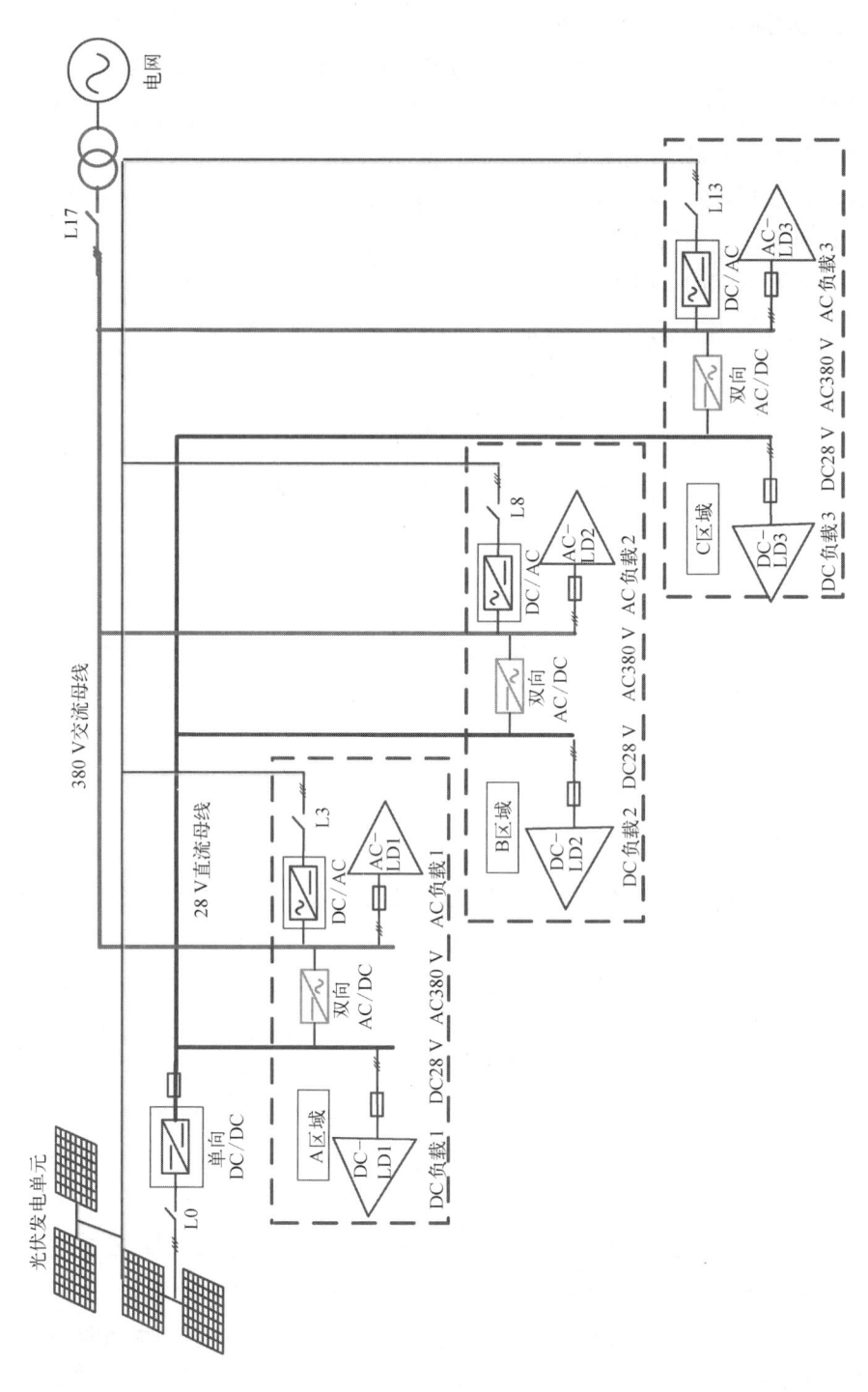

图 2-10 并网模式(1)：光伏+市电组结构图

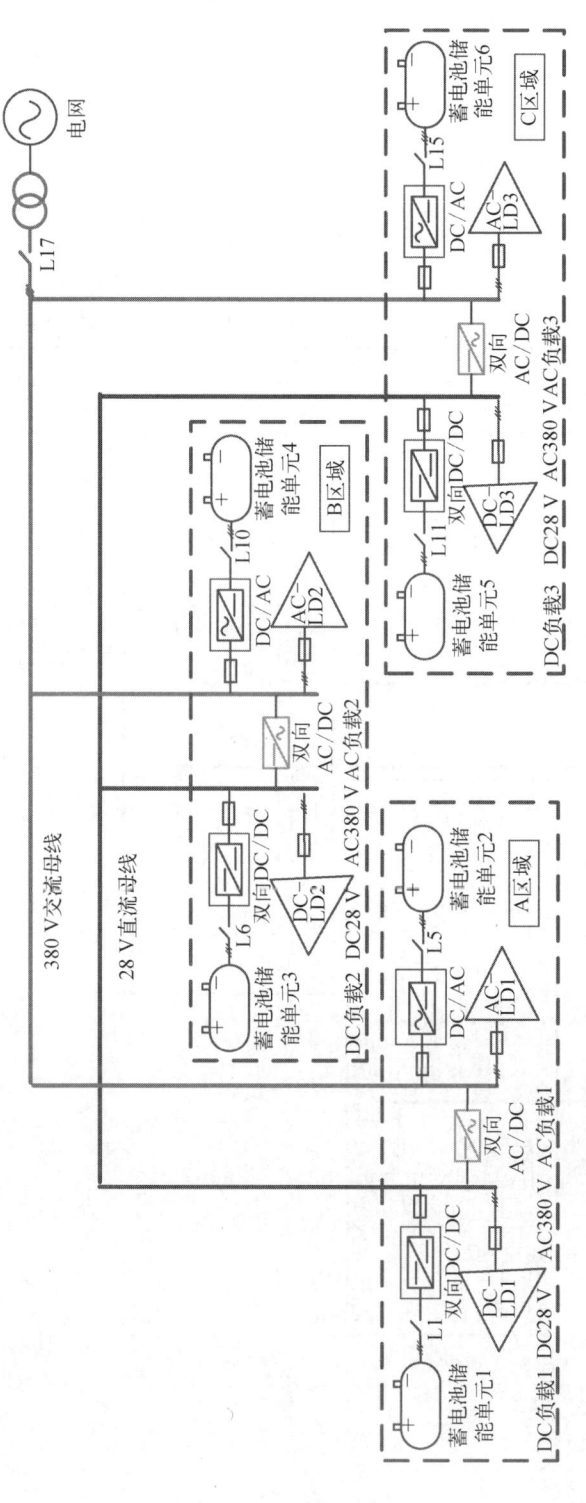

图 2-11 并网模式（2）：储能+市电组合结构图

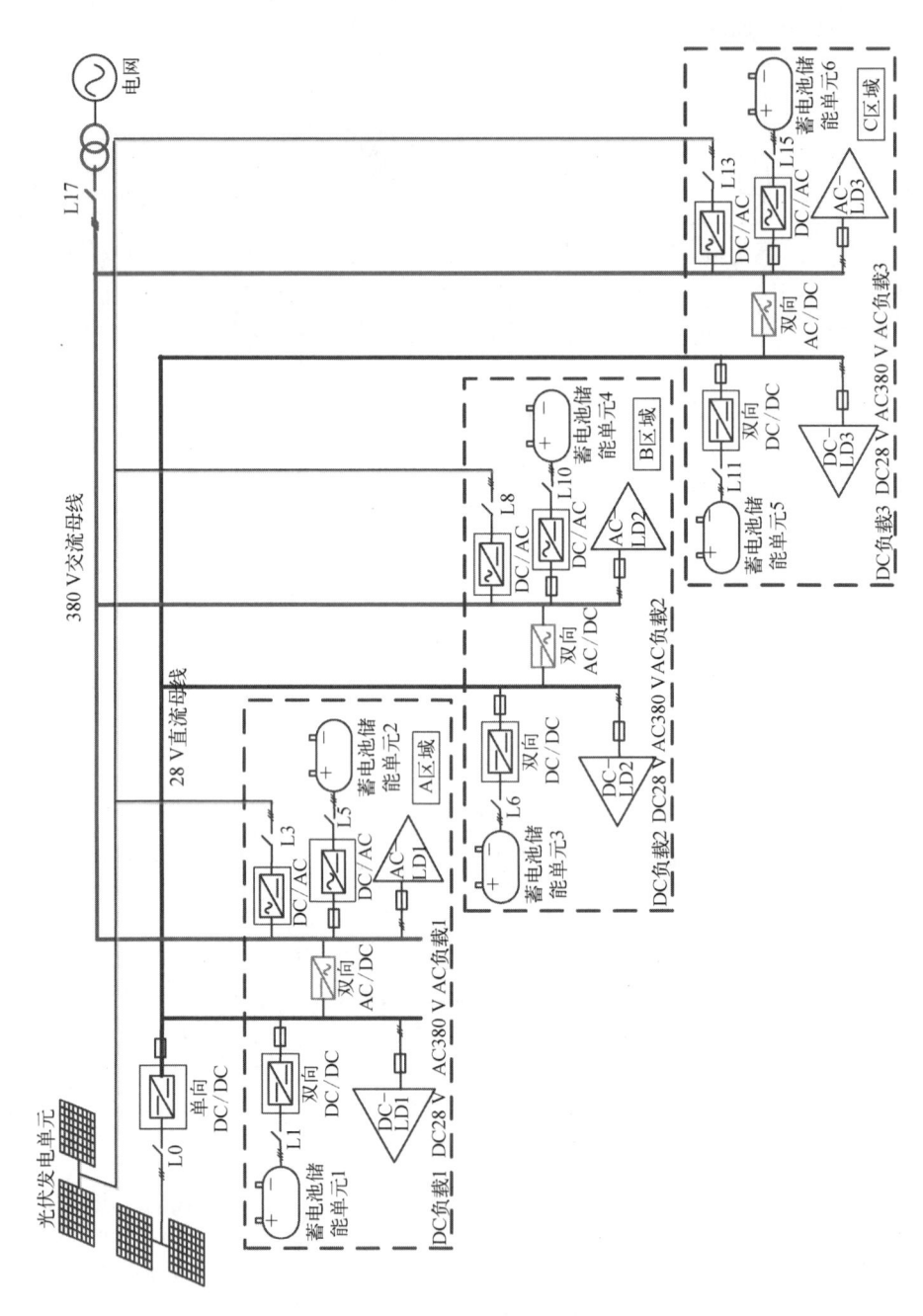

图 2-12 并网模式（3）：光伏+储能+市电组合结构图

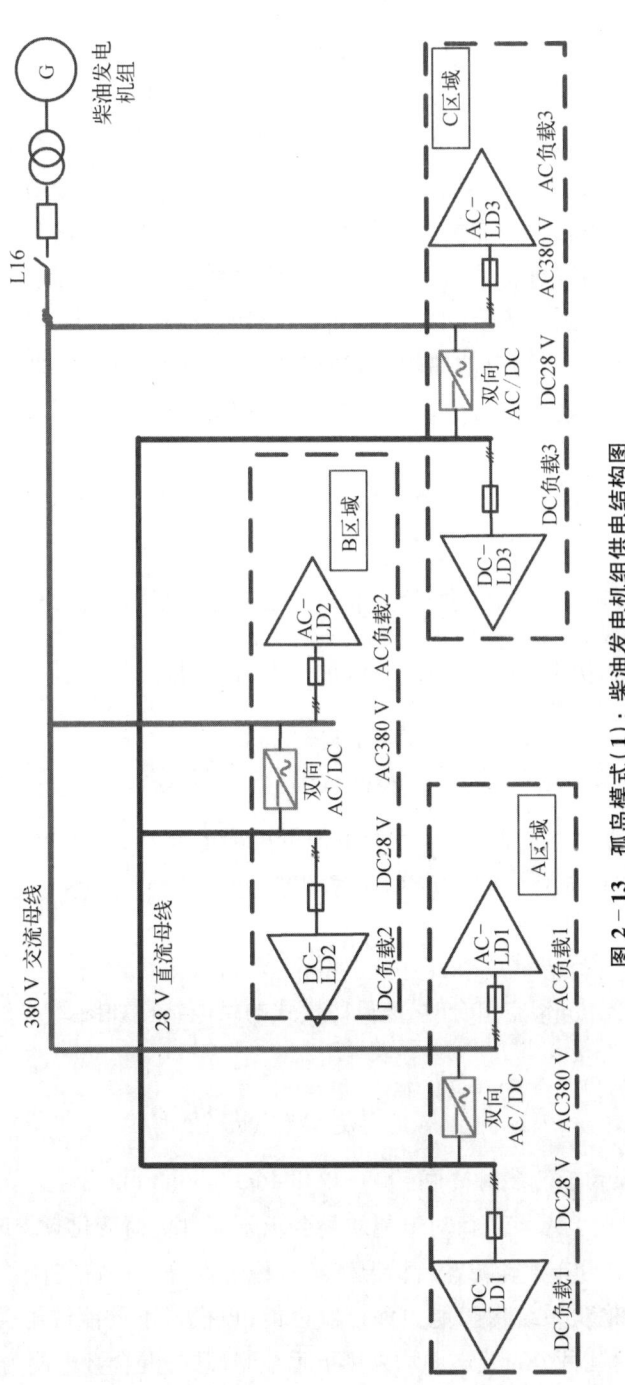

图 2-13 孤岛模式（1）：柴油发电机组供电结构图

时,多余能量为蓄电池储能单元充电,蓄电池储能单元电量已满,且发电功率仍然大于负载功率时,可考虑切除铝空燃料电池单元;当负荷高峰期,铝空燃料电池单元和光伏发电单元发电功率小于负载功率时,调度蓄电池储能单元进行放电,以弥补新能源放电不足,减小对孤岛电网的压力。蓄电池储能单元始终运行在恒压恒频工作模式,为系统提供电压和频率支撑;铝空燃料电池单元和光伏发电单元运行在最大功率模式。具体运行时分布式能源使用情况依据天气和负荷情况进行选定,主要包括储能、储能+光伏、储能+铝空、储能+光伏+铝空。考虑到储能系统具有良好的频率和电压整定能力,当系统负荷对电能质量要求较高时,蓄电池储能单元处于恒压恒频控制模式,光伏发电单元和铝空燃料电池单元处于最大功率控制模式或恒功率控制模式,此时为主从控制结构。

当只有蓄电池储能单元供电时,该孤岛模式的供电结构如图 2-14 所示。功率平衡方程为

$$P_{Battery} = P_{AC\_Load} + P_{DC\_Load} \quad (2-5)$$

当储能+光伏组合时,该孤岛模式的供电结构如图 2-15 所示。功率平衡方程为

$$P_{Battery} + P_{PV} = P_{AC\_Load} + P_{DC\_Load} \quad (2-6)$$

当储能+铝空组合时,铝空燃料电池发出功率为 P_{AA_FC},该孤岛模式的供电结构如图 2-16 所示。此时功率平衡方程为

$$P_{Battery} + P_{AA\_FC} = P_{AC\_Load} + P_{DC\_Load} \quad (2-7)$$

当储能+光伏+铝空组合时,该孤岛模式的供电结构如图 2-17 所示。功率平衡方程为

$$P_{Battery} + P_{PV} + P_{AA\_FC} = P_{AC\_Load} + P_{DC\_Load} \quad (2-8)$$

3. 任务模式下的控制结构

任务模式是当系统负荷对电能质量要求不高且负荷变化频繁时,检测区域能源保障、部分分布式能源运行情况和负荷稳定性等一些特定任务时的工作情况,主要为了检验系统保障能力和控制性能,该模式下的能源组合为光伏+储能+铝空,此时几种分布式电源均采用下垂控制模式,混合微电网为对等控制结构。该运行模式的供电结构如图 2-18 所示。

第 2 章 交直流混合微电网结构 | 81

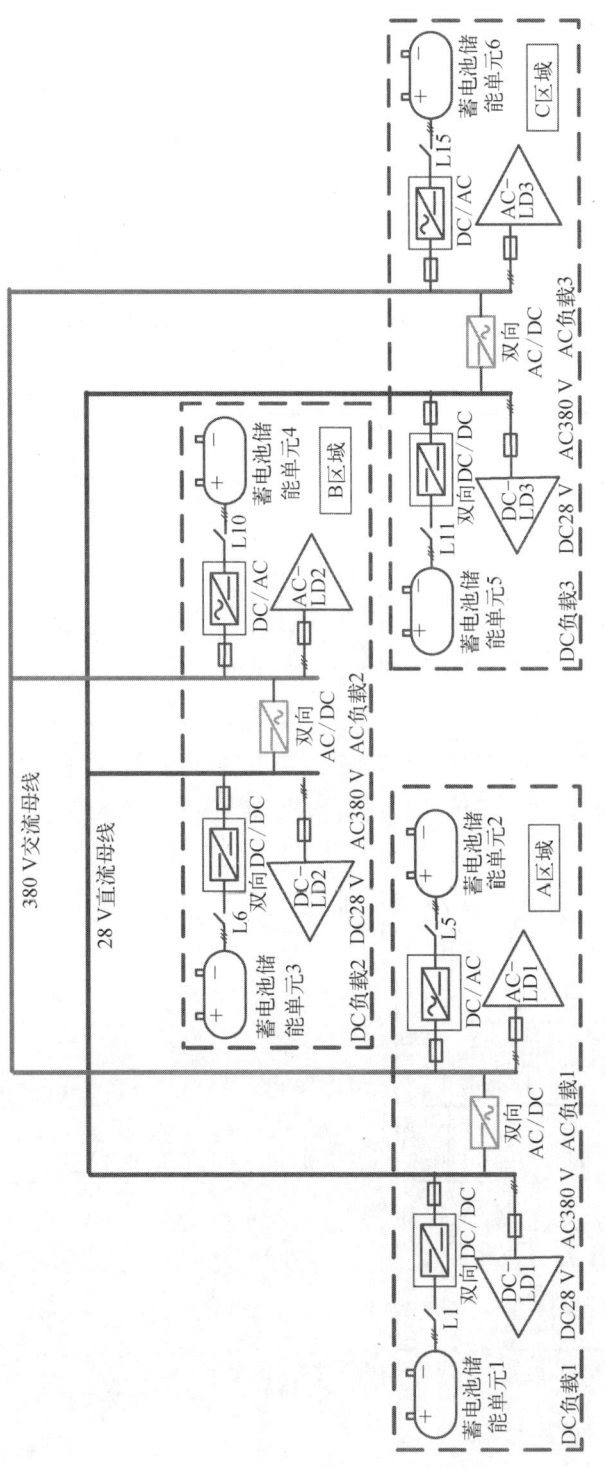

图 2-14 孤岛模式(2):储能供电结构图

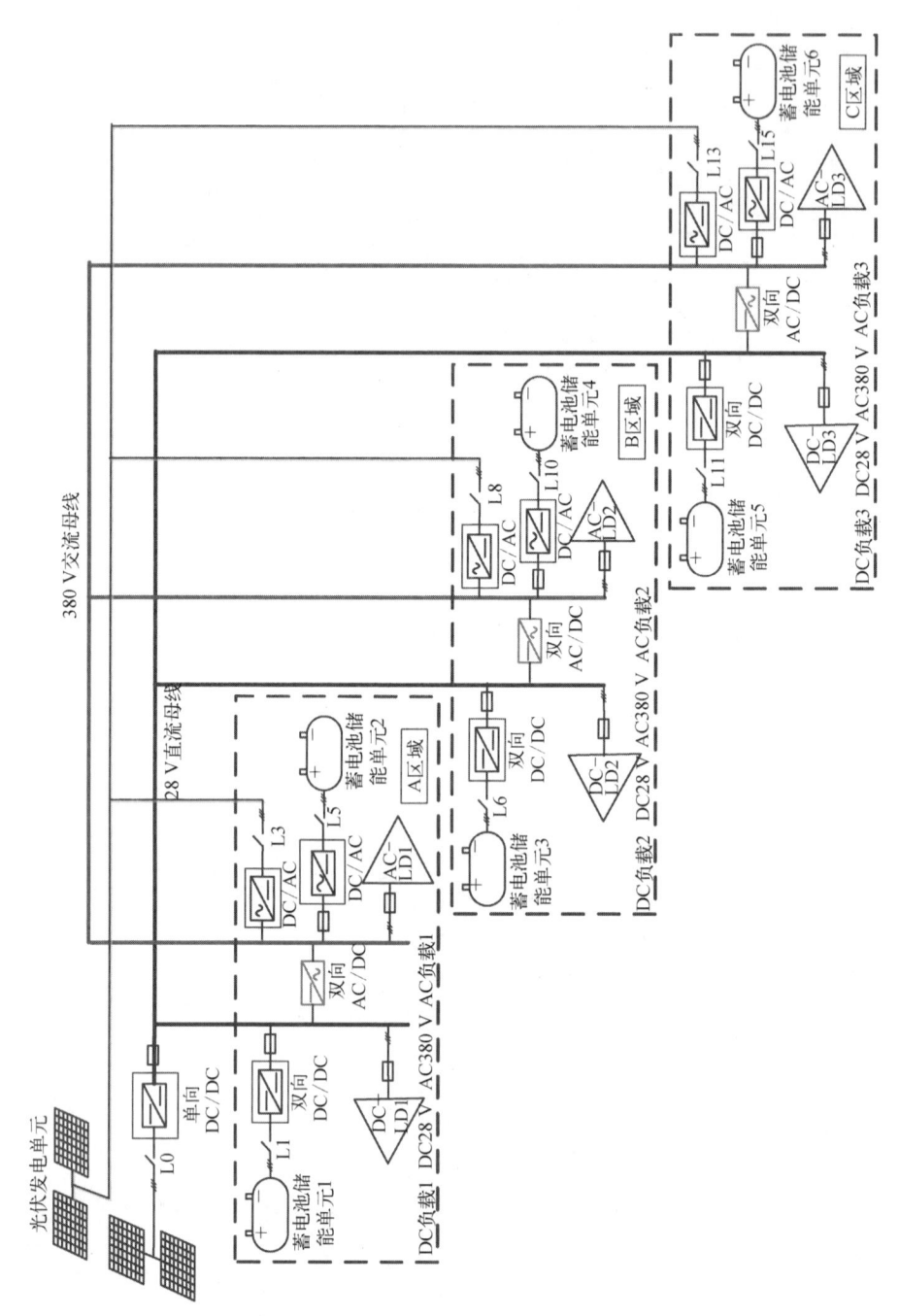

82 | 交直流混合微电网能量调度管理与控制策略

图 2-15 孤岛模式(3):储能+光伏组合结构图

第 2 章　交直流混合微电网结构 | 83

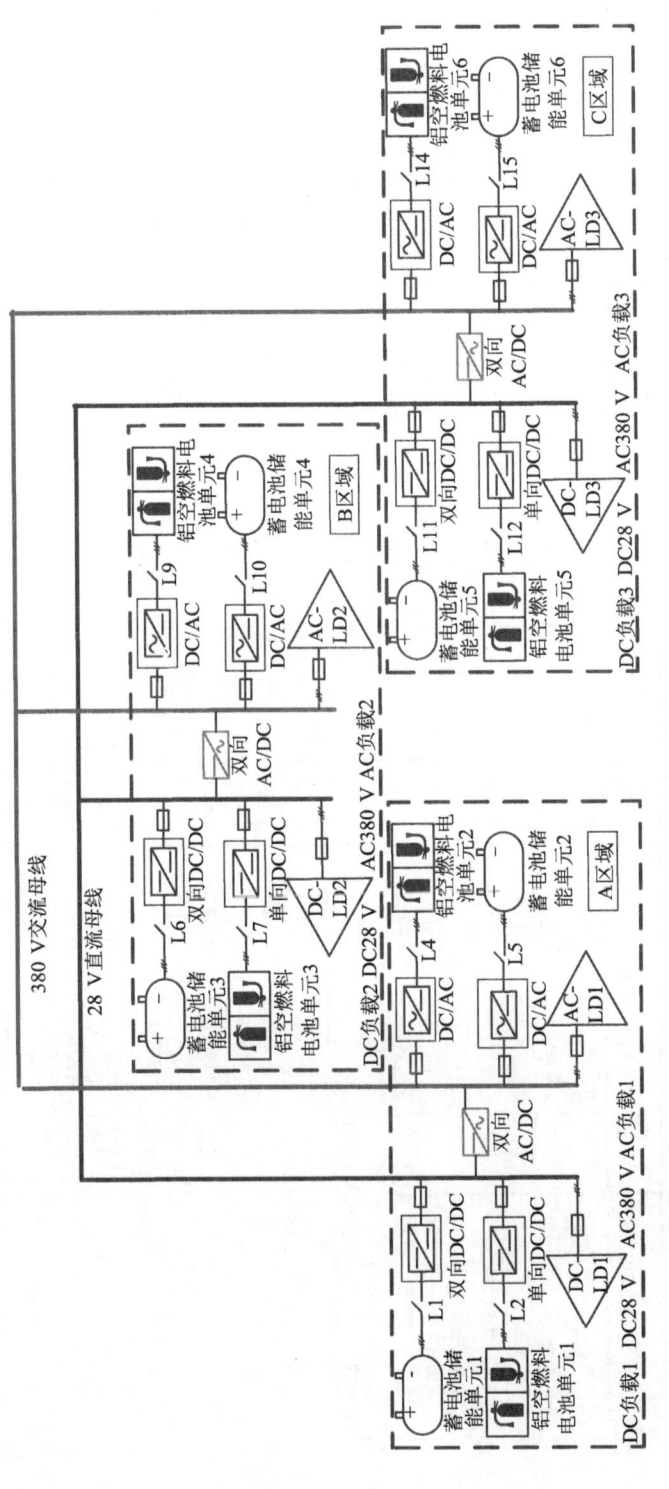

图 2-16　孤岛模式（4）：储能+铝空组合结构图

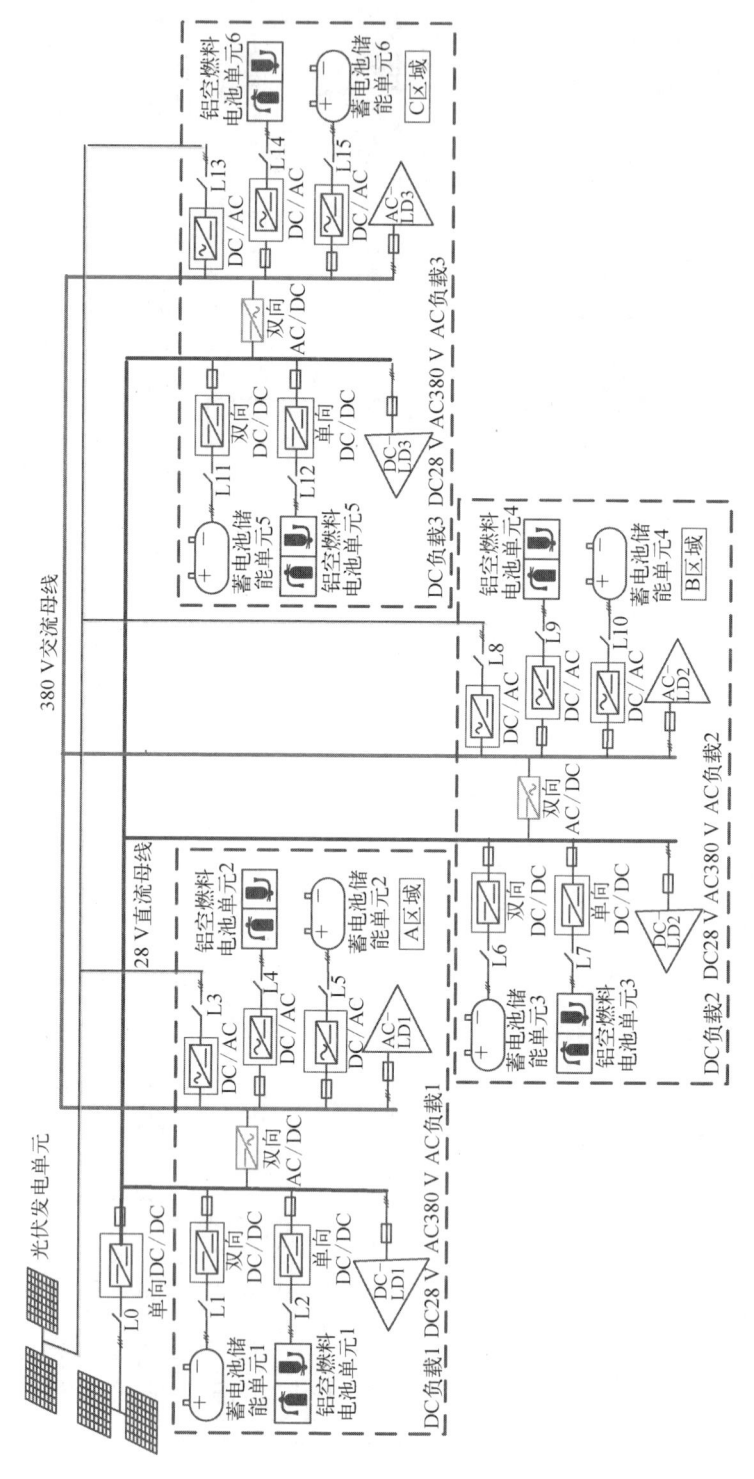

图 2-17 孤岛模式(5):储能+光伏+铝空组合结构图

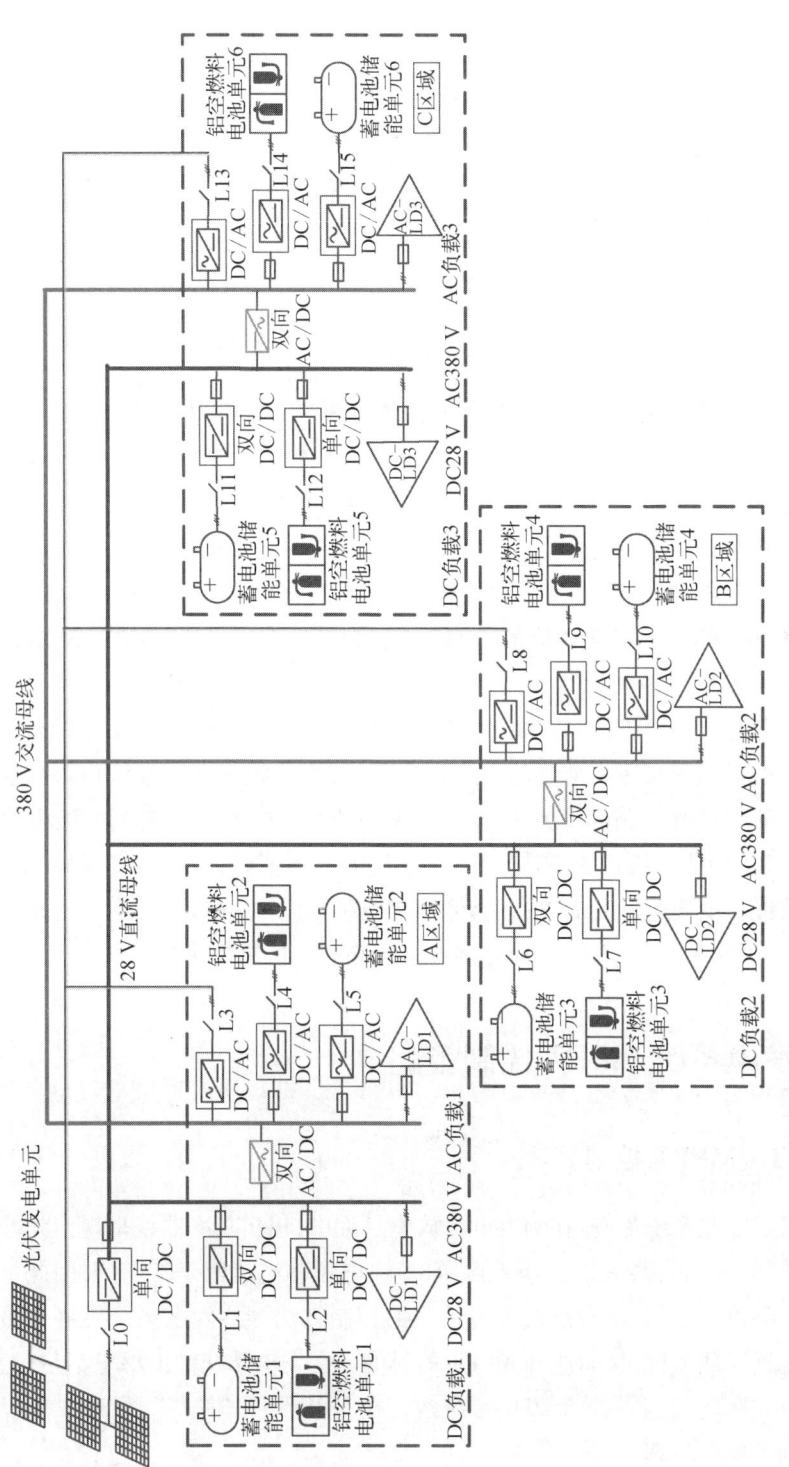

图 2-18 任务模式下光伏+储能+铝空组合结构图

第 3 章

交直流混合微电网模型及控制方法

常规接入微电网的分布式电源一般分为两类：一类是以柴油机、内燃机等为代表的传统旋转式发电单元，这类电源一般可以通过旋转发电机直接与微电网相连；另一类是以光伏、风机为代表的通过电力电子变换装置接入电网的分布式单元，这类电源一般需要经过一定形式的电能转换环节接入。本章主要对系统中的几种分布式电源建模，通过对其数学模型和特性的分析，在 MATLAB/Simulink 中建立相应的仿真模型，为整个交直流混合微电网的控制与仿真奠定基础。

在发电系统 MPPT 控制方面，本章将以燃料电池系统为例，介绍一种开路电压与变步长扰动观察法相结合的优化方法，以解决传统扰动观察法在跟踪速度和精度上的不足；在发电系统恒压控制（CVC）方面，本章以铝空电站为例，介绍一种发电系统恒压控制策略和储能系统充放电控制策略，以维持直流母线电压稳定和铁锂蓄电池合理充放电；在储能系统控制方面，本章以铁锂蓄电池系统为例，介绍一种常用的 DC/DC 切换控制方式及充放电控制策略。

3.1 发电系统 MPPT 控制策略

3.1.1 MPPT 控制算法

以铝空电池系统为例，在铝空电池放电过程中，输出功率曲线呈现出先增后降的特性，表现出有最大输出功率点，且对应电压和电流都是唯一值，因此可以利用铝空电池放电的这一特点，通过适当的控制方法维持发电系统始终在最大功率点附近区域运行，从而达到 MPPT 的目的。在发电系统输出功率不足时，通过单向 DC/DC 变流器来控制发电系统运行在 MPPT 工作模式。图 3-1 为发电系统 MPPT 控制原理。

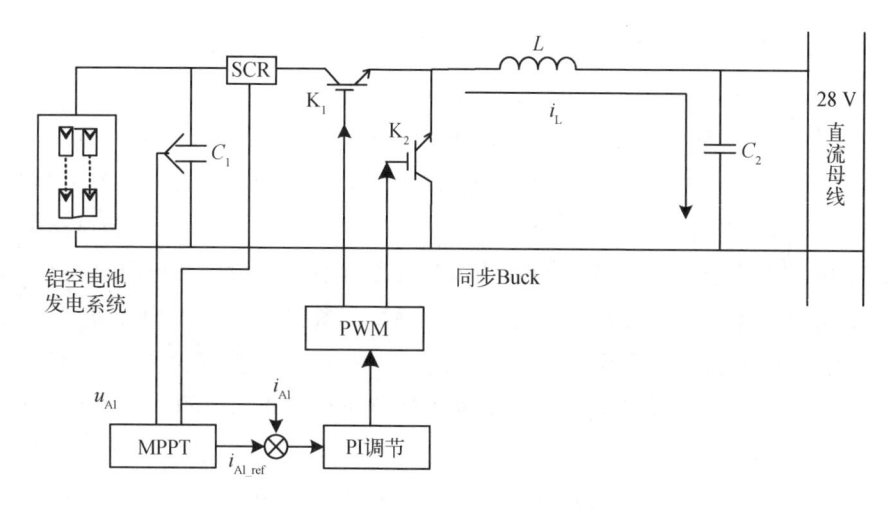

图 3-1 发电系统 MPPT 控制原理

注：Buck 为降压变换器。

检测发电系统输出电压 u_{Al} 和电流 i_{Al}，利用 MPPT 算法得到下一周期参考电流 i_{Al_ref}，i_{Al} 和 i_{Al_ref} 并进行比较得到差值，经过 PI 环之后进行脉冲宽度调制（pulse width modulation，PWM），控制绝缘栅双极型晶体管（insulated gate bipolar transistor，IGBT）开关管的通断，实现发电系统 MPPT 控制。

铝空电池发电系统是强非线性直流电源，单向 DC/DC 变流器也为非线性，但是在极短时间内，把发电系统和单向 DC/DC 变流器当作线性电路来对待。这里从电路理论出发来分析发电系统 MPPT 的基本原理。图 3-2 为发电系统理想等效线性电路。那么负载功率可以表示如下：

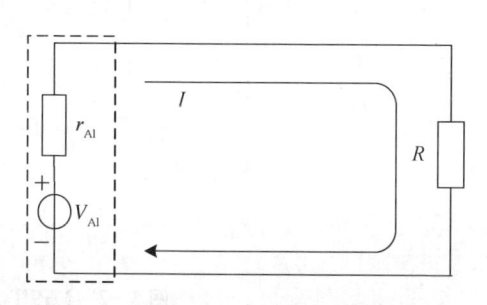

图 3-2 发电系统理想等效线性电路

$$P_R = I^2 R = \left(\frac{V_{Al}}{r_{Al} + R}\right)^2 R \qquad (3-1)$$

将式（3-1）对 R 求导，其中 V_{Al}、r_{Al} 都是常数，可得

$$\frac{dP_R}{dR} = V_{Al}^2 \frac{r_{Al} - R}{(r_{Al} + R)^3} \qquad (3-2)$$

从式（3-2）可以看出，当 $r_{Al} = R$ 时，发电系统输出功率 P_R 有最大值，那么，

在一定条件下,发电系统能否运行在最大功率点由外部负载决定,当外部负载电阻与发电系统内阻一致时,发电系统将达到最大功率点。

发电系统的 MPPT 是一个动态的自寻优过程,通过控制发电系统电流或电压,使发电系统输出功率达到最大。在此采用通过改变电流来追踪最大功率点,图 3-3 为发电系统在不同实验条件下的 P-I 曲线示意图,MPPT 控制目标是追踪到发电系统最大功率点 $A(C)$ 点,当发电系统工作在 $A(C)$ 点左边时,随着发电系统输出电流增大,输出功率也随之增大;而当铝空电池发电系统工作在 $A(C)$ 点右边时,随着发电系统电流增大,输出功率随之减小,且右边减小的速率远大于左边增大的速率。假如发电系统此刻工作在曲线 1 上的 A 点,这时由于实验条件突变,发电系统的放电特性变为曲线 2,若不给发电系统加 MPPT 控制,按原来的控制方式,那么发电系统将工作在 B 点,实际上,这时发电系统的最大功率点应该在 C 点。这样势必会造成一大部分能量的浪费,且会引起发电系统不能稳定工作,这时就体现出 MPPT 技术的重要性。采用 MPPT 技术能保证发电系统在任何条件下都工作在最大功率点附近,且高效稳定地输出电能。

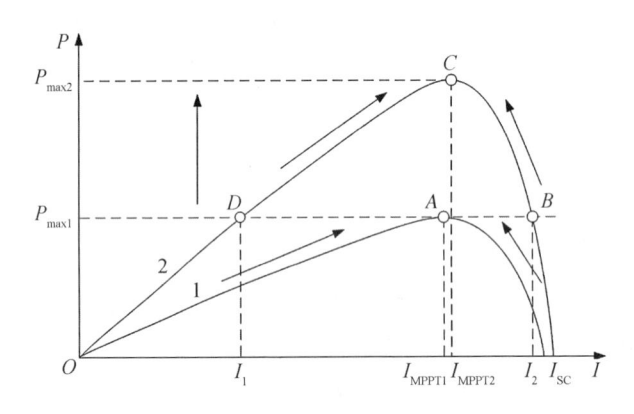

图 3-3 MPPT 工作过程示意图

目前常用的 MPPT 算法有电导增量法、扰动观察法和短路电流法等[44]。结合铝空电池特性,采用扰动观察法对发电系统进行 MPPT 控制,下面首先对传统扰动观察法进行分析,然后介绍其具体优化方法。

3.1.2 扰动观察法及其优化

1. 传统的扰动观察法分析

在此选取发电系统的输出电流作为扰动对象,比较电流扰动前后发电系统输出功率,从而确定下一周期的电流扰动方向,若扰动后功率增加,则继续按照原来方向进行扰动,否则改变方向继续对发电系统进行扰动,以此往复进行,直到发电系统输出功率接近最大值,但是初始值的选取及扰动步长的大小很难把握,这直接影响跟踪速度和精度,在最大功率点附近容易产生振荡,造成功率损失。

发电系统的 MPPT 控制是通过 Buck 变流器来实现的,采用一定步长对输出电流进行扰动,通过比较扰动前功率 P_n 和扰动后功率 P_{n+1},得出发电系统输出功率差值 ΔP,以此来决定下次干扰方向。

$$\Delta P = P_{n+1} - P_n \tag{3-3}$$

$\Delta P > 0$,表示前一周期对发电系统输出电流扰动正确,可以继续按这一方向对输出电流进行扰动;$\Delta P < 0$,表示前一周期对输出电流扰动方向错误,那么改变扰动方向后继续对输出电流进行扰动。以此周期性持续扰动,直到发电系统输出功率离最大功率点越来越近,最终发电系统稳定工作在最大功率点处小范围内,图 3-4 为传统扰动观察法流程图。

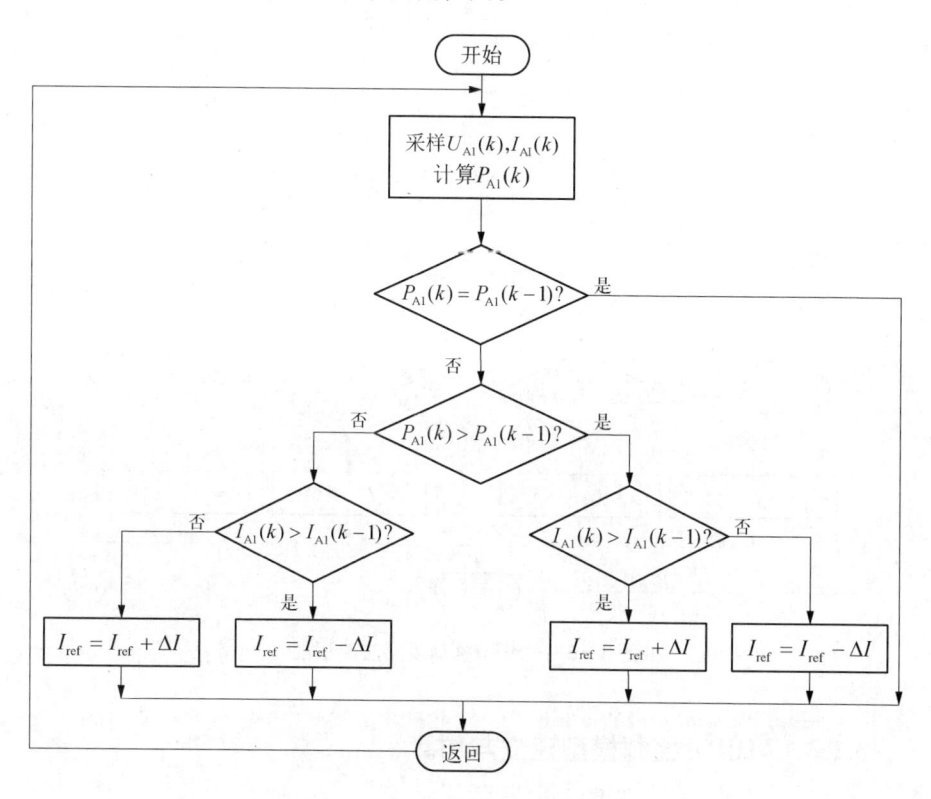

图 3-4 传统扰动观察法流程图

2. 优化型扰动观察法

传统扰动观察法算法单一,存在着最大功率处振荡、寻优时间长等不足,根据前期铝空电池发电系统试验结果,先缓启动使得发电系统电压在 70% 的开路电压 U_{oc} 附近,在后面跟踪过程中采用跟踪变步长的扰动观察法对发电系统进行 MPPT 跟踪控制。图 3-5 为优化型扰动观察法流程图。

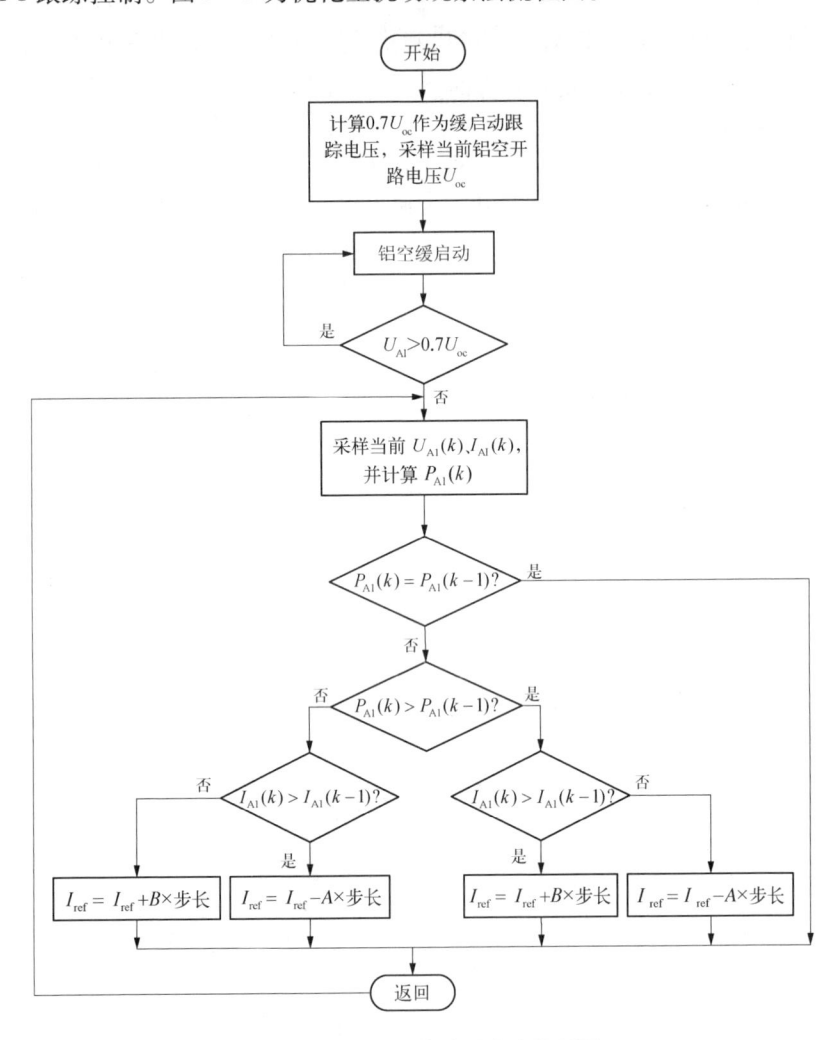

图 3-5 优化型扰动观察法流程图

3.1.3 MPPT 控制模型建立与仿真

在对铝空电池特性进行分析的基础上,为验证发电系统控制策略的正确性,利用 MATLAB/Simulink 仿真软件建立发电系统仿真模型，如图 3-6 所示。铝空电池模型由一个 s-Function 模块和可控电压源模块组成，在理想情况下，电解液温度 $T=25℃$、铝电极纯度 100% 和空气中氧含量恒定，忽略电极腐蚀和析氢的影响，输出额定电压 43.2 V，开路电压 56 V，截止电压 36 V，输出最大功率为 6 200 W；同步 Buck 电路中电容 $C_1=C_2=5\,000\,\mu F$，电感 $L=30\,\mu H$，$R_1=0.2\,\Omega$，$R_2=0.8\,\Omega$，$f=10\,kHz$，采用 ode23tb 算法，负载模型由 Step 模块、IGBT 开关器件和电阻组成，通过 Step 模块产生阶跃信号来控制是否接入负载。

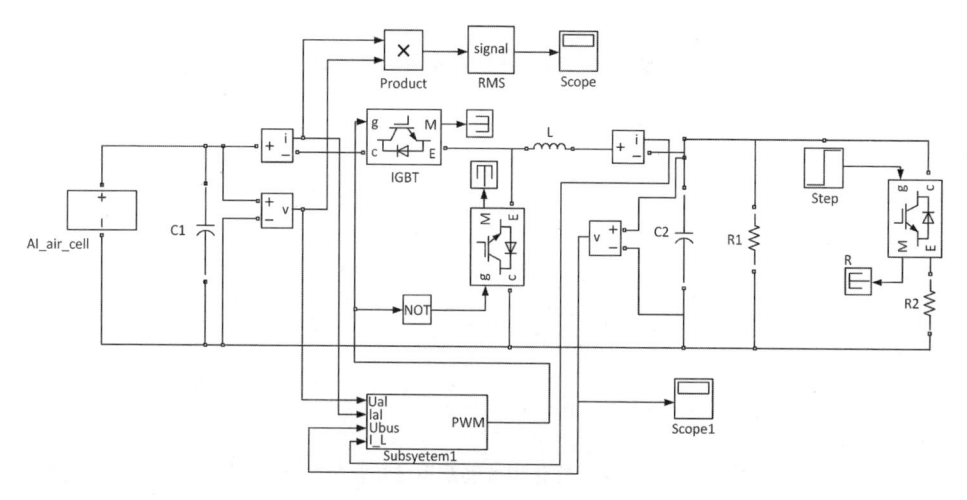

图 3-6 发电系统主电路模型

注：图中 Al_air_cell 指铝空电池模拟源。

MPPT 控制模型主要包括传统扰动观察法和优化型扰动观察法模型，图 3-7 是传统扰动观察法仿真模型，利用电压电流检测模块测量发电系统输出电压 u_{Al} 和电流 i_{Al}，判断此时输出功率 $p(k)$ 与上个周期功率 $p(k-1)$ 的大小，如果相等，参考电流不改变，$i_{Al\_ref}(k)=i_{Al\_ref}(k-1)$。如果不相等，则需要判断功率差值 diffp 和电流差值 $diffp_{Al}$ 符号是否相同，若相同，按照上次扰动方向继续扰动参考电流 $i_{Al\_ref}(k)$，若不同，按照与上次相反的扰动方向扰动参考电流 $i_{Al\_ref}(k)$，按照上述过程进行发电系统 MPPT 控制。

图 3-8 是优化型扰动观察法仿真模型，采用开路电压与扰动观察法相结合，首先采用 $0.7U_{oc}$ 作为参考电压 u_{Al_ref} 进行 MPPT 控制，当发电系统输出电压 u_{Al} 小于 $0.7U_{oc}$ 时，自动切换至变步长扰动观察法进行 MPPT 控制。

在上述仿真模型基础上进行 MPPT 仿真，图 3-9 为传统扰动观察法仿真波

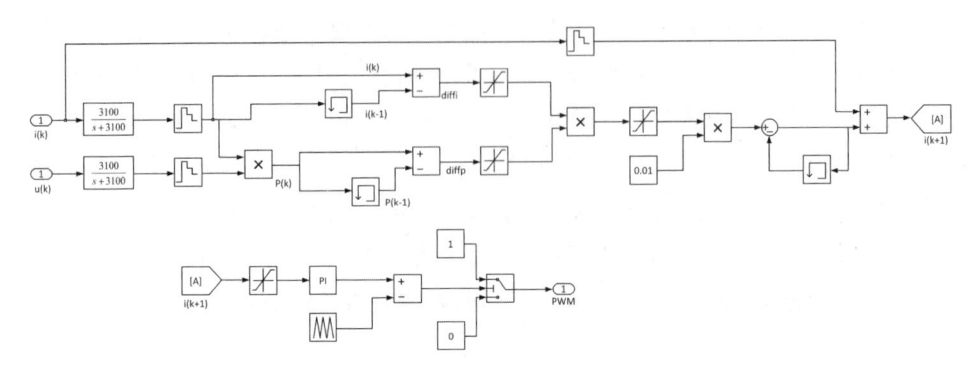

图 3-7 传统扰动观察法仿真模型

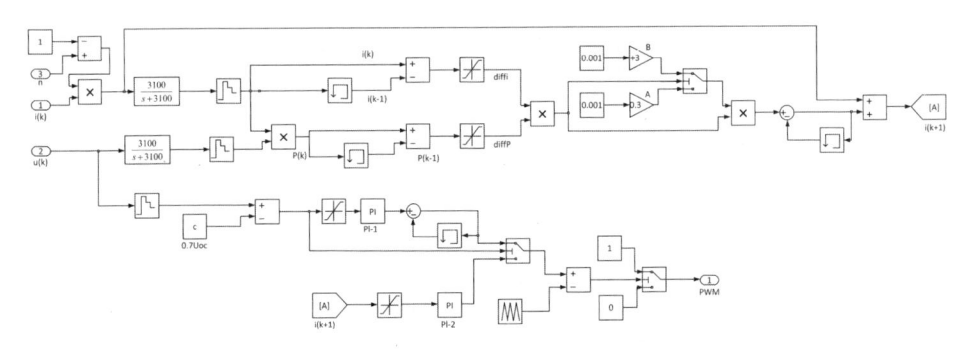

图 3-8 优化型扰动观察法仿真模型

形,图 3-10 为优化型扰动观察法仿真波形,两次仿真均在 1 s 处降低发电系统的最大功率至 5 500 W。在追踪速度方面,传统方法需要 0.5 s 达到最大功率点,而优化方法只需要 0.3 s 就能到达最大功率点;在精度和稳定性方面,传统方法

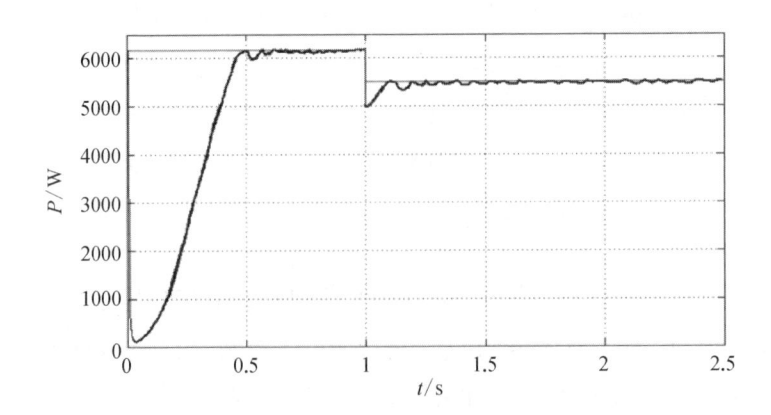

图 3-9 传统扰动观察法仿真波形

在最大功率处存在波动,约 3.5%,而优化方法在最大功率点处几乎没有波动;在遇到放电特性突变时,优化方法追踪速度和精度都优于传统方法。从以上三个方面来看,优化方法优于传统方法。

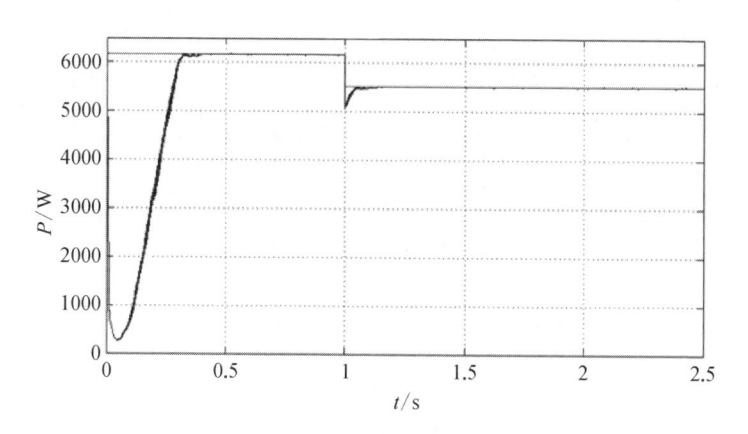

图 3-10 优化型扰动观察法仿真波形

3.2 发电系统恒压控制策略

3.2.1 同步 Buck 控制方式

以铝空电站为例,当发电系统输出功率大于负载需求,且铁锂蓄电池已充满时,通过改变同步 Buck 变流器控制策略,使发电系统运行在 CVC 工作模式,稳定母线电压,同时发电系统输出功率减小。目前,同步 Buck 电路主要有电压型控制、电压 V2 型控制和电流型控制。

1. 电压型控制

采集同步 Buck 输出电压 u_{bus} 与参考电压 u_{bus_ref} 并进行比较,经过 PI 调节器和脉冲宽度调制,得到占空比,驱动开关管,如图 3-11 所示。电压型控制结构简单且易于实现,但动态响应较慢,抗干扰能力差,且系统稳定性较差。

2. 电压 V2 型控制

反馈信号 u_{bus} 与参考电压 u_{bus_ref} 进行比较,经 PI 调节和脉冲宽度调制,控制开关管的通断,如图 3-12 所示。该控制方式具有稳压精度高、抗干扰能力强、

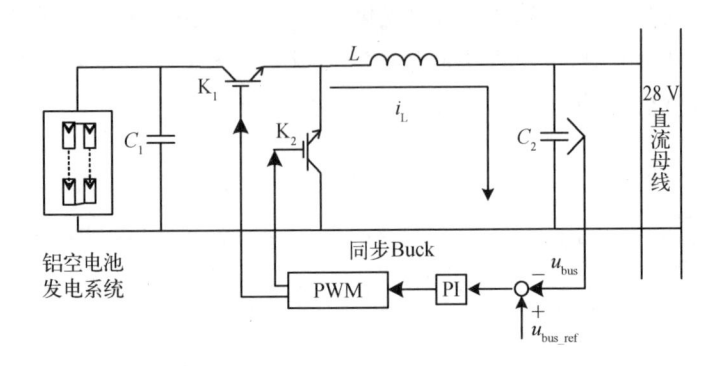

图 3‑11　电压型控制方式

对输入电压扰动抑制能力好、能提高系统的稳定性等优点,但存在补偿环设计困难等缺点。

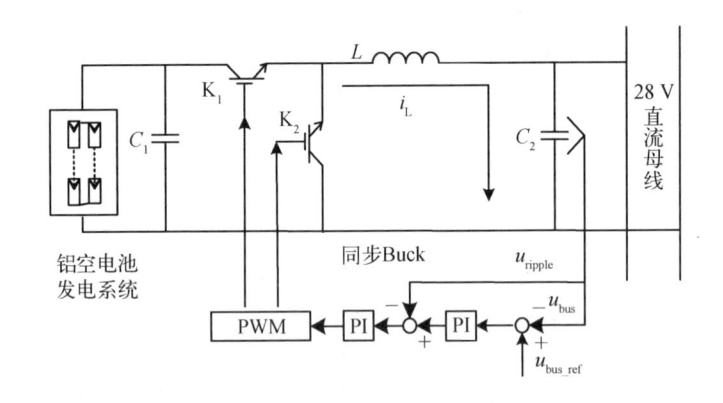

图 3‑12　电压 V2 型控制方式

3. 电流型控制

根据电流反馈信号的不同,电流型分为峰值电流型和均值电流型,峰值电流型中的电压外环与上述一样,只是内环反馈电流信号来自电感电流,与电压外环提供的参考电流直接输入 PWM 比较器生成 PWM 波,控制开关管,如图 3‑13 所示。峰值电流型控制具有较好的动态响应、消除电感带来的二阶特性、简化过载保护和短路保护等优点,但当占空比大于 50% 时,需要增加斜波补偿环节来维持系统的稳定。

均值电流型控制与峰值电流型控制的不同之处是内环反馈电流信号电感电流与参考电流比较后,经过 PI 调节后进行 PWM,如图 3‑14 所示。该控制方式

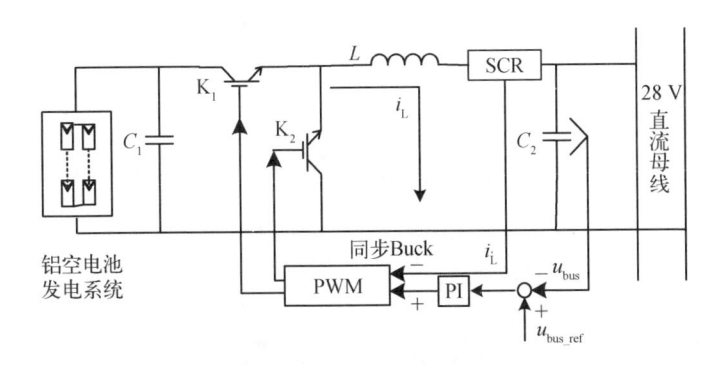

图 3‑13 峰值电流型控制方式

能精确跟踪电流设定值且限制输出电流,系统稳定性好,抗干扰能力强,控制效果好,但动态响应速度和应用广泛程度不及峰值电流型控制。在此选择均值电流型控制方式进行 Buck 变流器控制。

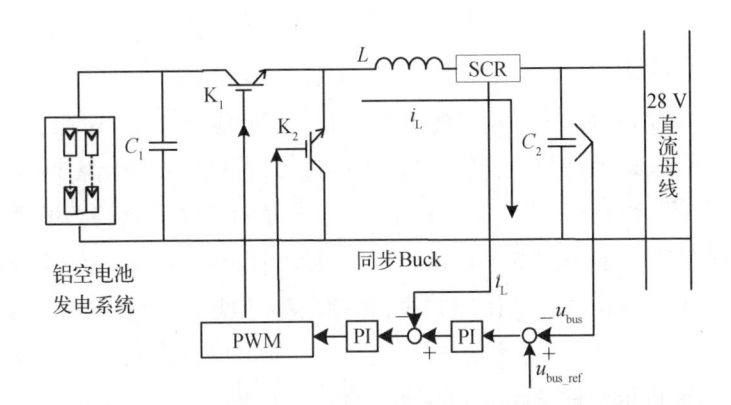

图 3‑14 均值电流型控制方式

3.2.2 PI 控制算法

在同步 Buck 电路三种控制方式中,均要用到比例积分微分(proportional integral differential,PID)控制进行校正。PID 控制是最早的控制算法之一,应用非常广泛,特别是在生产过程控制方面。PID 控制主要分为模拟 PID 和数字 PID,模拟 PID 整定主要依据使用者的经验,而数字 PID 主要基于现代数字处理器(单片机和数字信号处理器等)实现,能够通过不断修正 PID 参数达到预期的效果。而 PI 控制是 PID 控制中微分系数为零的情况。

1. 模拟 PI 控制

模拟 PI 控制器是由比例(P)控制和积分(I)控制线性组合的控制器,图 3-15 为 PI 控制器的原理图。

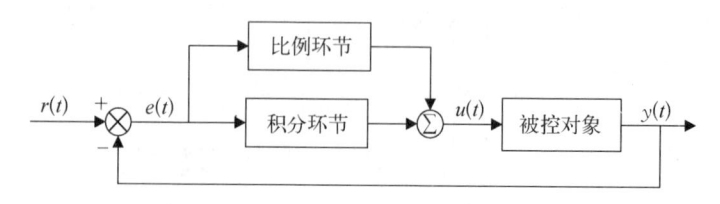

图 3-15　PI 控制器原理

得到其表达式为

$$u(t) = k_P \left[e(t) + \frac{1}{T_I} \int_0^t e(t) \mathrm{d}t \right] \tag{3-4}$$

$$e(t) = r(t) - y(t) \tag{3-5}$$

式中,k_P 和 T_I 分别为比例系数和积分时间常数。

P 环节主要是对系统输出量的偏差做出快速反应,k_P 值较小时,反应速度较慢,k_P 值越大,反应速度越快,当然 k_P 值不能过大,否则容易产生震荡,因此 k_P 值必须取值合适,才能保证系统运行稳定。I 环节是对系统输出偏差的积累,当偏差长时间存在时,控制作用明显,进而消除偏差,但同时会降低系统响应速度,增大超调量。T_I 值越大,I 环节作用越小,超调减小,但增加了系统响应时间,T_I 值越小,I 环节作用越强,响应速度加快,但系统可能出现不稳定,总之对 T_I 值应该根据实际情况进行合理设计。

PI 控制的传递函数为

$$G(s) = k_P \left(1 + \frac{1}{T_I s} \right) \tag{3-6}$$

从频域来看,PI 控制器是一个相位滞后的补偿器,在增大低频增益的同时提高系统的稳定性。

2. 数字 PI 控制

数字 PI 控制算法是通过数字信号处理器的实时采样来完成控制的,需要根据实时采样偏差计算控制量,因此不能直接用模拟 PI 控制算法,对式(3-4)进行离散处理后,得到表达式:

$$u(k) = u(k-1) + k_P[e(k) - e(k-1)] + k_I e(k) \qquad (3-7)$$

一般来讲,控制部分是基于数字信号处理器来实现的,因此选用数字 PI 控制器,采用试凑法对 PI 参数进行整定。根据上述 PI 算法得到了 PI 控制器控制流程,如图 3‑16 所示。

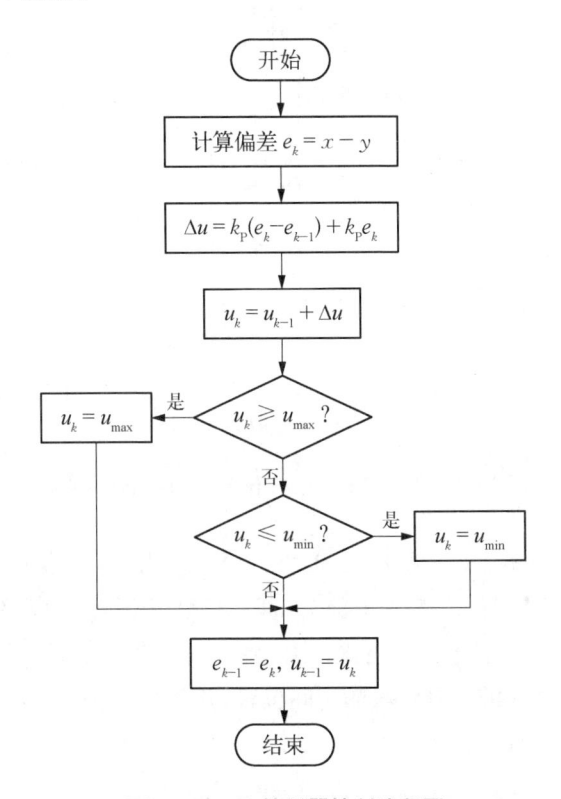

图 3‑16 PI 控制器控制流程图

3.2.3 均值电流型控制算法

数字脉宽调制技术主要分为单缘调制和双缘调制两大类,双缘调制也称为三角调制。在数字均值电流型控制算法中,单缘调制控制算法因占空比变化会产生谐波振荡,需要增加斜波补偿,而双缘调制控制算法在调制原理上保证了控制算法的稳定性,不存在谐波振荡问题。对称三角调制技术分为前缘调制和后缘调制两种,下面利用对称三角调制技术的后缘调制对同步 Buck 变流器的数字均值电流型控制算法进行研究分析,采用该控制算法的同步 Buck 在电感电流连续模式下的电感电流 i_L 和控制脉冲波形如图 3‑17 所示,m_1 和 m_2 是电感电流 i_L

纹波的上升斜率和下降斜率,实线是电感电流 i_L 的稳态波形,点画线是扰动后电感电流 i_L 返回稳态的过渡波形,i_c 为均值电流控制信号。

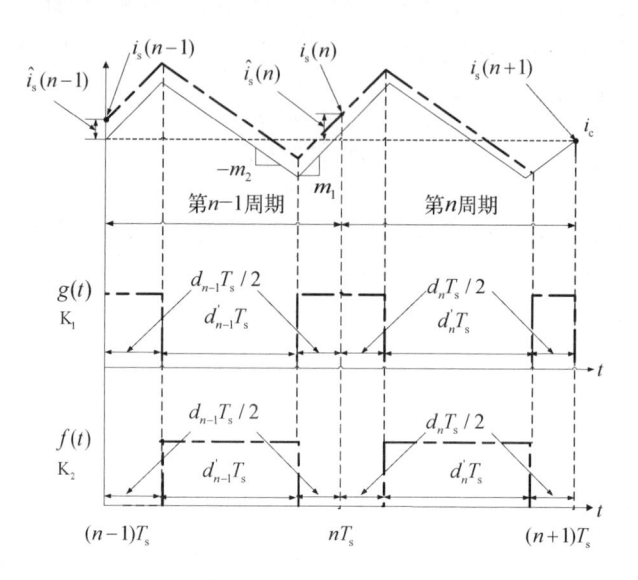

图 3-17 同步 Buck 电感电流 i_L 和控制脉冲波形

在第 n 周期开始,开关管 K_1 导通,开关管 K_2 截止,电感电流 i_L 上升,经过 $d_nT_s/2$ 后,K_1 截止,K_2 导通,电感电流 i_L 下降,持续到 $(1-d_n/2)/T_s$,然后 K_1 再次导通,K_2 再次截止,电感电流 i_L 再次上升,到当前周期结束。在每个周期的采样点均在电感电流 i_L 纹波上升阶段的中间位置,开关管 K_1 在第 n 周期开始段和结束段的导通时间相等,可得式(3-8)。

$$i_s(n) = i_s(n-1) + m_1 d_{n-1} T_s - m_2 d'_{n-1} T_s \qquad (3-8)$$

$$i_s(n+1) = i_s(n) + m_1 + d_n + T_s - m_2 d'_n T_s \qquad (3-9)$$

第 n 周期电感电流纹波 i_L 均值为 $i_{avg}(n) = i_s(n+1) = i_c$,代入式(3-8)和(3-9)得到开关管 K_1 占空比算法:

$$d_n = \frac{i_c - i_s(n-1)}{(m_1+m_2)T_s} - d_{n-1} + \frac{2m_2}{m_1+m_2} \qquad (3-10)$$

同理得到开关管 K_2 占空比算法:

$$d'_n = -\frac{i_c - i_s(n-1)}{(m_1+m_2)T_s} - d'_{n-1} + \frac{2m_1}{m_1+m_2} \qquad (3-11)$$

由电感电流 i_L 波形可知，在第 $n-1$ 周期出现的电感电流扰动现象在第 n 周期结束时消失，因此基于对称双缘调制的均值电流型控制算法是稳定的，避免了次谐波振荡。

3.2.4 恒压控制模型建立与仿真

基于上述选择的控制方式和控制方法，为有效控制同步 Buck 变流器输出电压 u_d 稳定在 28 V，通常采用电压外环控制作为首要控制目标；为解决电压外环控制响应速度慢、静态误差大、抗干扰能力弱、输出电流得不到有效控制等问题，通常采用电流内环控制来弥补电压外环控制的不足，且反馈电流取自电感电流，构成均值电流型控制；在脉宽调制技术方面，采用对称双缘脉宽后缘调制，在保证系统稳定的同时，不需要增加斜波补偿，简化了电路。图 3-18 是发电系统恒压控制模型，图中包括利用 Step 模块和 Switch 模块组成的发电系统工作模式切换模型，利用 Step 模块产生阶跃信号来切换发电系统的 MPPT 模式和 CVC 模式，当 $n=1$ 时，处于 MPPT 模式，当 $n=2$ 时，处于 CVC 模式。

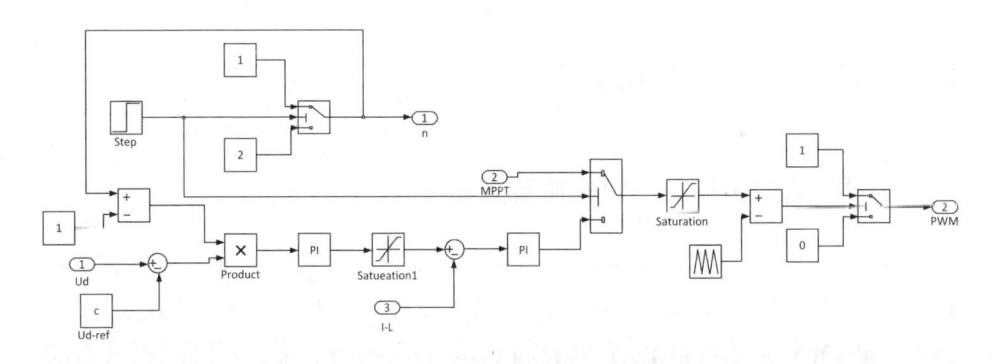

图 3-18 发电系统恒压控制模型

图 3-19 是发电系统从 MPPT 模式转换至 CVC 模式仿真波形，铝空电池发电系统在 3.2 s 以前工作在 MPPT 模式，输出功率最大，但未能有效控制母线电压，母线电压达到 U_{bus} = 30.5 V；在 3.2 s 时通过模式切换模型将发电系统转换至 CVC 模式，此时铝空电池发电系统能量充足，母线电压很快稳定在 28 V，实现了母线电压恒压控制；在 3.4 s 处，负载功率增加，母线电压下降至 27.5 V，0.02 s 后恢复至 28 V，几乎没有波动，验证了铝空电池发电系统恒压控制的有效性。

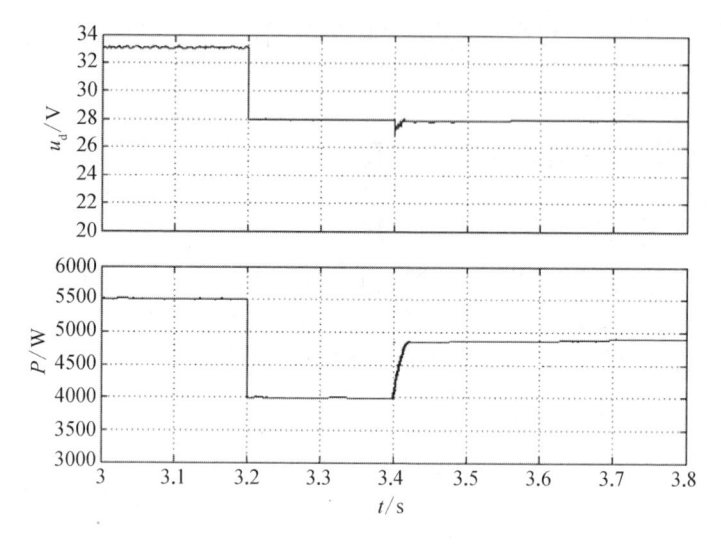

图 3-19　发电系统 MPPT 切换至 CVC 模式仿真波形

3.3　储能系统控制策略

3.3.1　双向 DC/DC 切换控制方式

双向 DC/DC 有 Buck 和 Boost 两种工作模式,这两种模式之间的切换控制是首先要解决的问题。目前主要有独立式 PWM 控制和互补式 PWM 控制两种。独立式 PWM 控制是指把 Buck 模式和 Boost 模式分开控制,互不干扰,放电时 Buck 电路工作,充电时 Boost 电路工作,充放电之间的切换需要外部逻辑控制电路来实现。互补式 PWM 控制是指在一个开关周期内,既可以工作在 Buck 状态进行放电,也可以工作在 Boost 状态进行充电,这种控制方式能够实现开关管的零电压导通,二极管自然关断,具有软开关的效果,降低了电压电流应力和能量损耗,提高了变流器的效率,但该切换控制复杂,不易实现。接下来,以铁锂蓄电池为例,说明其充放电控制策略。

3.3.2　放电控制策略

当发电系统最大输出功率无法维持负载功率需求时,铁锂蓄电池储能系统投入运行,双向 DC/DC 切换为 Buck 工作模式,铁锂蓄电池放电来对直流母线进行稳压。同时必须考虑到蓄电池的使用安全和工作寿命,那么需要检测蓄电池端电压,避免因蓄电池过度放电而影响其后续储能性能。当蓄电池端电压接近或低于过放电压时,储能系统停止工作。

双向 DC/DC 在独立式 PWM 控制下的 Buck 电路也有三种控制方式,且与发电系统中同步 Buck 电路的相同。此时首要目的仍然是稳定母线电压,通常采用电压外环来稳定直流母线电压,反馈电压取自直流母线,但是单电压环控制存在动态响应速度慢、稳压精度差、对输出电流没有限制等不足;那么有必要加入电流内环控制,在改善响应速度的同时,且具有限流作用,由于峰值电流型控制在占空比大于 50%时需要增加斜波补偿,而均值电流型控制不需要考虑补偿问题,且抗干扰能力更强,综合考虑,也采用均值电流型控制;在脉宽调制算法方面,采用双缘脉宽调制中的后缘调制,在调制原理上不存在次谐波振荡,从根本上保证了系统的稳定。图 3-20 为铁锂蓄电池放电控制策略。

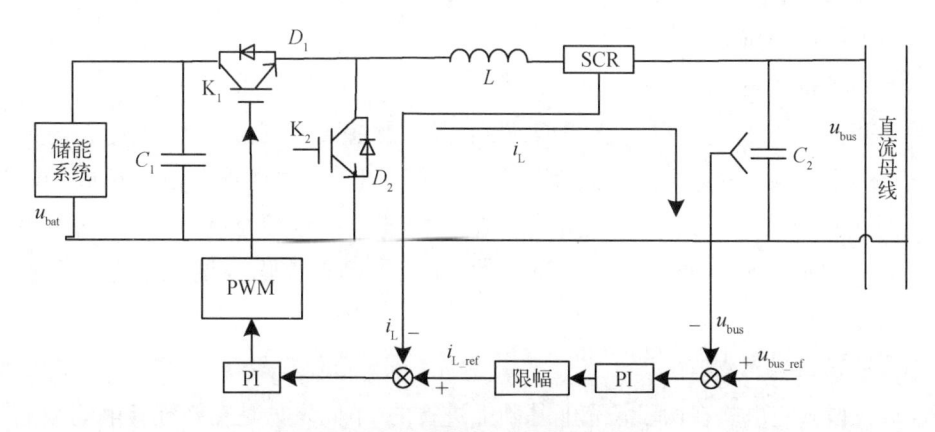

图 3-20　铁锂蓄电池放电控制策略

其中电压外环利用采集直流母线实时电压 u_{bus},与额定电压 u_{bus_ref} 进行比较,两者的差值经过 PI 调节后进行限幅,得到电流内环参考电流值 i_{L_ref},再与检测到的电感电流 i_L 进行比较,经过内环的 PI 调节后,进行脉冲宽度调制后最终产生 IGBT 驱动信号。

3.3.3　充电控制策略

蓄电池充电方法主要有恒定电流充电、恒定电压充电、两段式充电和三段式充电[45,46]等。

1. 恒定电流充电

恒定电流充电,顾名思义就是充电过程中充电电流恒定不变,以这个电流值给铁锂蓄电池进行充电。在充电过程中,随着铁锂蓄电池端电压升高,充电电流逐渐减少,需要及时调节充电电压来确保充电电流恒定。在充电末期,随着铁锂蓄电池接近充满,其电解液出现大量析气,导致电池本身温度偏高,消耗能量,充电效率下降,同时由于充电电流恒定,势必会导致过流充电,影响铁锂蓄电池的性能,基于以上不足,单独恒流充电使用场合不广泛。

2. 恒定电压充电

同恒定电流充电相似,恒定电压充电就是充电过程中充电电压不变,以这个电压值给铁锂蓄电池进行充电。在充电过程中,一开始由于铁锂蓄电池端电压比较低,导致充电电流太大,当铁锂蓄电池容量或端电压到达预设值之后,进行恒压充电,随着充电的继续进行,充电电流不断减小,完成铁锂蓄电池的充电。这种充电方法的不足之处是充电初期的充电电流过大,在一定程度上影响了铁锂蓄电池性能和工作寿命。

3. 两段式充电

两段式充电就是在充电初期,为了保护铁锂蓄电池免受电流过大的冲击,采用适当的恒定电流对铁锂蓄电池进行充电,当铁锂蓄电池容量或端电压到达预设值之后,利用恒定电压完成对铁锂蓄电池的充电,这种方法不仅能有效地避免充电初期充电电流过大,还能够确保充电末期充电电压不会过高。

4. 三段式充电

三段式充电是在两段式充电基础上进行的,不同之处是在铁锂蓄电池端电压达到预设值时,利用浮充方式对铁锂蓄电池进行充电。

在以上四种充电方法中,三段式充电效果最好,但结合铝空电站的实际情况,采用两段式充电方法对铁锂蓄电池进行充电。图 3 - 21 是铁锂蓄电池充电控制策略。

在铁锂蓄电池充电过程中,首先检测铁锂蓄电池端电压 u_{bat},与其参考电压值 u_{bat_ref} 进行比较,差值经过 PI 调节和限幅调节后,得到电流环的参考电流值 i_{bat_ref}。刚开始充电时,由于铁锂蓄电池端电压 u_{bat} 较低,且电压 u_{bat} 与其参考电压值 u_{bat_ref} 差值较大,经过 PI 调节后,超过限幅环节的限幅值,这里限

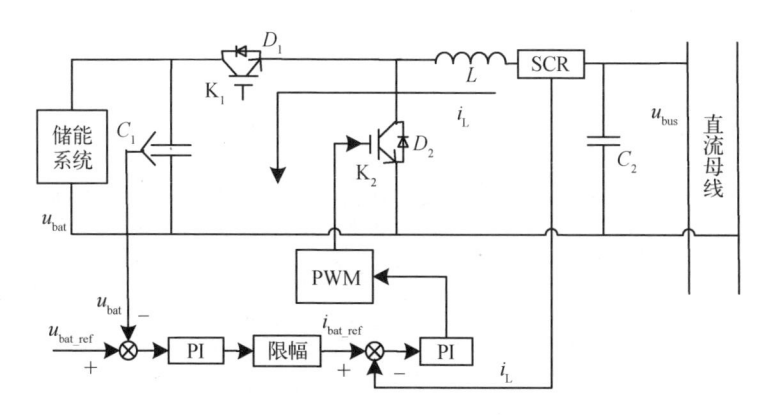

图 3-21 铁锂蓄电池充电控制策略

幅调节的限幅值等于恒流充电阶段的参考电流值,那么铁锂蓄电池以限幅调节的限幅值进行恒定电流充电。

在恒流充电过程中,铁锂蓄电池端电压 u_{bat} 不断增加,u_{bat} 与其参考电压 u_{bat_ref} 的差值逐渐减小,经过 PI 调节的输出量低于限幅环节的限幅值时,退出恒流充电阶段,此时电压外环起主要作用,铁锂蓄电池进入恒定电压充电阶段。在恒压充电阶段,随着铁锂蓄电池逐渐饱和,充电电流逐渐降低,直至充满。

在充电末期,当铁锂蓄电池达到过充状态时,双向 DC/DC 停止工作,对铁锂蓄电池起到过充保护;当铁锂蓄电池端电压小于过放电压时,双向 DC/DC 停止工作,对铁锂蓄电池起到过放保护。

3.3.4 充放电控制模型建立与仿真

为了验证储能系统控制策略的有效性,在 MATLAB/Simulink 中建立储能系统仿真模型,如图 3-22 所示,利用仿真软件自带的蓄电池模块来替代铁锂蓄电池。该系统包括双向 DC/DC 变流器模型、充放电控制模型、可变负载模型等,通过给负载并联一个受控电压源模块来模拟直流母线,可变负载模型由 Step 模块、IGBT 和电阻组成。蓄电池容量 2 Ah,标称电压 38 V,过充电压 39 V,直流母线电压 28 V;电容 $C_1 = C_2 = 20\,000\ \mu F$;电感 $L = 70\ \mu H$;电阻 $R_1 = R_2 = 0.28\ \Omega$;$f = 10\ kHz$。

1. 放电控制模型

基于蓄电池放电控制策略,建立放电控制仿真模型如图 3-23 所示,为了实

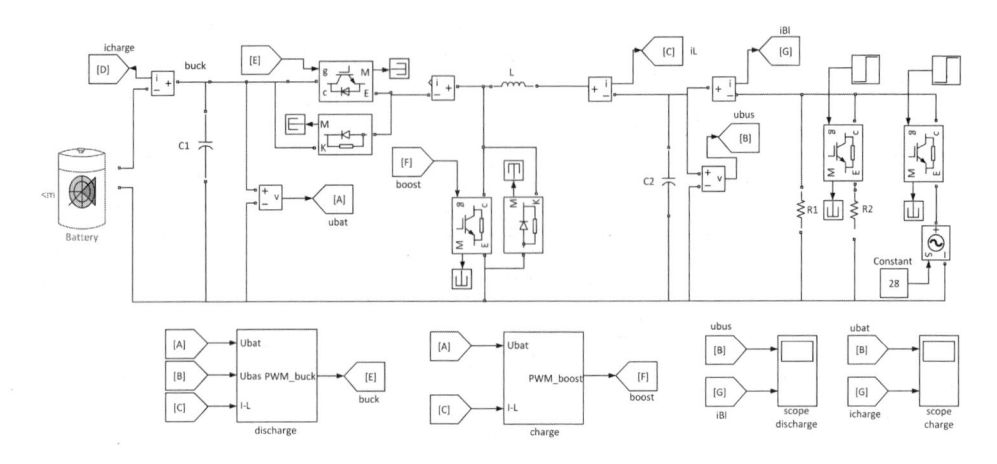

图 3-22　储能系统主电路仿真模型

现蓄电池过放保护,建立蓄电池电压比较模块。为有效控制母线电压稳定,采用电压外环控制模型,同时加入电流内环模型加快响应速度,增加稳压精度,并对蓄电池模块进行限流保护,采用对称三角波信号模块、调制信号和比较器模块等组成双缘脉宽调制模块。

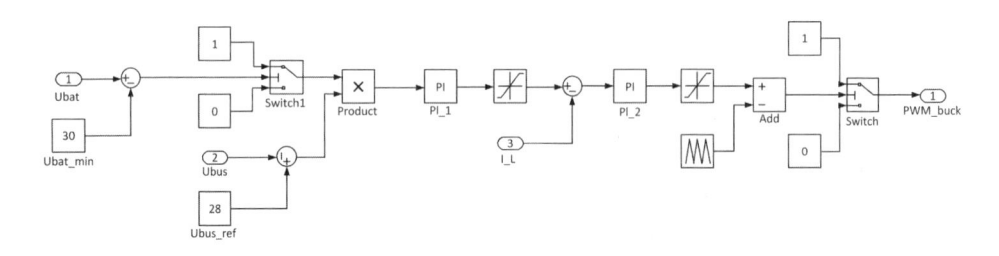

图 3-23　放电控制仿真模型

图 3-24 是蓄电池放电时的仿真波形,自上而下依次为直流母线电压 u_{bus} 和双向 DC/DC 输出电流 i_{bi}。一开始蓄电池给负载供电,母线电压约 2 ms 到达并稳定在 28 V,在 0.1 s 处负载变化时,通过蓄电池进行能量补充,母线电压仍然稳定在 28 V。

2. 充电控制模型

为了有效对蓄电池充电控制进行仿真,这里设蓄电池模块电量为 60%,设定一开始以 200 A 进行恒流充电,当 u_{bat} 与 u_{bat_max} 差值小于 0.1 V 时进行恒压充

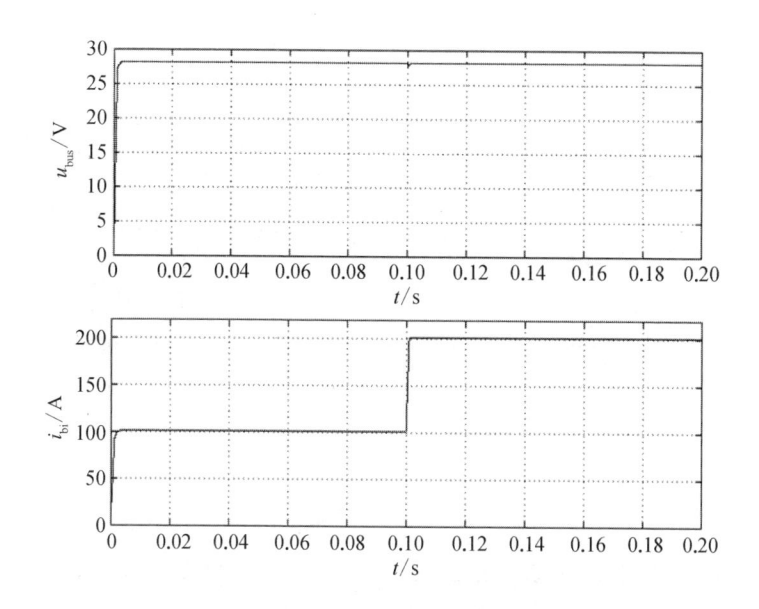

图 3‑24 蓄电池放电仿真波形

电。图 3‑25 是储能系统充电控制仿真模型,模型左边是过充保护模块,通过检测蓄电池端电压 u_{bat},判断蓄电池是否饱和,若未饱和,经过双闭环控制对蓄电池进行充电。PI_1 控制环的限幅值为 0~200 A,一开始由于蓄电池的端电压与参考电压差值太大,经过 PI_1 控制环后的输出值大于 200 A,经限幅环之后,以 200 A 的恒流对蓄电池进行充电,当蓄电池端电压接近参考电压值,端电压与充电电压差值较小,电流环作用减小,电压环起主要作用,对蓄电池进行恒压充电。

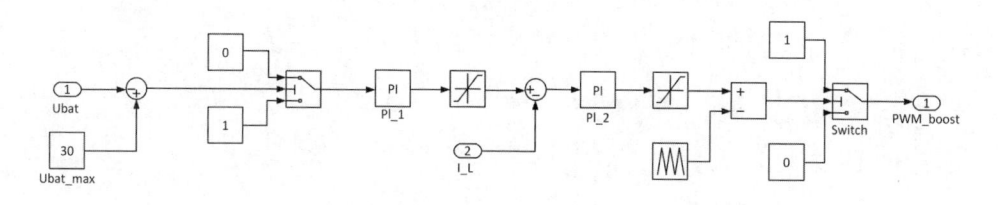

图 3‑25 储能系统两阶段充电控制仿真模型

图 3‑26 是对蓄电池采用两阶段充电方法的仿真波形,自上而下依次为蓄电池充电电压 $u_{charge}(u_{bat})$ 和充电电流 i_{charge}。一开始蓄电池以 200 A 进行恒

流充电，在 3.9 s 处，由于 u_{bat} 与 u_{bat_max} 差值小于 0.1 V，进入恒压充电阶段，在蓄电池整个充电过程中 u_{charge} 和 i_{charge} 都比较平滑，能够很好地完成由恒流充电到恒压充电的过渡。

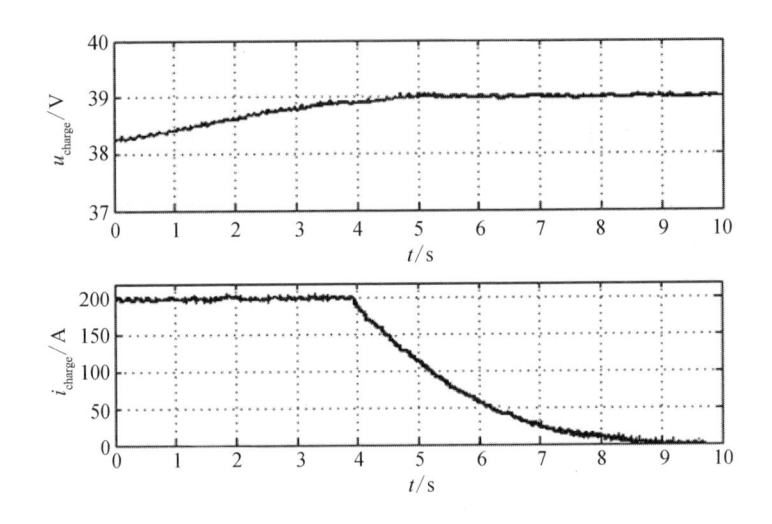

图 3-26 蓄电池两阶段充电仿真波形

第 4 章

交直流混合微电网控制

本章旨在深入探讨交直流混合微电网领域的核心技术与挑战，剖析交直流混合微电网的运行模式、控制策略及高效监控管理技术。在能源转型与智能电网建设的背景下，本章内容不仅具有重要的理论价值，还可为推动微电网技术在实际应用中的安全、经济、高效运行提供参考与指导。

4.1 混合微电网运行模式

本节仍以用于应急保底供电的交直流混合微电网系统为例，详细说明交直流混合微电网的运行模式、优化配置和运行控制策略。

4.1.1 并网模式

并网模式，即微电网与公用大电网相连，微电网断路器闭合，与主网配电系统进行电能交换。在并网运行时，光伏系统可以并网发电，储能系统也可进行并网模式下的充电与放电操作。

用于应急保底的供电系统，在保留原有主电网与柴油发电机组的基础上，引入光伏电池、风力发电机、铝空燃料电池及蓄电池等分布式电源供电，构成交直流混合微电网系统。分布式电源依据其输出功率，形式灵活地接入交流子网或直流子网，其中，光伏电池、蓄电池、燃料电池输出功率为直流功率，柴油发电机与风力发电机输出功率为交流功率。由于微电网中变压环节（DC/DC 与 AC/AC）相比于换流环节（AC/DC 与 DC/AC），成本低、损耗小，为节省换流器配置成本、降低换流装置功率损耗、提高能量传输效率，在设计时尽量减少微电网中换流装置的安装数量。因此，光伏电池、蓄电池与铝空燃料电池安装于直流子网中，柴油发电机与风力发电机安装于交流子网中。

在该应急保底供电系统中，并网型交直流混合微电网的结构如图 4-1 所示。该结构中,交流子网通过公共连接点(point of common coupling, PCC)与主电网连接,可从主电网获得能量。交流子网与直流子网通过 AC/DC 双向换流器连接,可进行功率交互。并网型微电网内能量流动包括三个层次:① 微电网从主电网获得功率;② 交流子网与直流子网间通过双向换流器进行功率交互;③ 交流子网与直流子网内部的功率平衡。

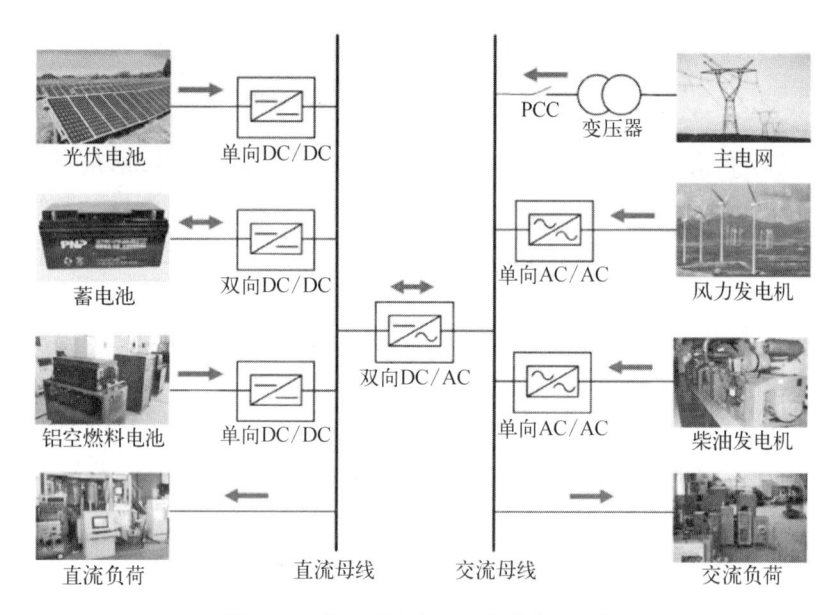

图 4-1 并网型交直流混合微电网结构

各分布式电源中,风力发电机、光伏电池利用当地可再生能源发电,为交直流混合微电网正常工作时的主要电能来源,蓄电池协同供电。若出现功率缺额,且风力发电机、光伏电池及蓄电池同时工作也无法填补缺额时,采取主电网购电填补缺额的方式。铝空燃料电池发电成本较高,柴油发电机运行时噪声烟雾污染较为明显,因此将两者作为应急保障电源,仅在突发情况下其他分布式电源出力无法满足负荷需求且主电网也无法传输功率时使用,以保障工程持续可靠供电。由于柴油发电机组运行控制的灵活程度逊于铝空燃料电池,因此在使用备用电源时优先选用铝空燃料电池,若燃料电池也无法满足负荷需求时,再启动柴油发电机组参与工程供电保障。

建设并网型交直流混合微电网,可将原有供电模式中的"主电网-柴油发电机组"两级电力保障层次拓展为"风、光、蓄-市电-燃料电池-柴油发电机组"四级电力保障层次,拓展了工程供电的能源结构,增加了应急处置手段,强化了工程中电力系统应对突发情况时的坚强能力。且由于分布式电源在微电网中的安装位置分散，在突发情况时，可就近保障重要负荷的持续供电，提高了电力系统的自愈能力。

接下来对并网型交直流混合微电网的优化配置和运行控制问题进行说明。以年综合成本最小为目标函数建立并网型微电网优化配置模型。结合供电保障要求，将供电保障模式分为日常保障模式、设备故障时保障模式与应急保障模式三种，并针对各保障模式设计相应的运行控制策略，建立并网型交直流混合微电网模型。在求解时，考虑日常运行维护特点，将应急保障模式下系统功率平衡作为约束条件，优化计及日常保障模式与设备故障时保障模式下的优化配置方案，通过蒙特卡罗抽样模拟设备随机故障情况，采用改进量子粒子群优化(improved quantum particle swarm optimization, IQPSO)算法求解光伏电池、风力发电机等分布式电源的安装数量及双向换流器的安装容量，并计算年综合成本的期望值。

4.1.1.1　容量优化模型

1. 目标函数

主要考虑微电网的经济性指标，以年综合成本 Z 最小为优化目标，即

$$\min Z = C_\mathrm{I} + C_\mathrm{G} + C_\mathrm{F} + C_\mathrm{E} + C_\mathrm{Z} \qquad (4-1)$$

式中，C_I 为年安装与运行维护成本；C_G 为换流器损耗成本；C_F 为燃料成本；C_E 为环境成本；C_Z 为主电网购电成本。

(1) 年安装与运行维护成本：

$$C_\mathrm{I} = \sum_{m=1}^{M} b_m N_m \frac{r(1+r)^{y_m}}{(1+r)^{y_m}-1} + \sum_{m=1}^{M}\sum_{k=1}^{N_m}\sum_{t=1}^{T} d_m E_{m,k,t} \qquad (4-2)$$

式中，M 为安装设备的种类；b_m、N_m、y_m 分别为第 m 类单台设备安装成本、数量与寿命；r 为折现率，取 6.7%；d_m 为第 m 类设备单位输出功率运维成本，$E_{m,k,t}$ 为第 m 类第 k 台设备 t 时刻输出功率。

(2) 换流器损耗成本：

$$C_\mathrm{G} = \sum_{t=1}^{T} g(P_\mathrm{losst}) \qquad (4-3)$$

其中，g 为单位电量损耗成本；P_losst 为 t 时刻双向换流器损耗。

(3) 燃料成本：

$$C_{\mathrm{F}} = \sum_{t=1}^{T} (C_{\mathrm{FC},t} + C_{\mathrm{DE},t}) \quad (4-4)$$

其中，$C_{\mathrm{FC},t}$ 为 t 时刻燃料电池燃料成本；$C_{\mathrm{DE},t}$ 为 t 时刻柴油发电机燃料成本。

(4) 环境成本：

$$C_{\mathrm{E}} = \sum_{m=1}^{M} \sum_{k=1}^{N_m} \sum_{t=1}^{T} \sum_{j=1}^{J} e_j h_{m,j} E_{m,k,t} \quad (4-5)$$

其中，J 表示污染物的种类；e_j 表示第 j 种污染物的惩罚成本；$h_{m,j}$ 表示第 m 类设备单位发电量的第 j 种污染物排放水平。

(5) 主电网购电成本：

$$C_{\mathrm{Z}} = \sum_{t=1}^{T} z \cdot E_{z,t} \quad (4-6)$$

其中，z 为单位电量的购电成本；$E_{z,t}$ 为 t 时刻系统从主电网吸收的电量。

2. 约束条件

(1) 交流子微电网功率平衡约束：

$$E_{\mathrm{PCC},t} + E_{\mathrm{WT},t} + E_{\mathrm{DGS},t} + \eta_{\mathrm{dc-ac}} E_{\mathrm{DC-AC},t} = L_{\mathrm{AC},t} \quad (4-7)$$

式中，$E_{\mathrm{PCC},t}$ 为 t 时刻主电网传输至交流子微电网的功率；$E_{\mathrm{WT},t}$ 为 t 时刻风力发电机输出功率；$E_{\mathrm{DGS},t}$ 为 t 时刻柴油发电机输出功率；$\eta_{\mathrm{dc-ac}}$ 为换流器传输效率；$E_{\mathrm{DC-AC},t}$ 为 t 时刻直流子微电网传输至交流子微电网的功率；$L_{\mathrm{AC},t}$ 为 t 时刻微电网交流负荷。

(2) 直流子微电网功率平衡约束：

$$E_{\mathrm{PV},t} + \eta_{\mathrm{bessd}} E_{\mathrm{BESSd},t} - \frac{E_{\mathrm{BESSc},t}}{\eta_{\mathrm{bessc}}} + E_{\mathrm{FC},t} + \eta_{\mathrm{ac-dc}} E_{\mathrm{AC-DC},t} = L_{\mathrm{DC},t} \quad (4-8)$$

式中，$E_{\mathrm{PV},t}$ 为 t 时刻光伏电池输出功率；$E_{\mathrm{BESSd},t}$ 为 t 时刻蓄电池放出功率；η_{bessd} 为蓄电池放电效率；$E_{\mathrm{BESSc},t}$ 为 t 时刻蓄电池吸收功率；η_{bessc} 为蓄电池充电效率；$E_{\mathrm{FC},t}$ 为 t 时刻燃料电池输出功率；$\eta_{\mathrm{ac-dc}}$ 为换流器传输效率；$E_{\mathrm{AC-DC},t}$ 为 t 时刻交流子微电网传输至直流子微电网功率；$L_{\mathrm{DC},t}$ 为 t 时刻微电网直流负荷。

(3) 分布式电源出力约束：

$$E_{\mathrm{DG,min}} \leqslant E_{\mathrm{DG}} \leqslant E_{\mathrm{DG,max}} \quad (4-9)$$

式中，$E_{DG,min}$、$E_{DG,max}$ 分别为分布式电源出力上下限。

（4）蓄电池电量约束：

$$SOC_{min} \leq SOC_t \leq SOC_{max} \qquad (4-10)$$

式中，SOC_{min}、SOC_{max} 分别为蓄电池电量上下限。

（5）蓄电池充放电功率约束：

$$\begin{cases} 0 < E_{BESSc,t} < E_{BESSc,max} \\ 0 < E_{BESSd,t} < E_{BESSd,max} \end{cases} \qquad (4-11)$$

式中，$E_{BESSc,t}$ 为 t 时刻蓄电池充电功率；$E_{BESSc,max}$ 为蓄电池允许最大充电功率；$E_{BESSd,t}$ 为 t 时刻蓄电池放电功率；$E_{BESSd,max}$ 为蓄电池允许最大放电功率。

（6）自平衡率约束：

$$R_{self,min} \leq R_{self} \leq R_{self,max} \qquad (4-12)$$

式中，$R_{self,min}$ 与 $R_{self,max}$ 分别为自平衡率设定上下限值；R_{self} 为自平衡率，计算公式为

$$R_{self} = \frac{E_{self}}{L} \times 100\% = \left(1 - \frac{E_{PCC}}{L}\right) \times 100\% \qquad (4-13)$$

式中，E_{self} 为微电网自身供应功率；L 为总负荷；E_{PCC} 为主电网传输至微电网的功率。

4.1.1.2 运行控制策略

结合工程维护管理要求，将其供电保障模式分为日常保障模式、设备故障时保障模式与应急保障模式，并分别设计相应的微电网运行控制策略，保证工程内部供电的可靠性与稳定性。

1. 微电网日常保障模式下运行控制策略

日常保障模式是指在微电网系统设备未出现故障的情况下，以风力发电机、光伏电池和蓄电池供电为主，主电网供电为辅满足工程用电需求。此时微电网与主电网连接于公共连接点，处于并网运行模式，交流子微电网可从主电网中获得功率，交直流子网间可进行功率交互。铝空燃料电池与柴油发电机在该模式下不参与供电。微电网电气结构与能量流动情况如图 4-2 所示。

根据微电网交流子网与直流子网中分布式电源发电满足负荷需求情况，可将微电网分为四种运行状态，相应控制策略如下。

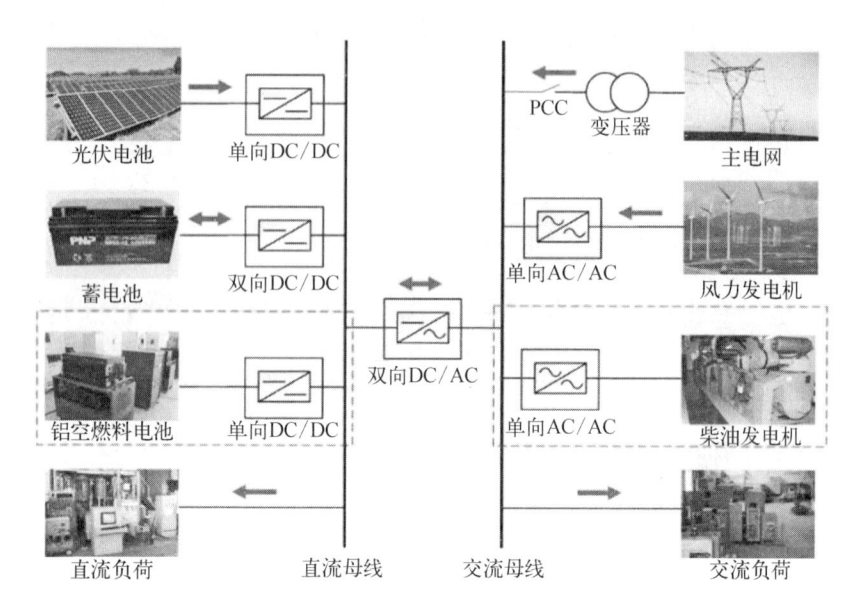

图 4-2　并网型微电网日常保障模式下供电结构图

状态 1：交流子网风力发电机输出功率可满足交流负荷需求，直流子网光伏电池输出功率可满足直流负荷需求。若蓄电池达到饱和状态，则直接将过剩功率弃置；若蓄电池未达到饱和状态，则蓄电池吸收过剩功率；若蓄电池充电达到饱和状态后系统内仍有剩余功率，则将剩余功率弃置。

状态 2：交流子网风力发电机输出功率可满足交流负荷需求，直流子网光伏电池输出功率不能满足直流负荷需求。若交流子网过剩功率可以填补直流子网功率缺额，则进行交直流子网功率交互，由交流子网过剩功率填补直流子网功率缺额。如果交流子网过剩功率在填补直流子网功率缺额后仍有剩余，则判断蓄电池是否达到饱和状态：若蓄电池达到饱和状态，则直接将多余功率弃置；若蓄电池未达到饱和状态，则蓄电池吸收多余功率；若在蓄电池充电达到饱和状态后仍有剩余功率，则将剩余功率弃置。如果交流子网内过剩功率不能填补直流子网功率缺额，则需要对蓄电池放电能否填补直流子网功率缺额的情况进行判断：若蓄电池放电可以填补直流子网功率缺额，则进行交直流子网功率交互与蓄电池放电，由交流子网过剩功率与蓄电池输出功率共同填补直流子网功率缺额；若蓄电池放电不能填补直流子网功率缺额，则向主电网购电并进行交直流子网功率交互，由向主电网购买功率与交流子网过剩功率共同填补直流子网功率缺额。

状态3：交流子网风力发电机输出功率不能满足交流负荷需求，直流子网光伏电池输出功率可满足直流负荷需求。若直流子网过剩功率可以填补交流子网功率缺额，则进行交直流子网功率交互，由直流子网过剩功率填补交流子网功率缺额。如果直流子网过剩功率在填补交流子网功率缺额后仍有剩余，则判断蓄电池是否达到饱和状态：若蓄电池达到饱和状态，则直接将多余功率弃置；若蓄电池未达到饱和状态，则蓄电池吸收多余功率；若在蓄电池充电达到饱和状态后仍有剩余功率，则将剩余功率弃置。如果直流子网过剩功率不能填补交流子网功率缺额，则需要对蓄电池放电能否填补直流子网功率缺额的情况进行判断：若蓄电池放电可以填补交流子网功率缺额，则蓄电池放电并进行交直流子网功率交互，由直流子网过剩功率与蓄电池输出功率共同填补交流子网功率缺额；若蓄电池放电不能填补交流子网功率缺额，则向主电网购电同时进行交直流子网功率交互，由向主电网购买功率与直流子网过剩功率共同填补交流子网功率缺额。

状态4：交流子网风力发电机输出功率不能满足交流负荷需求，直流子网光伏电池输出功率不能满足直流负荷需求。若蓄电池放电可以填补功率缺额，则蓄电池放电并进行交直流子网功率交互，由蓄电池输出功率填补系统功率缺额；若蓄电池放电不能填补功率缺额，则向主电网购电并进行交直流子网功率交互，由向主电网购买功率填补系统功率缺额。

日常保障模式下微电网运行控制策略如图4-3所示。

2. 微电网设备故障时保障模式下运行控制策略

并网型交直流混合微电网中主要设备包括PCC、AC/DC双向换流器、光伏电池、风力发电机、蓄电池、燃料电池与柴油发电机。由于燃料电池与柴油发电机为系统应急保障电源，在实际使用时安装数量通常略大于实际使用时出力设备数量，以减小其故障带来的不利影响，保证工程持续可靠供电，因此不考虑燃料电池或柴油发电机发生故障的情况。光伏电池与风力发电机向微电网提供功率，若发生故障则不再输出功率；蓄电池吸收微电网中多余功率，在微电网功率不足时输出功率，若发生故障，则不再进行充放电活动。

上述分布式电源安装数量较多，单台或几台设备发生故障时对微电网的运行状态影响相对较小，而当PCC故障与双向换流器故障时，则会对微电网的供电结构产生一定影响，从而改变微电网的运行方式。在此主要对PCC或双向换流器故障时的微电网运行控制策略进行分析与设计，在日常保障模式下微电网运行控制策略的基础上，针对PCC与双向换流器的故障情况对控制策略进行调整完善，具体如下。

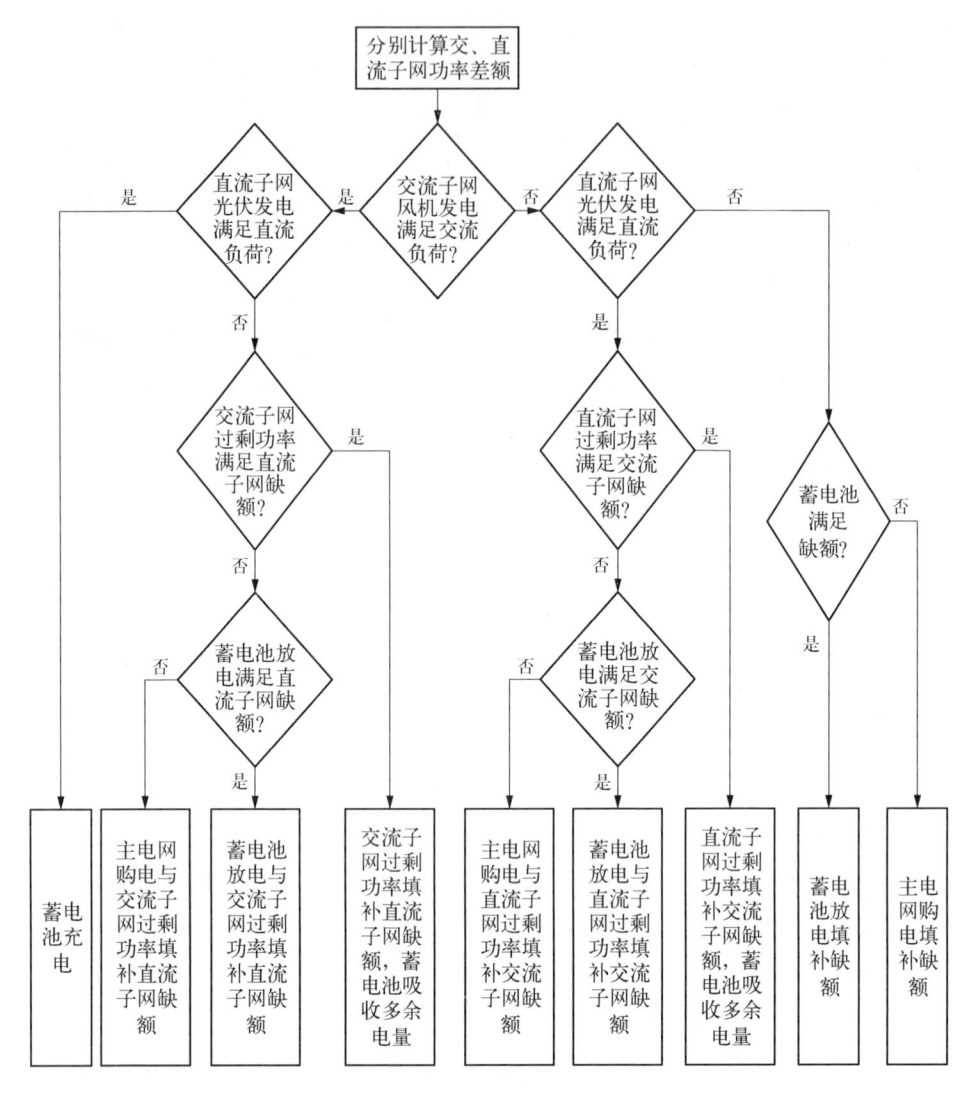

图 4-3 并网型微电网日常保障模式下运行控制策略

1) PCC 未发生故障，双向换流器未发生故障

此时微电网供电方式与日常保障模式下供电方式相同，以风力发电机、光伏电池和蓄电池供电为主，主电网供电为辅，柴油发电机与铝空燃料电池不参与供电。光伏电池、风力发电机各台设备根据故障情况确定是否输出功率，蓄电池各台设备根据故障情况确定是否可进行充放电活动。微电网供电结构与能量流动情况如图 4-4 所示。

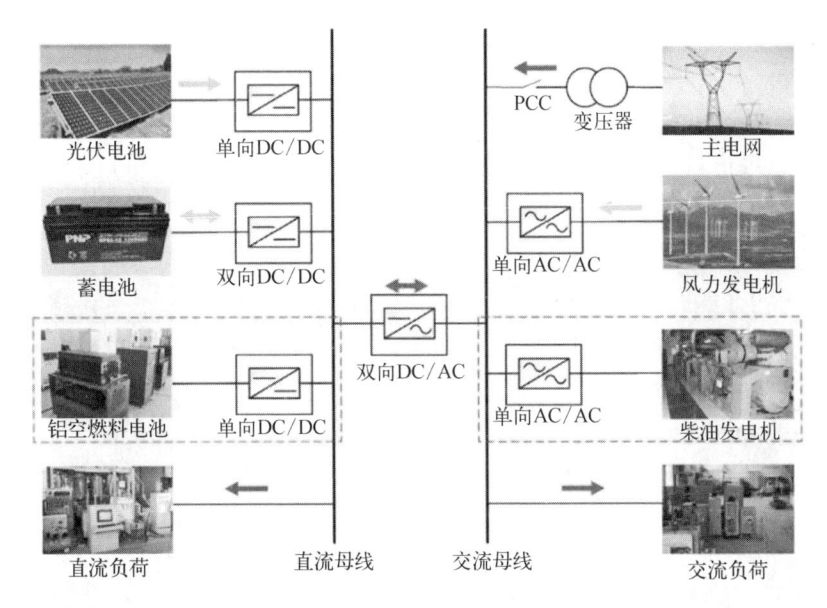

图 4-4　并网型微电网 PCC 未发生故障、双向
换流器未发生故障时供电结构图

2) PCC 发生故障,双向换流器未发生故障

此时微电网与主电网断开,整个微电网处于孤岛运行状态,交流子网不再从主电网中获得功率,交直流子网间的功率交互仍可正常进行。光伏电池、风力发电机及蓄电池各台设备根据故障情况确定是否供电。日常保障模式下,当系统内部风、光、蓄出力无法满足负荷需求时,通过向主电网购电方式填补功率缺额,电网故障时,启用应急电源——铝空燃料电池,系统功率缺额由燃料电池出力填补。即微电网的供电以风力发电机、光伏电池和蓄电池供电为主,铝空燃料电池供电为辅,主电网与柴油发电机不参与供电。微电网供电结构与能量流动情况见图 4-5。

3) PCC 未发生故障,双向换流器发生故障

此时交流子网与主电网连接,可从主电网获得功率,直流子网与交流子网断开连接,交直流子网间功率交互不能正常实现,直流子网处于孤岛运行状态。光伏电池、风力发电机、蓄电池各台设备根据故障情况确定是否参与供电。交流子网中若出现功率缺额,可通过向主电网购电的方式进行填补;直流子网中若出现功率缺额且蓄电池出力无法填补时,启用应急电源——铝空燃料电池,由燃料电池出力进行填补。本例中,供电以风力发电机、光伏电池和蓄电池供电为主,主电网与铝空燃料电池供电为辅,柴油发电机不参与供电,微电网供电结构与能量流动情况如图 4-6 所示。

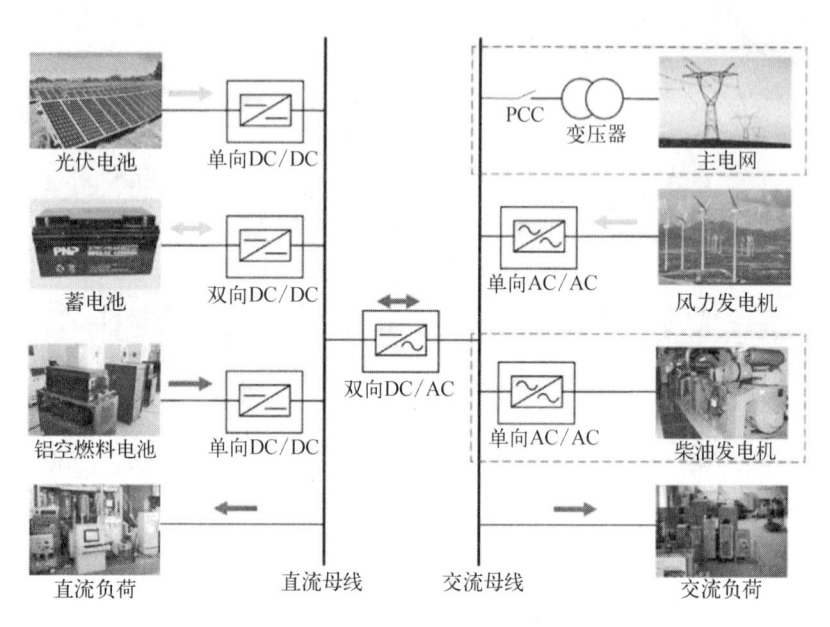

图 4-5 并网型微电网 PCC 发生故障、双向换流器未发生故障时供电结构图

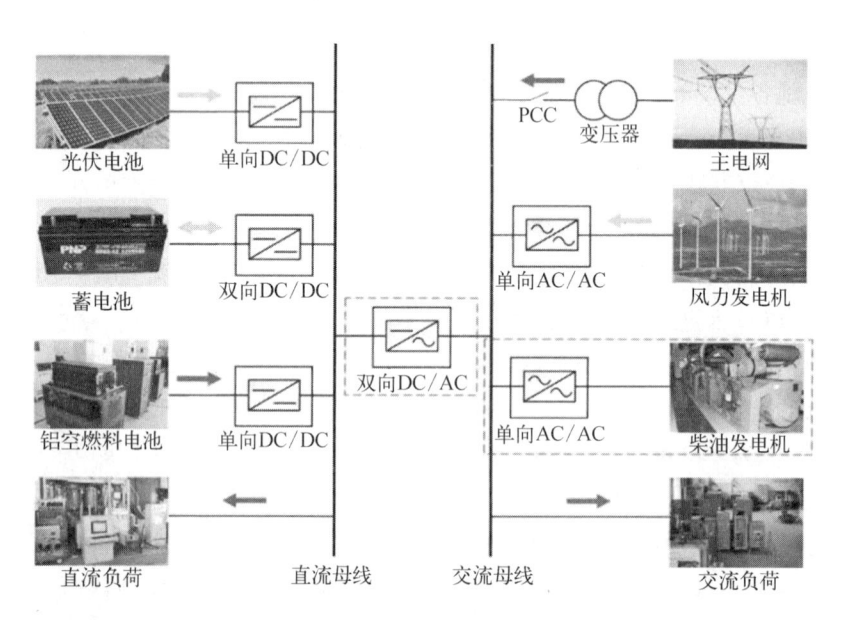

图 4-6 并网型微电网 PCC 未发生故障、双向换流器发生故障时供电结构图

由于此时交流子网与直流子网分离并独自运行,分别对交流子网与直流子网的运行控制策略进行讨论。

根据交流负荷需求满足情况,交流子网运行状态可分为以下两种。

状态1:交流子网风力发电机输出功率可满足交流负荷需求,则将过剩功率弃置。

状态2:交流子网风力发电机输出功率不能满足交流负荷需求,则向主电网购电,由主电网购买功率填补功率缺额。

同理,直流子网运行状态可分为以下两种。

状态1:直流子网光伏电池输出功率可满足直流负荷需求。若无故障蓄电池已达到饱和状态,则直接将过剩功率弃置;若无故障蓄电池未达到饱和状态,则蓄电池吸收过剩功率;若在蓄电池充电达到饱和状态后仍有剩余功率,则将剩余功率弃置。

状态2:直流子网光伏电池输出功率不能满足直流负荷需求。若无故障蓄电池放电可以填补功率缺额,则蓄电池放电,由蓄电池输出功率填补功率缺额;若无故障蓄电池放电不能填补功率缺额,则燃料电池发电,由燃料电池输出功率填补功率缺额。

4) PCC 发生故障,双向换流器发生故障

此时微电网交流子网与直流子网均处于孤岛运行状态,交流子网与主电网不再连接,不能从主电网获得功率,交直流子网间连接断开,不能进行功率交互。风力发电机、光伏电池及蓄电池各台设备根据故障情况决定是否正常运行并参与供电。交流子网中功率缺额由柴油发电机出力进行填补,直流子网中若蓄电池出力无法填补功率缺额,则由铝空燃料电池出力填补该功率缺额。本例中供电以风力发电机、光伏电池和蓄电池供电为主,柴油发电机与铝空燃料电池供电为辅,内部所有分布式电源均参与供电,主电网因与微电网连接断开而不参与供电,微电网供电结构与能量流动情况如图4-7所示。

微电网设备故障时保障模式下运行控制策略如图4-8所示。因双向换流器故障,交流子网与直流子网分离独自运行,对交流子网与直流子网的运行控制策略分别进行分析。

交流子网运行状态可分为以下两种。

状态1:交流子网风力发电机输出功率能满足交流负荷需求,则将多余功率弃置。

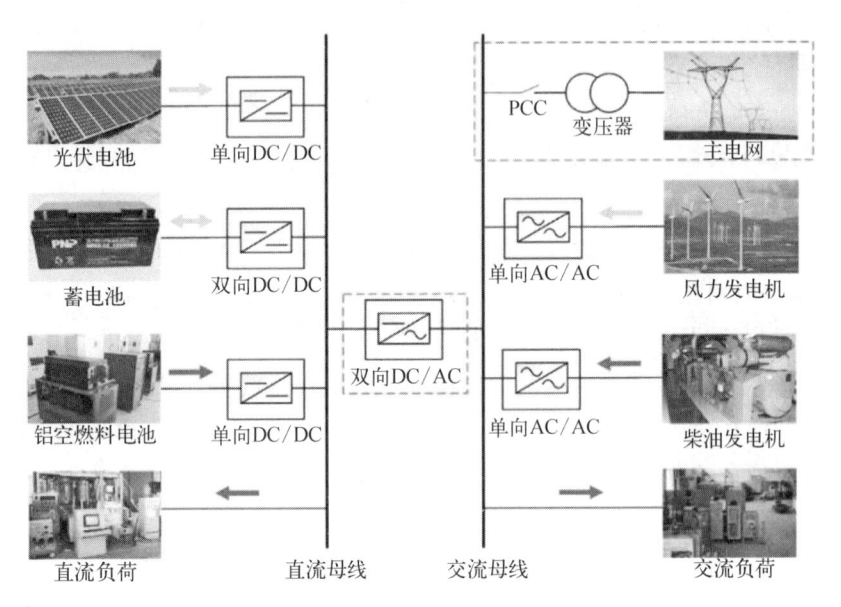

图 4-7 并网型微电网 PCC 未发生故障、双向换流器发生故障时供电结构图

状态 2：交流子网风力发电机输出功率不能满足交流负荷需求，则柴油发电机运行出力，由柴油发电机输出功率填补功率缺额。

直流子网运行状态也可分为两种。

状态 1：直流子网光伏电池输出功率可满足直流负荷需求。若无故障蓄电池已达到饱和状态，则直接将过剩功率弃置；若无故障蓄电池未达到饱和状态，则蓄电池吸收过剩功率；若在蓄电池充电达饱和状态后仍有剩余功率，则将剩余功率弃置。

状态 2：直流子网光伏电池输出功率不能满足直流负荷需求。若无故障蓄电池放电可以填补功率缺额，则蓄电池放电，由蓄电池输出功率填补功率缺额；若无故障蓄电池放电不能填补功率缺额，则燃料电池发电，由燃料电池输出功率填补功率缺额。

3. 微电网应急保障模式下运行控制策略

紧急情况下，分布于工程外部的风力发电机、光伏电池及主电网等若因损坏无法正常供电，则交直流子网通过双向换流器连接，可以进行功率交互。此时，主要依靠铝空燃料电池、柴油发电机及蓄电池保障负荷用电。考虑到柴油发电机运行时噪声烟雾污染严重，因此柴油发电机组不作为首选的保障发电方式，而

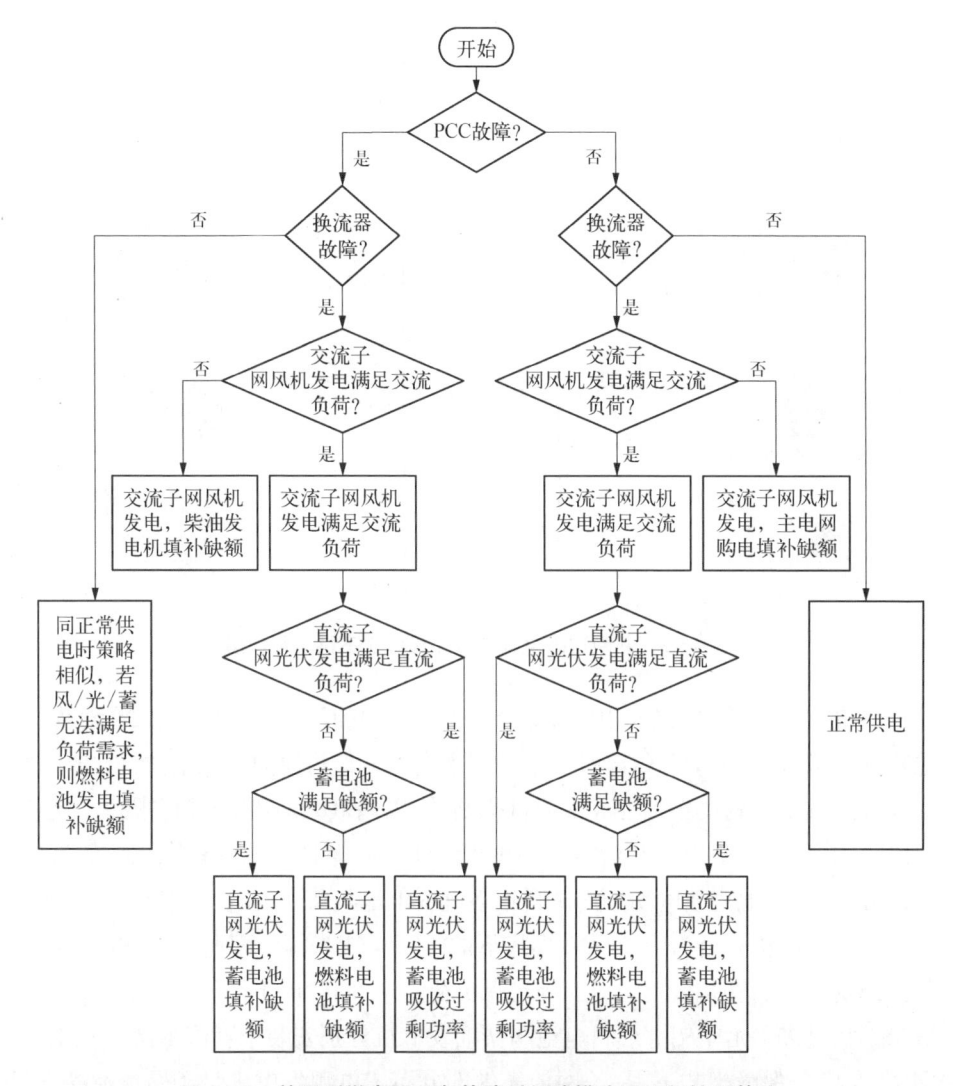

图4-8 并网型微电网设备故障时保障模式下运行控制策略

采用铝空燃料电池与蓄电池协同供电。若贮存的铝板即将消耗殆尽时,可采用柴油发电机与蓄电池协同供电的方式。应急保障模式下微电网供电结构与能量流动情况如图4-9所示。

4.1.1.3 优化求解流程

并网型交直流混合微电网优化配置模型中,优化变量为风力发电机、光伏电池、蓄电池、燃料电池、柴油发电机等分布式电源的安装台数以及AC/DC双向换流器的安装容量。日常保障模式与设备故障时保障模式为供电常规状态,而应

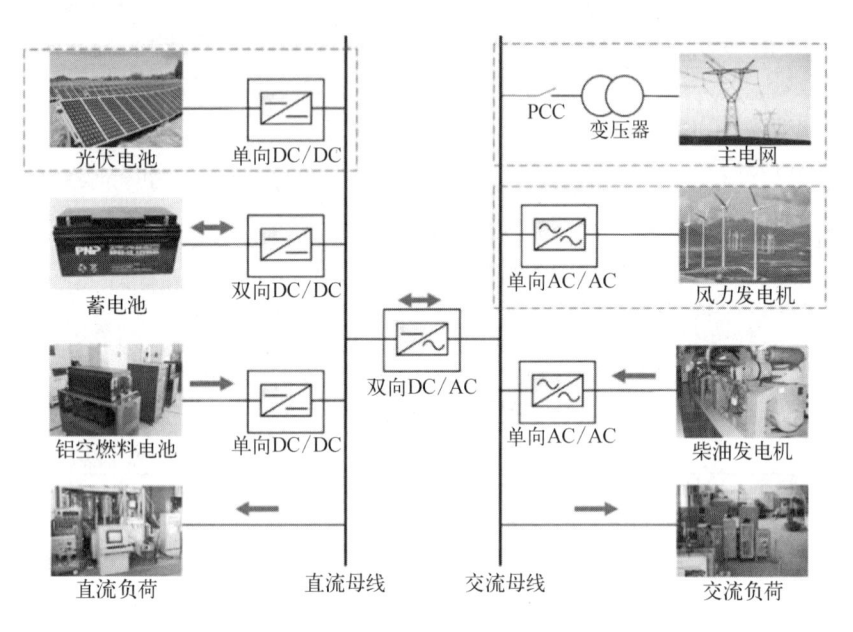

图 4-9 并网型微电网应急保障模式下供电结构图

急保障模式为非常规状态。因此,综合考虑微电网的经济性与可靠性,在对模型进行优化求解时,将应急保障模式下功率平衡纳入作为模型约束条件,以非应急保障模式下微电网的年综合成本为目标函数,采用 IQPSO 算法进行求解。应急保障模式下,先后采用"铝空燃料电池+蓄电池"与"柴油发电机+蓄电池"的供电保障方式,蓄电池充放电功率亦源自铝空燃料电池与柴油发电机,即铝空燃料电池与柴油发电机先后为应急保障模式下的唯一电能来源。因此,铝空燃料电池与柴油发电机的安装数量均应当满足总负荷需求,同时出于经济性考虑,其安装数量不宜过多。由于铝空燃料电池与柴油发电机分别安装于直流子网与交流子网中,在应急保障模式下,一子网依靠内部分布式电源发电满足子网负荷需求,另一子网则需依靠交直流子网间功率交互满足内部负荷需求,因此,AC/DC 双向换流器的最小安装容量应当满足应急保障模式下交直流子网功率交互需要。

设备故障时保障模式下,各设备故障均为随机变量,采用蒙特卡罗抽样法对设备随机故障情况进行模拟,经多次仿真运行后将结果进行统计处理,获得目标函数期望值。在求解过程中,将该期望值作为粒子的适应度值参与优化算法,得到分布式电源及双向换流器的优化配置方案。再将该优化配置方案代入并网型交直流混合微电网模型中,计算得到目标函数期望值作为输出结果。求解流程如图 4-10 所示。

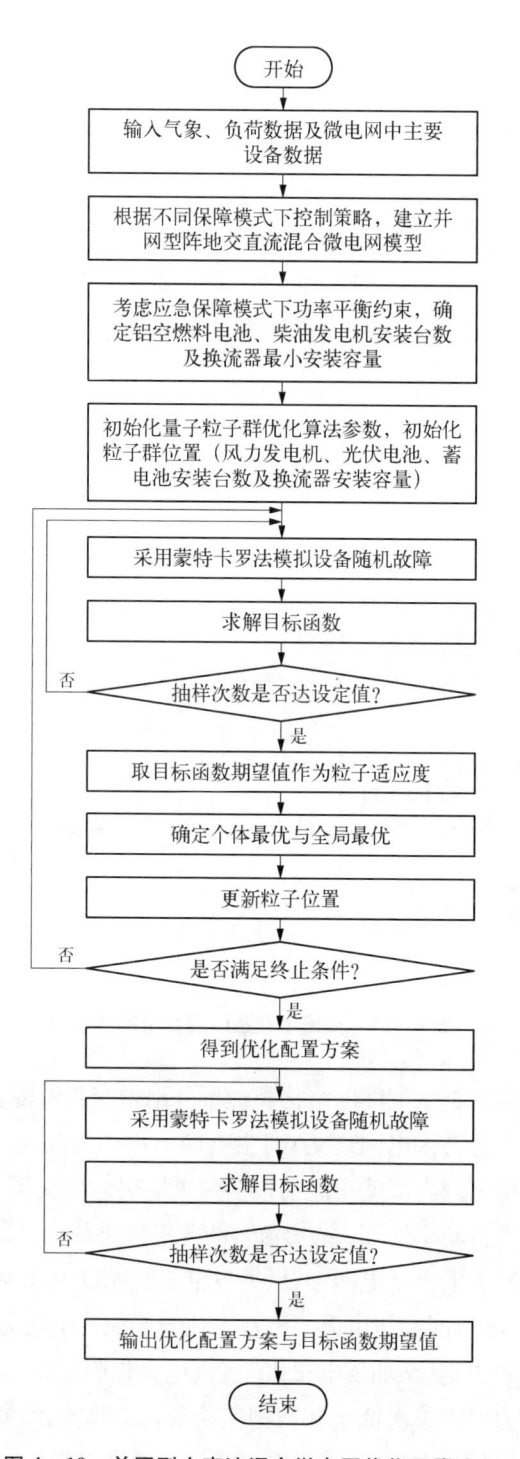

图 4-10 并网型交直流混合微电网优化配置流程

4.1.2 孤岛模式

孤岛模式,也称离网运行模式,是在电网故障或计划需要时,与主网配电系统断开,由分布式电源、储能装置和负荷构成的运行方式。孤岛运行时,储能变流器工作于离网运行模式,为微电网负荷继续供电,光伏系统因母线恢复供电而继续发电,储能系统通常只向负载供电。建设孤岛型交直流混合微电网可以拓展相关工程选址范围,提高相关工程的独立供电能力。孤岛型交直流混合微电网的结构如图 4-11 所示。

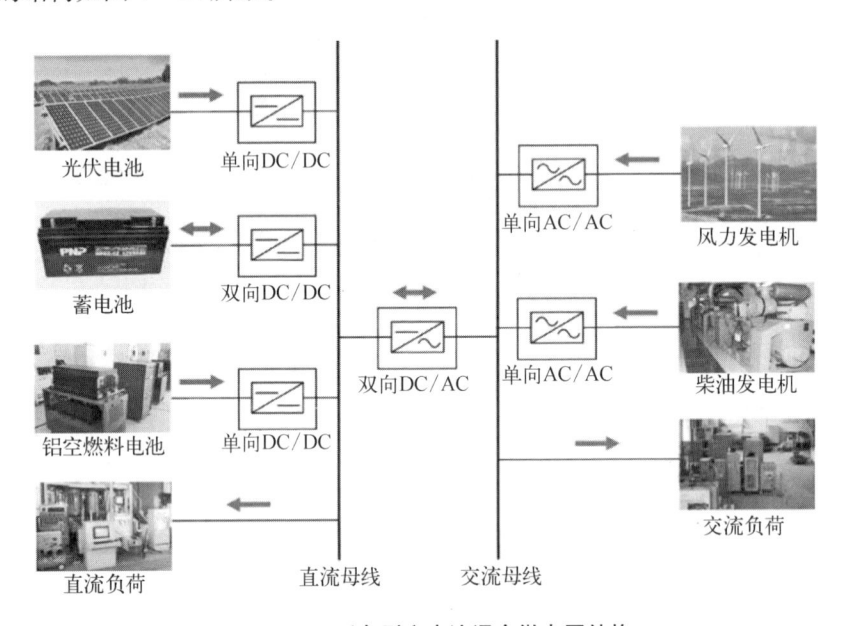

图 4-11 孤岛型交直流混合微电网结构

孤岛型交直流混合微电网的结构类似于并网型交直流混合微电网。不同之处在于交流母线不再与主电网连接,即主电网不再作为相关工程电力系统的供电来源。孤岛型微电网内部能量流动包括两个层次:① 交流母线与直流母线间通过双向换流器进行功率交互;② 交流母线与直流母线内部的功率平衡。

在孤岛型交直流混合微电网中,风力发电机与光伏电池为主要供电电源,蓄电池平抑功率波动,协同参与供电。燃料电池与柴油发电机为应急保障电源,形成"风、光、蓄-燃料电池-柴油发电机组"三级电力保障层次,虽然孤岛型交直流混合微电网的电力保障层次低于并网型交直流混合微电网,但与现有供电保障模式的两级电力保障层次相比,其供电可靠性与电网坚强性能处于较高水平。

接下来,对孤岛型交直流混合微电网的优化配置和运行控制问题进行说明。以年综合成本最小为优化目标建立微电网优化配置模型,将功率平衡、分布式电源出力等作为约束条件。针对孤岛型交直流混合微电网结构特点及供电保障要求,将供电保障模式分为三种,即日常保障模式、设备故障时保障模式与应急保障模式,并提出各保障模式下微电网相应运行控制策略,建立孤岛型交直流混合微电网模型。在求解时,将应急保障模式下系统功率平衡作为约束条件,从而确定微电网中铝空燃料电池与柴油发电机等应急保底电源的安装数量,通过蒙特卡罗法模拟微电网随机故障情况,采用 IQPSO 算法求解光伏电池、风力发电机、蓄电池的安装数量及换流器的安装容量。

4.1.2.1 容量优化模型

1. 目标函数

以系统年综合成本最小为优化目标,即

$$\min Z = C_\mathrm{I} + C_\mathrm{G} + C_\mathrm{F} + C_\mathrm{E} \tag{4-14}$$

孤岛型微电网年综合成本构成与并网型微电网年综合成本构成相似,由于其依靠内部分布式电源满足负荷需求,在计算综合成本时不用考虑购电成本。

2. 约束条件

(1) 交流子微电网功率平衡约束:

$$E_{\mathrm{WT},t} + E_{\mathrm{DGS},t} + \eta_{\mathrm{dc-ac}} E_{\mathrm{DC-AC},t} = L_{\mathrm{AC},t} \tag{4-15}$$

式中,$E_{\mathrm{WT},t}$ 为 t 时刻风力发电机输出功率;$E_{\mathrm{DGS},t}$ 为 t 时刻柴油发电机输出功率;$\eta_{\mathrm{dc-ac}}$ 为换流器传输效率;$E_{\mathrm{DC-AC},t}$ 为 t 时刻直流子微电网传输至交流子微电网的功率;$L_{\mathrm{AC},t}$ 为 t 时刻微电网交流负荷。

(2) 直流子微电网功率平衡约束:

$$E_{\mathrm{PV},t} + \eta_{\mathrm{bessd}} E_{\mathrm{BESSd},t} - \frac{E_{\mathrm{BESSc},t}}{\eta_{\mathrm{bessc}}} + E_{\mathrm{FC},t} + \eta_{\mathrm{ac-dc}} E_{\mathrm{AC-DC},t} = L_{\mathrm{DC},t} \tag{4-16}$$

式中,$E_{\mathrm{PV},t}$ 为 t 时刻光伏电池输出功率;$E_{\mathrm{BESSd},t}$ 为 t 时刻蓄电池放出功率;η_{bessd} 为蓄电池放电效率;$E_{\mathrm{BESSc},t}$ 为 t 时刻蓄电池吸收功率;η_{bessc} 为蓄电池充电效率;$E_{\mathrm{FC},t}$ 为 t 时刻燃料电池输出功率;$\eta_{\mathrm{ac-dc}}$ 为换流器传输效率;$E_{\mathrm{AC-DC},t}$ 为 t 时刻交流子微电网传输至直流子微电网功率;$L_{\mathrm{DC},t}$ 为 t 时刻微电网直流负荷。

(3) 分布式电源出力约束:

$$E_{\mathrm{DG,min}} \leqslant E_{\mathrm{DG}} \leqslant E_{\mathrm{DG,max}} \tag{4-17}$$

式中，$E_{DG,min}$、$E_{DG,max}$分别为分布式电源出力上下限。

(4) 蓄电池电量约束：

$$SOC_{min} \leq SOC_t \leq SOC_{max} \quad (4-18)$$

式中，SOC_{min}、SOC_{max}分别为蓄电池电量上下限。

(5) 蓄电池充放电功率约束：

$$\begin{cases} 0 < E_{BESSc,t} < E_{BESSc,max} \\ 0 < E_{BESSd,t} < E_{BESSd,max} \end{cases} \quad (4-19)$$

式中，$E_{BESSc,t}$为t时刻蓄电池充电功率；$E_{BESSc,max}$为蓄电池允许最大充电功率；$E_{BESSd,t}$为t时刻蓄电池放电功率；$E_{BESSd,max}$为蓄电池允许最大放电功率。

4.1.2.2 运行控制策略

孤岛型微电网不与主电网进行连接，其负荷完全由微电网内部风力发电机等分布式电源出力满足。类似于并网型微电网，孤岛型微电网供电保障模式也可分为日常保障模式、设备故障时保障模式与应急保障模式，各模式下运行控制策略如下。

1. 微电网日常保障模式下运行控制策略

日常保障模式下，电网无故障、无损坏，微电网内各设备也无故障发生，保持正常状态运行。交直流子网通过双向换流器进行连接，并可实现功率交互。某工程实例采取以风力发电机、光伏电池和蓄电池供电为主，燃料电池供电为辅的方式持续为负荷供电，柴油发电机不参与供电。微电网电气结构与能量流动情况如图4-12所示。

状态1：交流子网风力发电机输出功率可满足交流负荷需求，直流子网光伏电池输出功率可满足直流负荷需求。若蓄电池已达到饱和状态，则直接将过剩功率弃置；若蓄电池未达到饱和状态，则由蓄电池吸收过剩功率；若蓄电池充电达到饱和状态后，微电网系统内仍有剩余功率，则将剩余功率弃置。

状态2：交流子网风力发电机输出功率可满足交流负荷需求，直流子网光伏电池输出功率不能满足直流负荷需求。如果交流子网过剩功率可以填补直流子网功率缺额，则进行交直流子网功率交互，由交流子网过剩功率填补直流子网功率缺额。如果交流子网过剩功率在填补直流子网功率缺额后仍有剩余，则判断蓄电池是否达到饱和状态：若蓄电池达到饱和状态，则直接将多余功率弃置；若蓄电池未达到饱和状态，则蓄电池吸收多余功率；若在蓄电池充电达到饱和状态后仍有剩余功率，则将剩余功率弃置。如果交流子网内过剩功率不能填补直流

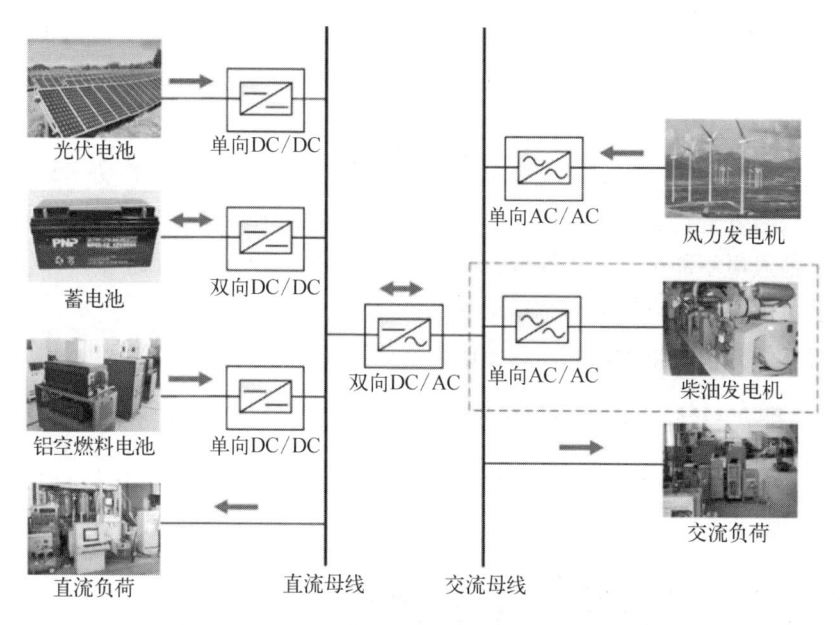

图 4-12 孤岛型微电网日常保障模式下供电结构图

子网功率缺额,则需要对蓄电池放电能否填补直流子网功率缺额的情况进行判断:若蓄电池放电可以填补直流子网功率缺额,则进行交直流子网功率交互与蓄电池放电,由交流子网过剩功率与蓄电池输出功率共同填补直流子网功率缺额;若蓄电池放电不能填补直流子网功率缺额,则燃料电池发电并进行交直流子网功率交互,由燃料电池输出功率与交流子网过剩功率共同填补直流子网功率缺额。

状态 3:交流子网风力发电机输出功率不能满足交流负荷需求,直流子网光伏电池输出功率可满足直流负荷需求。如果直流子网过剩功率可以填补交流子网功率缺额,则交直流子网进行功率交互,由直流子网过剩功率填补交流子网功率缺额。如果直流子网过剩功率在填补交流子网功率缺额后仍有剩余,则判断蓄电池是否达到饱和状态:若蓄电池达到饱和状态,则直接将多余功率弃置;若蓄电池未达到饱和状态,则蓄电池吸收多余功率;若在蓄电池充电达到饱和状态后仍有剩余功率,则将剩余功率弃置。如果直流子网过剩功率不能填补交流子网功率缺额,则需要对蓄电池放电能否填补直流子网功率缺额的情况进行判断:若蓄电池放电可以填补交流子网功率缺额,则蓄电池放电并进行交直流子网功率交互,由直流子网过剩功率与蓄电池输出功率共同填补交流子网功率缺额;若蓄电池放电不能填补交流子网功率缺额,则燃料电池发电,同时进行交直流子网功率交互,由燃料电池输出功率与直流子网过剩功率共同填补交流子网功率缺额。

状态4:交流子网风力发电机输出功率不能满足交流负荷需求,直流子网光伏电池输出功率不能满足直流负荷需求。若蓄电池放电可以填补功率缺额,则蓄电池放电并进行交直流子网功率交互,由蓄电池输出功率填补系统功率缺额;若蓄电池放电不能填补功率缺额,则燃料电池发电并进行交直流子网功率交互,由燃料电池输出功率填补系统功率缺额。

日常保障模式下微电网运行控制策略如图4-13所示。

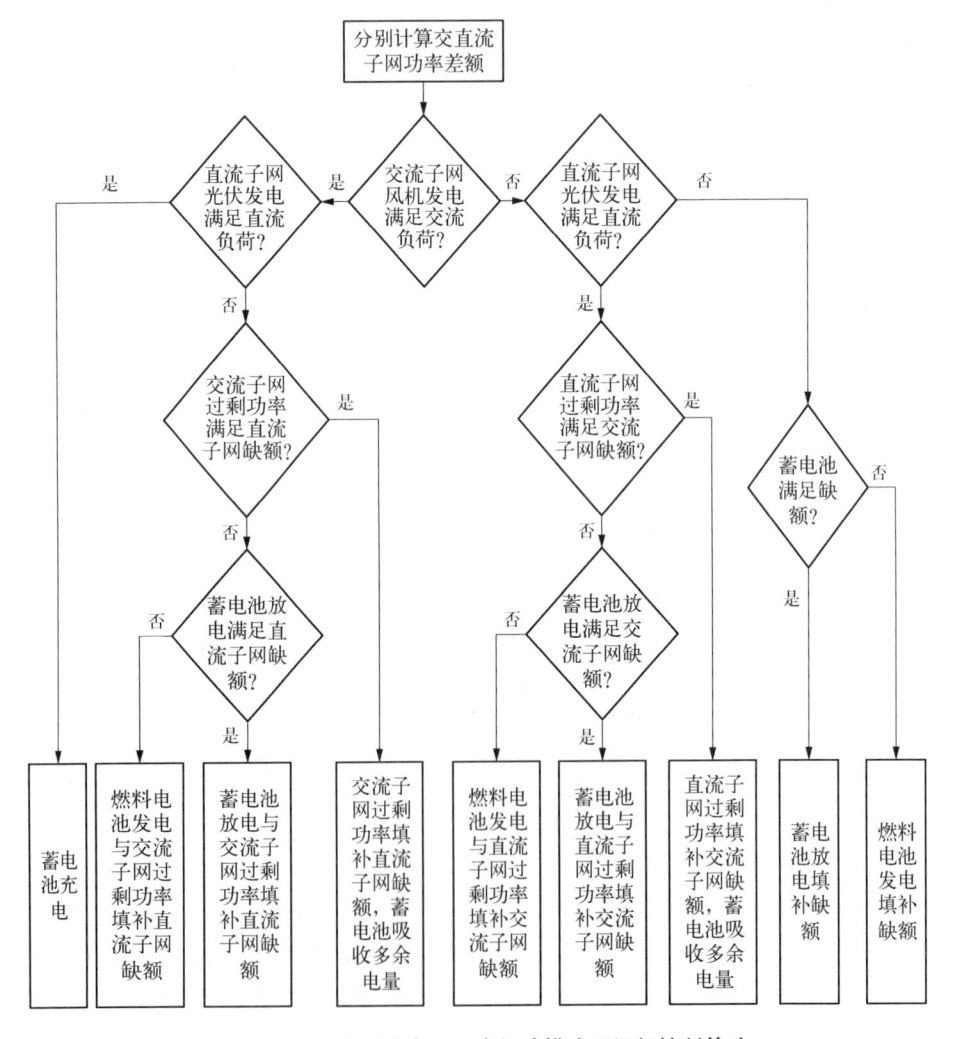

图4-13 孤岛型微电网日常保障模式下运行控制策略

2. 微电网设备故障时保障模式下运行控制策略

孤岛型微电网中的主要设备包括光伏电池、风力发电机、蓄电池、铝空燃料电池、柴油发电机及双向换流器。其中,铝空燃料电池与柴油发电机为系统应急保底电源,实际使用时通常有备用设备以减小其故障带来的不利影响,故在此不讨论其发生故障的情况。光伏电池与风力发电机若发生故障则不再输出功率;蓄电池若发生故障则不再充放电。上述分布式电源设备故障时对孤岛型微电网的运行方式影响较小,而双向换流器故障会对微电网的结构产生较大影响,从而改变微电网的运行方式。在此主要对双向换流器故障时孤岛型微电网的运行控制策略进行分析与设计,具体如下。

1) 双向换流器未发生故障

此时微电网运行状态与日常保障模式下微电网运行状态相似,交直流子网相连接并可进行功率交互,光伏电池、风力发电机及蓄电池各台设备视故障情况确定出力情况。采取以风力发电机、光伏电池和蓄电池供电为主,燃料电池供电为辅的供电方式,柴油发电机不参与供电。微电网供电结构与能量流动情况如图 4-14 所示。

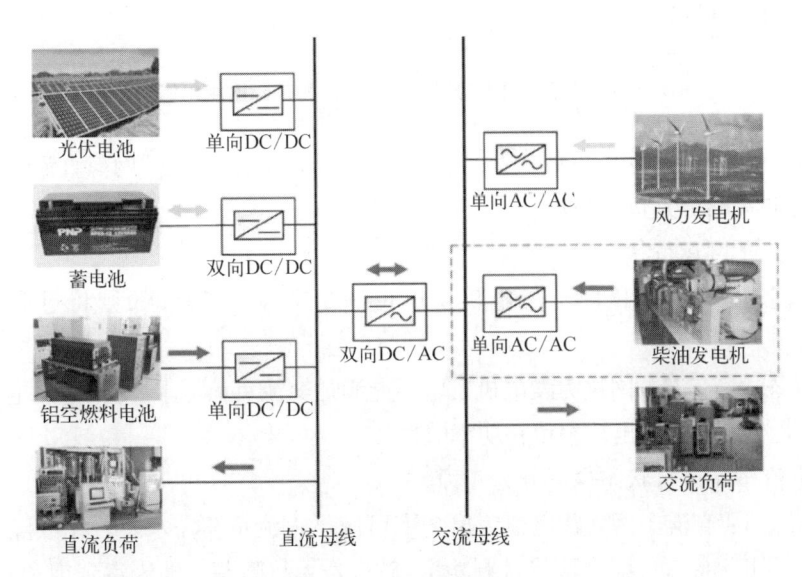

图 4-14 孤岛型微电网双向换流器未发生故障时供电结构图

2) 双向换流器发生故障

此时交直流子网间的连接断开,不能进行功率交互,均处于孤岛运行状态。光伏电池、风力发电机及蓄电池各台设备视故障情况确定出力情况。供电以风力发电机、光伏电池和蓄电池供电为主,燃料电池与柴油发电机供电为辅,微电网内所有分布式电源均参与供电。微电网供电结构与能量流动情况如图 4-15 所示。

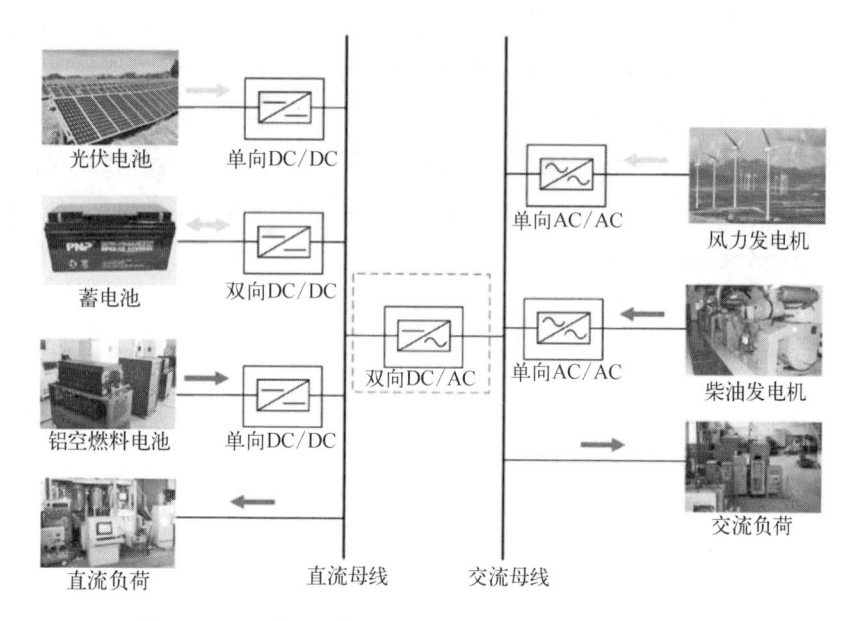

图 4-15　孤岛型微电网双向换流器发生故障时供电结构图

交直流子网均处于孤岛状态,分别独立运行,因此对交流子网与直流子网的运行控制策略分别进行讨论。

交流子网运行状态可分为以下两种。

状态 1:交流子网风力发电机发电可满足交流负荷需求,则将过剩功率弃置。

状态 2:交流子网风力发电机发电不能满足交流负荷需求,则柴油发电机发电,由柴油发电机输出功率填补功率缺额。

直流子网运行状态也可分为两种。

状态 1:直流子网光伏电池输出功率可满足直流负荷需求。若无故障蓄电池已达到饱和状态,则直接将过剩功率弃置;若无故障蓄电池未达到饱和状态,则蓄电池吸收过剩功率;若在蓄电池充电达到饱和状态后仍有剩余功率,则将剩余功率弃置。

状态 2:直流子网光伏电池输出功率不能满足直流负荷需求。若无故障蓄电池放电可以填补功率缺额,则蓄电池放电,由蓄电池输出功率填补功率缺额;

若无故障蓄电池放电不能填补功率缺额,则燃料电池发电,由燃料电池输出功率填补功率缺额。

孤岛型微电网设备故障时保障模式下运行控制策略如图4-16所示。

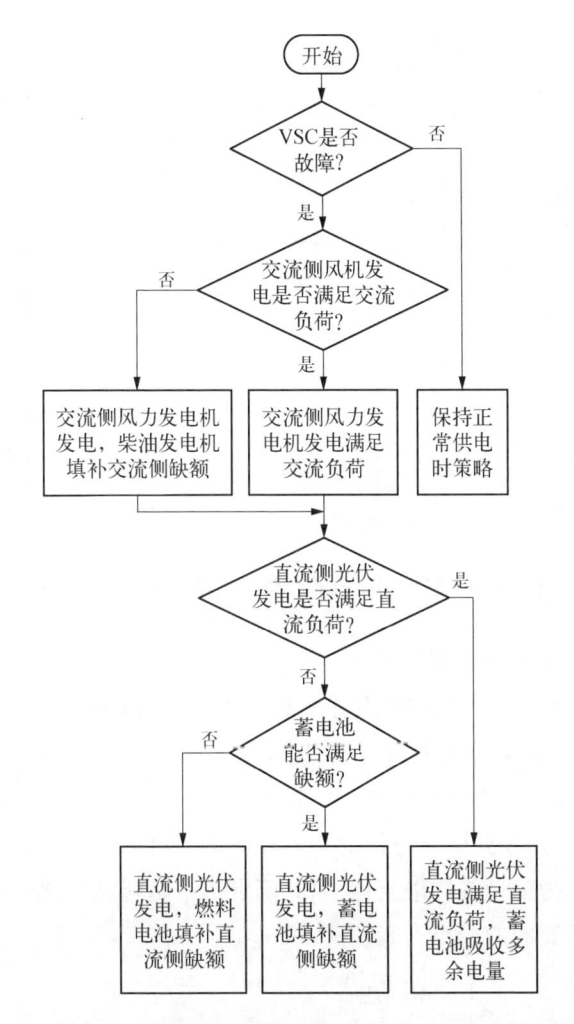

图4-16 孤岛型微电网设备故障时保障模式下运行控制策略

3. 微电网应急保障模式下运行控制策略

孤岛型微电网应急模式下运行控制策略与并网型微电网应急模式下运行控制策略相同。电网故障或损坏时,可用电源有柴油发电机组、燃料电池以及蓄电池。考虑到柴油发电机组运行时的噪声烟雾污染严重,故首选采用铝空燃料电池与蓄电池协同供电。当贮存的铝板即将消耗殆尽时,采用柴油发电机与蓄电池协同供电方式满足负荷需求。孤岛型微电网应急保障模式下供电结构如图4-17所示。

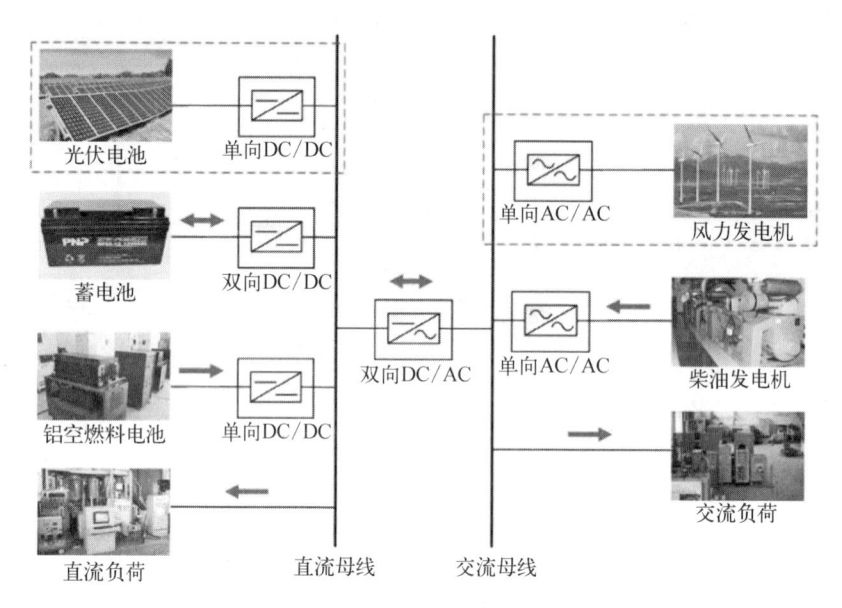

图4-17 孤岛型微电网应急保障模式下供电结构图

4.1.2.3 优化求解流程

孤岛型交直流混合微电网优化配置模型的求解流程与并网型微电网优化模型求解流程相似,可参考图4-10。优化变量为风力发电机、光伏电池、蓄电池、燃料电池、柴油发电机等分布式电源的安装台数以及AC/DC双向换流器的安装容量,以非应急保障模式下微电网的年综合成本为目标函数,将应急保障模式下功率平衡约束作为模型的约束条件,以此确定铝空燃料电池、柴油发电机的安装台数以及双向换流器的最小安装容量。

4.2 混合微电网典型控制策略

4.2.1 主从控制策略

主从控制模式是微电网中分布式电源与储能装置的一种协调运作方式,如图4-18所示。在此模式下,某一特定的分布式电源(或结合储能装置的分布式电源系统)担任主导角色,采用下垂控制或定电压定频率控制策略,为微电网中的其他分布式电源提供电压和频率的基准。这个起主导作用的控制器被称为主控制器,而其他遵循定功率控制策略的分布式电源则配备从控制器。

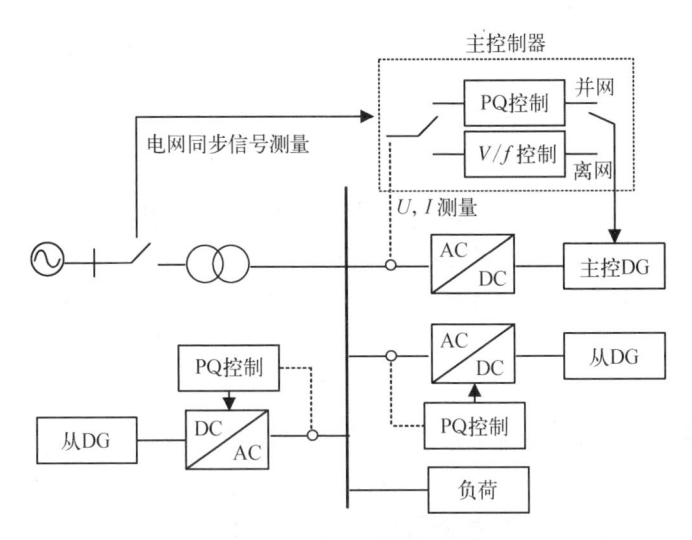

图 4-18 主从控制原理示意图

在并网运行模式下,所有分布式电源都以定功率控制向电网供电。然而,当微电网进入孤岛模式时,原先的主控单元必须迅速切换至定电压定频率控制模式,以确保系统的电压和频率稳定。反过来,若微电网再次并网,主控单元则需要调整回定功率控制。需要注意的是,在孤岛模式下,负荷的波动主要由主控分布式电源来平衡。因此,主控单元的功率输出需要具备足够的灵活性和快速响应能力,以应对负荷的变化。常见的主控制单元可以是储能装置、柴油发电机等分布式电源或多者的结合[47]。

主从控制策略的优点如下:

(1) 高稳定性。主从控制采用分布式结构,将微电网中的各个设备分为主控端和从控端。主控端负责监控和控制微电网的运行,而从控端则执行具体的操作。这种结构使得系统更加稳定,能够有效地避免单点故障对系统运行的影响。在孤岛模式下,主控制器能够维持系统的电压和频率稳定,确保微电网在失去大电网支撑时仍能正常运行。

(2) 高效的能量管理。主从控制系统采用了现代通信技术和智能控制算法,能够实现高效的能量管理和分配。这使得微电网系统的运行效率得到大大提高,可同时满足不同用户的需求。

(3) 易于维护。由于系统采用了分布式的结构,使得系统各个部分之间相互独立、互不干扰。这种结构使得系统维护起来更加简单方便,降低了维护成本。

(4) 适应性强。主从控制策略可以根据微电网的实际运行情况灵活调整控制策略,以适应不同的运行模式和负载需求。

主从控制策略的缺点如下:

(1) 对主控设备依赖性强。主从控制系统对主控设备的依赖性较强。一旦主控设备出现故障或损坏,可能会导致整个系统陷入瘫痪状态,影响系统的稳定性和可靠性。特别是在极端情况下,如主控端遭受大面积损害,可能导致整个系统的崩溃。

(2) 扩展性受限。由于主从控制系统采用分布式结构,在增加微电网系统规模时,需要同时增加控制器和传感器等设备。这会导致系统的扩展性受到一定的限制,增加了系统升级和扩展的难度和成本。

(3) 通信要求高。主从控制系统对模块间通信有严格的要求。若通信系统出现故障或问题,容易导致系统不能正常运行。因此,必须确保通信系统的可靠性和稳定性,这无疑增加了系统的复杂性和成本。

(4) 主控电源要求高。主控制器需要具备较高的性能和能力,以支持全局信息的收集和调度。这要求主控电源具有足够的容量和稳定性,以应对各种运行工况和负载需求。

4.2.2 对等控制模式

对等控制模式是一种微电网中各分布式电源在控制层面享有同等地位的策略,如图4-19所示。在这种模式下,没有主从之分,每个控制器都基于其接入系统点的本地电压和频率信息进行控制,共同分担功率分配任务,并为微电网提供稳定的电压和频率基准。目前,对等控制模式中常见的控制策略是模拟同步发电机工作机理的下垂控制。各分布式电源通过调整下垂系数来分担系统负荷,即通过调整各自输出电压的频率和幅值,使微电网系统达到新的稳定工作状态,实现输出功率的合理分配[47]。

对等控制策略的优点如下:

(1) 即插即用功能。对等控制模式使微电网具有"即插即用"的功能。在能量平衡的条件下,分布式电源可以随时接入微电网或断开,而不需要改变系统现有的控制和保护策略。这种灵活性使得微电网的扩展和维护变得更加方便。

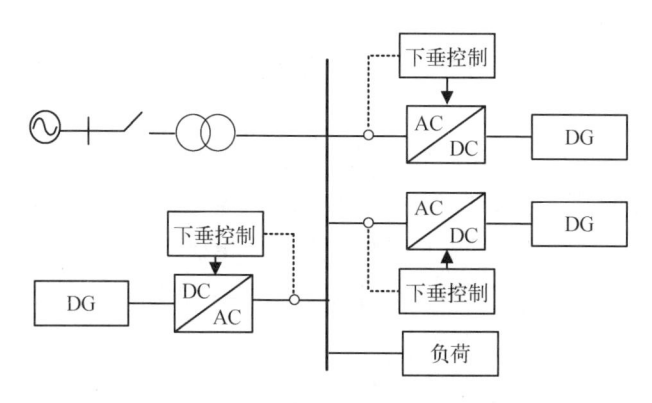

图 4-19 对等控制原理示意图

(2) 无需通信联系。在对等控制模式下,各个分布式电源之间通常没有直接的通信联系。它们依靠本地信息进行控制,通常采用下垂控制策略。这种无通信的控制方式降低了系统的复杂性和成本。

(3) 无缝切换和负荷自动分配。无论并网运行模式还是孤岛运行模式,采用下垂控制的分布式电源都无需改变控制策略,可以实现无缝切换和负荷的自动分配。这有助于保持微电网的稳定运行,并提高系统的可靠性。

(4) 提高系统可靠性。对等控制模式下,不存在单一的主控源。当微电网中的某一个分布式电源出现故障时,其余电源可以不受影响而正常工作,从而提高了系统的整体可靠性。

(5) 降低投资成本。从理论上讲,对等控制模式通过简化系统结构和控制策略,有助于降低微电网的投资成本。

对等控制策略的缺点如下:

(1) 电压和频率质量难以保证。在系统受到严重扰动的情况下,对等控制模式可能难以保证微电网的频率和电压质量。这是因为下垂控制策略是一种有差控制,系统的输出电压和频率与负载密切相关,当负载发生较大变化时,系统的频率和电压可能会受到影响。

(2) 稳定性、鲁棒性需进一步研究。对等控制模式的稳定性、鲁棒性等关键问题还需要进一步研究,目前采用对等模式的微电网系统大多仍然处于实验室研究阶段,尚未在大规模实际应用中得到充分验证。

(3) 设计成本较高。对等控制对电压、频率、有功、无功的连续优化达到的新状态可能会偏离额定工作点,这对分布式电源的容量要求较高,从而增加了设计成本。

（4）动态特性较差。对等控制的动态特性可能较差,例如在二次调频时可能需要较长的时间(长达几十秒)才能达到稳定状态。

（5）对非线性负载和谐波的调节能力有限。对等控制可能无法对非线性负载和线路造成的谐波分布进行正确的调节,这可能会影响系统的电能质量。

（6）拓扑结构变化时的适应性较差。在三相系统中,当拓扑结构发生变化时,对等控制可能不是一个较好的选择,特别是当系统中同时存在线性负载和非线性负载时。

4.2.3 分层控制模式

分层控制主要分为集中式分层控制和分布式分层控制两种形式。然而,在实际应用微电网时,集中式分层控制遇到了很多难题,比如需要处理大量的数据、要求高速的计算能力以及系统结构复杂,这些都使得完全采用集中式控制架构变得不现实。与此同时,完全的分布式控制也有其局限性,因为系统中的各个组成部分可能相互依赖,难以完全独立地运行。为了解决这些问题,一种融合了一次控制、二次控制和三次控制的分层控制架构应运而生。如图 4-20 所示,这种架构的简化结构图清晰地展示了其层次结构。其中,一次控制作为最基础的层次,专注于电压、电流、频率等基础控制任务;二次控制则在一次控制的基础上,进一步实现了功率控制和电力质量控制,承担起电网控制和电能管理等重要职责;三次控制作为整个微电网系统的最高层次,致力于管理和优化全局能量流,确保各个电源与负载之间能高效地进行能量交换。这种分层控制架构不仅提升了微电网的控制效率,也增强了系统的稳定性和可靠性。

1. 一次控制与二次控制

（1）一次控制。在微电网的底层控制层面,一次控制扮演着至关重要的角色,它专注于处理电压、电流、频率等关键控制参数。下垂控制作为一次控制中广受欢迎的方法,通过模拟传统同步发电机的行为,实

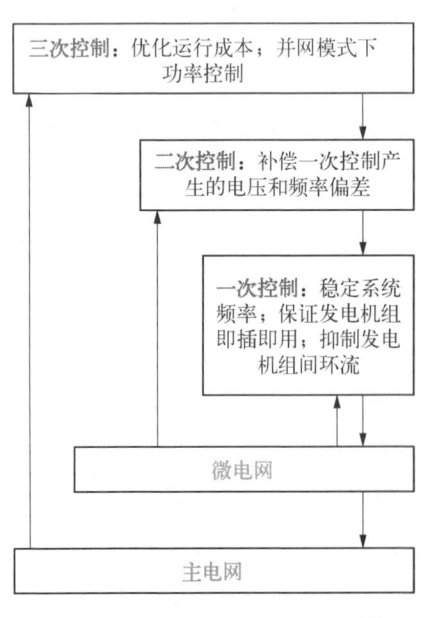

图 4-20 微电网分层控制框图[48]

现了并联逆变器之间的功率有效分配，同时无需复杂的通信就能实现微电网的灵活接入与退出，即"即插即用"功能。然而，下垂控制的稳定性和动态性能受到下垂系数选择的直接影响，且需要根据外部线路阻抗的变化进行相应的调整。在低压环境下，由于线路等效阻抗的差异，下垂控制可能面临稳定性和电能质量方面的挑战，并且在无功功率的分配上难以达到理想的精确度。

（2）二次控制。鉴于一次控制中下垂控制在特定条件下的不足，研究人员开始寻求通过二次控制来对其进行有效补充和增强。二次控制可以根据是否依赖微电网集中控制器分为集中式控制和分布式控制两种策略。集中式控制策略依赖带有通信链路的微电网集中控制器，通过收集各分布式电源的参数信息，经过中央处理器后再向各分布式电源发送控制指令。而分布式控制策略则无需微电网集中控制器的参与，各分布式电源之间直接通过通信链路交换数据，并基于这些数据自主调节自身状态。这种二次控制策略旨在进一步提升微电网的稳定性和电能质量，为微电网的高效、可靠运行提供有力保障[48]。

2. 分层控制的优缺点

分层控制的优点如下：

（1）系统可靠性提升。分层控制结构可以有效地对故障进行隔离，将故障影响限制在局部范围内，从而提高了整个系统的可靠性。当某个子系统或控制层出现故障时，其他部分仍能继续运行，减少了对整个系统的影响。

（2）灵活性增强。分层控制允许在不同的时间尺度上分别实现电气量控制、电能质量调节以及经济运行控制，有助于微电网的标准化和灵活管理。这种灵活性使得微电网能够更好地适应不同的运行工况和需求变化。

（3）易于实现和维护。分层控制将复杂的控制系统分解为多个相对简单的子系统，降低了设计和实现的难度。同时，各子系统之间相对独立也便于系统的维护和升级。

（4）提高系统性能。通过分层控制，可以实现多目标控制系统的合理集成，使不同控制目标之间的协同控制更加有效。这有助于提高系统的整体性能和稳定性。

（5）弱通信关联性。在分层控制策略中，上层只对下层发送管理调度指令，并不直接参与下层的控制决策。这种弱通信关联性使得系统在发生通信故障时仍能维持短时间的稳定运行。

（6）个体自治性与群体协作性。分层控制提供了一种逻辑思路，将采用不同控制方法的微电源抽象成系统中的逻辑单元。这种个体自治性与群体协作性使得系统能够更好地适应不同的运行环境和需求变化。

分层控制的缺点如下：

(1) 处理时间延迟。若分层系统层次过多，可能会造成处理时间的延迟，影响整个系统的运行效率。因此，在设计分层控制系统时需要合理设置层次数量，以平衡系统复杂性和运行效率之间的关系。

(2) 对通信系统要求高。分层控制需要各子系统之间进行有效的通信和协调，因此对通信系统的要求较高。一旦通信系统出现故障或不稳定，可能会影响整个系统的正常运行。

(3) 设计复杂度高。分层控制系统的设计需要考虑多个层次之间的相互作用和协调关系，设计复杂度较高。需要综合考虑系统的物理结构、控制目的和性能要求等因素来制定合理的分层控制策略。

(4) 依赖主控制器。在某些分层控制策略中，主控制器起着至关重要的作用。一旦主控制器出现问题或故障，可能会影响整个系统的稳定性和可靠性。因此，在设计时需要采取一定的冗余措施来提高主控制器的可靠性和稳定性。

接下来以直流微电网为例，介绍一种典型的分层控制策略，如图 4-21 所示。

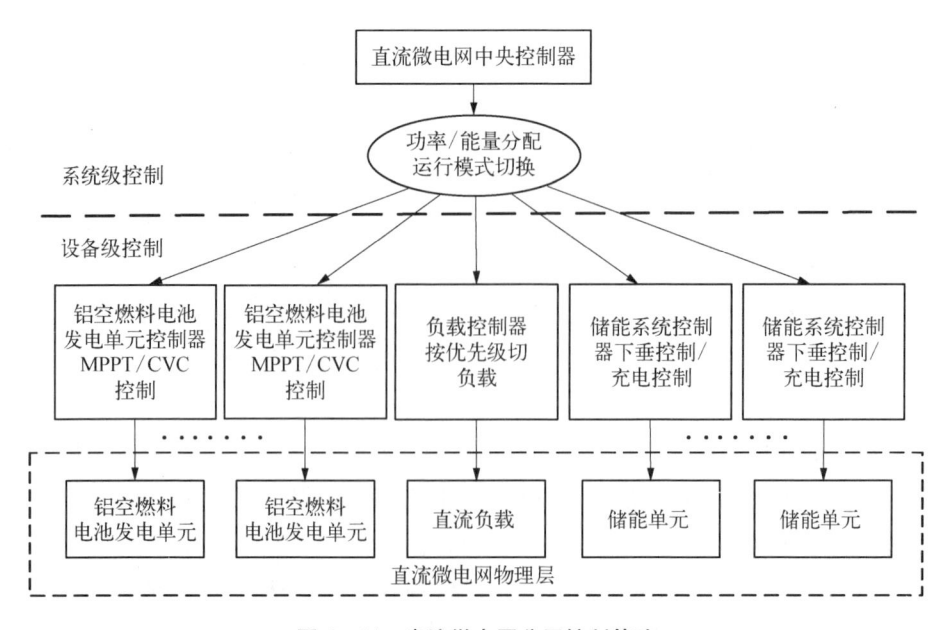

图 4-21 直流微电网分层控制策略

图4-21中采取的分层控制策略分为系统级控制层和设备级控制层,系统级控制层作为最上层控制系统,由集中控制器对微电网内各设备级控制器进行控制,结构简单易实现;设备级控制层则完成微电网物理层各单元的控制策略的实现,从而维持母线电压稳定。

系统级控制层通过通信线与底层控制器联系,根据分布式电源输出情况、微电网系统内功率需求及储能系统状态,制定直流微电网运行调度策略,实现对直流微电网内各组成单元灵活管理和控制,保证直流微电网系统稳定运行。

设备级控制层采用主从控制与对等控制相结合的控制策略,当铝空燃料电池发电单元输出功率充足时,以铝空燃料电池发电单元作为主控制器,工作于功率调节模式,此时储能系统作为从控制器;当铝空燃料电池发电单元输出功率不足以满足负载需求时,将工作于MPPT模式,提高其利用率,此时储能系统采用对等控制的下垂控制方法,为母线电压稳定提供支撑。

4.3 混合微电网监控管理设计

4.3.1 分层运行控制设计

微电网分层控制是指采用一个集中控制器来统一协调管理本地各个分布式电源和负荷,实现微电网安全、可靠、稳定的运行。最普遍使用的是三层控制结构,通常分为配电层、微电网层和负荷及微电源层。其中,配电层主要负责配电网的管理和经济运行的功能;微电网层主要进行中央处理器对负荷和微电源的控制,并与配电层完成信息的通信;负荷及微电源层主要涉及微电网底层元件的控制。

为了实现微电网的电能质量、功率分配等调控,需要考虑以下关键问题:第一,电能质量的测量与监控,需对关键或敏感负载区域,建立一套完整的电能质量测量、通信与评估体系;第二,变流器快速而准确的电压、电流控制,并网逆变器应能快速准确地跟踪正序、零序、负序以及谐波次电压、电流参考;第三,多目标控制系统的合理集成,针对不同控制目标的各控制系统之间的协同控制关系到系统的可靠性与稳定性;第四,分布式电源之间的协同控制,考虑到分布式电源的功率限制与工作模式,其应能协同补偿系统中的电能质量问题;第五,用户自定义的电能质量要求,根据用户要求而进行相应电能质量调节是合理的,且能够降低运行成本。

为了实现以上各目标,需要一个多层控制系统架构。本地控制主要为一次控制,可以包括:① 内环电压/电流控制,通常使用的控制方法有比例积分控制、比例谐振控制及重复控制等;② 外环功率控制,下垂控制与主从控制是最常用的控制方法;③ 外环阻尼控制,虚拟阻抗和有源阻尼方法常用在这一控制中以提高系统稳定性。系统控制包括二次控制和三次控制:二次控制主要针对系统电能质量进行控制,包括电压频率、幅值、谐波、不平衡等;三次控制的核心通常是管理策略及优化算法,用以实现整体系统的高效、低成本运行,并能够响应用户需求,对电能质量进行调控。

图 4-22 给出了一种典型的微电网分层控制结构。其控制结构可分为 3 层,每层控制的主要功能如下:第一层控制为最低的控制层,一般采用下垂控制方法,底层控制包括分布式电源和负荷控制,通过控制分布式电源的逆变器来提供有功功率和无功功率,实现分配分布式电源的功率与负荷均衡,并达到功率分配最优化。第二层控制是通过第一层所发送出的控制信号来调控逆变器的输出频率和电压幅值,实现功率的平衡和主电网系统的稳定。与此同时,第二层控制能够确保微电网和主电网之间的同步,最大限度地减少影响微电网系统稳定性的因素。第三层控制的功能为调控微电网和主电网的功率流动方向,以确保微电网运行的稳定性和经济性。

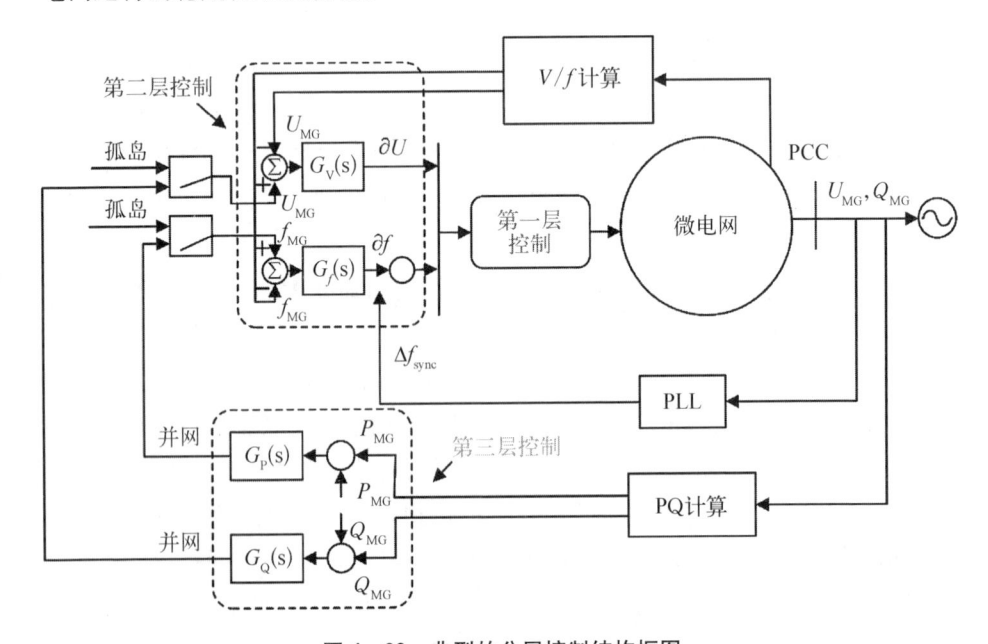

图 4-22 典型的分层控制结构框图

以下将对该典型分层控制系统的第一层、第二层及第三层控制方法进行简要说明。

1. 第一层控制

1）PQ下垂控制方法

控制微电网的有功功率和无功功率，需采用下垂控制方法。下垂控制方法可分成两种类型：一种是根据测量系统的频率和逆变器的输出电压幅值来形成频率和电压参考值；另一种是根据逆变器输出的有功功率和无功功率，形成频率参考值和电压幅值。

2）电压和电流的控制

内部控制环由两部分组成，即电压外环和电流内环的双闭环控制。电压外环控制一般采用PI控制器，电流内环控制也采用PI控制器。

第一层控制结构框图如图4-23所示，微电网中分布式电源的接口方式可分为两类：第一类为同步电机接口，如燃气轮机、小型柴油发电机，内燃机多用同步电机接口；第二类为通过逆变器接口并网的电源。其中，第二类微电源又分为两种：一种是直流电源，如光伏电池、燃料电池等；另一种为交流电源，如微型燃气轮机、风力发电机等，须先经过整流，所得直流电压再经逆变器转换成工频交流电压。假定所有分布式电源的输出已经整流为直流电，因此微电源并网须

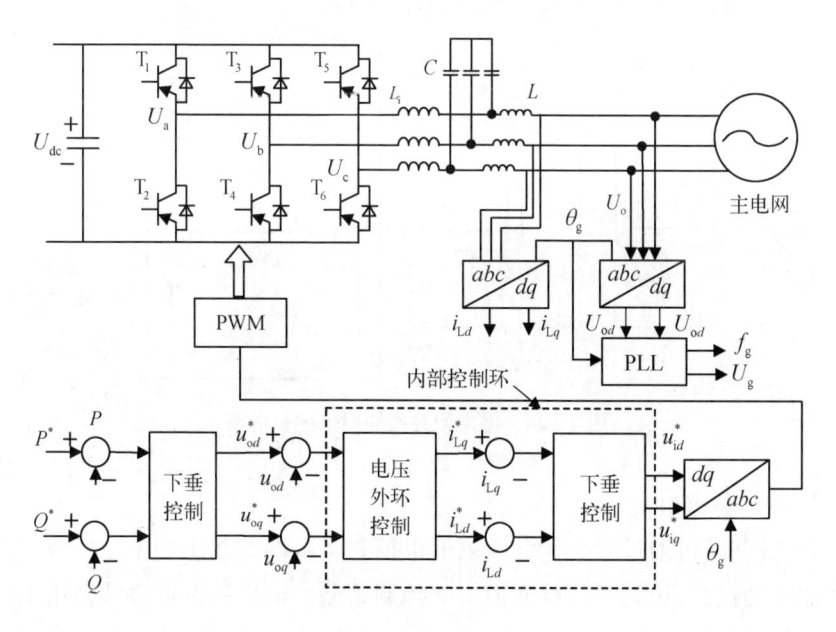

图4-23 第一层控制结构框图

经过逆变器才能与公用电网互联,且逆变器的交流输出还须经 LC 滤波器以滤除其中的高次谐波分量。

2. 第二层控制

第一层控制通过调节逆变器输出的功率来控制频率和电压,但不可避免会产生频率和电压的波动。第二层控制可弥补频率和电压波动造成的影响。

在第二层控制中,微电网中分布式电源输出频率和电压幅值,与其参考值进行比较,得到频率偏差和电压偏差。将这些偏差值反馈到第一层来控制分布式电源的变流器,进而使分布式电源的频率和电压幅值达到一个稳定值。在微电网的并网运行过程中,第二层控制不仅起到调节、监控微电网频率和电压幅值的作用,还要将参考值与已测量到的微电网和主电网的各相电气参数值进行比较,从而实现与电网的同步。同步过程完成之后,微电网可通过静态开关并入主电网。图 4-24 是微电网并网的同步控制框图。

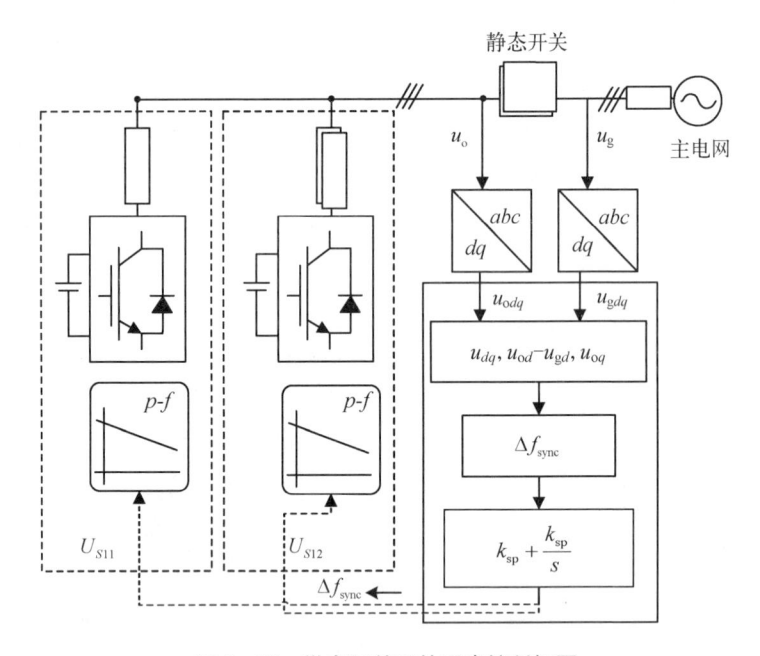

图 4-24 微电网并网的同步控制框图

3. 第三层控制

在并网时,可通过频率和电压幅值来控制微电网的输出功率。三级控制作为最顶层的控制,也是时间尺度最大的控制策略。该层控制主要涉及微电网的经济运行与优化。

4.3.2 集中控制器设计

微电网集中控制器的设计实例可以涉及多个方面,包括系统架构、功能模块、通信设计以及控制策略等。下面对微电网集中控制器的设计及组成进行简要介绍。

1. 系统架构

微电网集中控制器采用模块化结构设计,将设备分为多个模块,以便于系统的集成、扩展和维护。典型的系统架构包括以下几个模块。

(1)人机界面模块:用于显示系统运行状态、接收用户指令和参数设置等。通常,采用 LCD 触摸屏作为人机界面,它集成了 RISC 微处理器和 FPGA 芯片,实现独立的驱动控制,提高系统的交互性和易用性。

(2)数据存储模块:用于存储运行日志和关键数据,以便对系统进行诊断和分析。数据存储模块分为串行 Flash 和大容量 SD 卡两部分,分别用于保存配置参数和运行日志。

(3)底层设备通信模块:提供底层接口,与光伏并网逆变器、储能逆变器、能量测量装置等设备进行互联。采用以太网通信作为主要通信方式,对于部分不具备以太网通信功能的设备,采用 RS485 或 CAN 通信作为补充。

(4)上层通信模块:实现与上位机或其他管理系统的通信连接,通过以太网通信实现数据的实时传输和指令的下发。

2. 功能模块

微电网集中控制器包含多个功能模块,以满足微电网运行控制的需求。

1)功率管理单元

功率管理功能是指微电网集中控制器向负荷和微源控制器发出功率指令,它们接收后,本地控制器会迅速调节分布式电源出力至预期值,并调整负荷,以调整系统状态。负荷和微源控制器实时上传功率信息,微电网集中控制器的功率管理单元则根据这些信息,计算分布式电源的输出功率,制定经济优化的超短期调度计划,实现微电网的经济调度。同时,系统还监测频率偏差,调节微源出力,恢复频率至额定值,提升电能质量。微电网集中控制器重点分析微电网的一、二次调频,尤其是孤岛模式下的下垂控制及二次调频能力。并网模式下,功能管理单元主要负责微源处理分配、联络线功率限制和电能质量改善;孤岛模式下,首要目标是确保系统稳定运行,通过功率调节或切机/切负荷等措施,保障内部重要负荷的持续供电。

2)并离网控制单元

微电网有两种运行状态——并网和孤岛。并网时,主要考虑微电网与配电网的能量交互。配电网故障或计划停电时，微电网需脱离配电网，在孤岛状态下运行，此时由分布式电源、储能装置和负荷构成一体化电力系统。孤岛运行时，若内部负荷需求大，微电网容量可能不足，需对分级负荷进行控制，保障重要负荷供电。微电网还有过渡状态，包括并网转孤岛和孤岛转并网。配电网故障或计划孤岛时，微电网需解列进入孤岛运行。非计划孤岛具有偶然性和不确定性，可能危害电力系统安全，因此分布式电源需配置防孤岛保护。微电网集中控制器检测孤岛状态后，断开开关，切除非重要负荷，切换储能运行模式，保障敏感负荷供电，然后恢复部分电源和负荷，进入孤岛运行。计划孤岛前，集中控制器调整电源和负荷分布，最小化联络线功率，平滑过渡到孤岛状态，提高配电网可靠性。

微电网的并网方式主要有两种——检无压并网和检同期并网。检无压并网是常见的配电网并网方式，微电网停运时，直接闭合 PCC 处的固态开关并网，然后逐步恢复分布式电源发电；检同期并网时，微电网正常运行，接到并网命令后，进行两系统同期检查，满足条件时闭合 PCC 开关，储能由 V/f 模式切回 PQ 模式。

3) 电能质量分析与控制单元

微电网运行时，需实时监控配电网和微电网的电能质量，尤其是电压、频率等信息。这是实现孤岛检测、并离网切换的基础。部分重要负荷对电能质量要求高，电压谐波高时可能无法正常工作，甚至损坏设备或造成人身伤亡，因此电能质量分析至关重要。由于分布式电源的波动性和微电网内电力电子设备的存在，微电网内部谐波较多，需配备电能质量治理装置。微电网集中控制器应具备电能质量分析与控制单元，为电能质量治理提供接口。因此，微电网集中控制器应包含基础的电能质量分析模块，负责采集、分析、处理、传输、存储电压、频率、电流等信息，并为微电网其他功能提供基础支持。

3. 通信设计

微电网集中稳定控制器在控制系统中起关键作用，通信技术的性能直接影响微电网的整体性能。高实时性的通信系统能为微电网提供更快速的辅助服务，并作为连接分布式电源、负荷端测控装置与微电网微机电系统（micro-electro-mechanical system，MEMS）的桥梁。它通过多种通信方式和手段采集监测数据，经过建模和处理后，一方面将数据上传至微电网 MEMS 系统，另一方面根据采集的信息制定能量优化控制策略。同时，它接收配电网能量管理系统（energy management system，EMS）的控制指令，并下达至控制设备，如负荷控制器、微源控制器、逆变器等，实现类似传统电网的"四遥"（遥测、遥信、遥控、遥调）功能。通信管理单元应具备异构多源数据通信能力，包括通信模型建模与解析、多规约转换、通信对时等基本功能[49]。

微电网集中控制器的通信设计需要考虑通信速率、通信可靠性和通信距离等因素。在分层控制结构中，不同层级之间的通信需求不同，因此采用不同的通信方式：

（1）微电网集中控制器与调度机构之间，采用以太网通信，实现高速、可靠的数据传输和指令下发；

（2）微电网集中控制器与光伏、储能等分布式电源之间，同样采用以太网通信，确保分布式电源能够实时响应微电网集中控制器的控制指令；

（3）微电网集中控制器与负荷、开关等底层设备之间，由于部分底层设备不具备以太网通信功能，采用 RS485 或 CAN 通信作为补充，确保底层设备的数据能够被微电网集中控制器实时采集和处理。

以下展示一种典型的集中控制器通信设计方案。该设计实例采用模块化结构的设计思想，将设备分为人机界面模块、数据存储模块、底层设备通信模块和上层通信模块，其总体结构如图 4-25 所示。

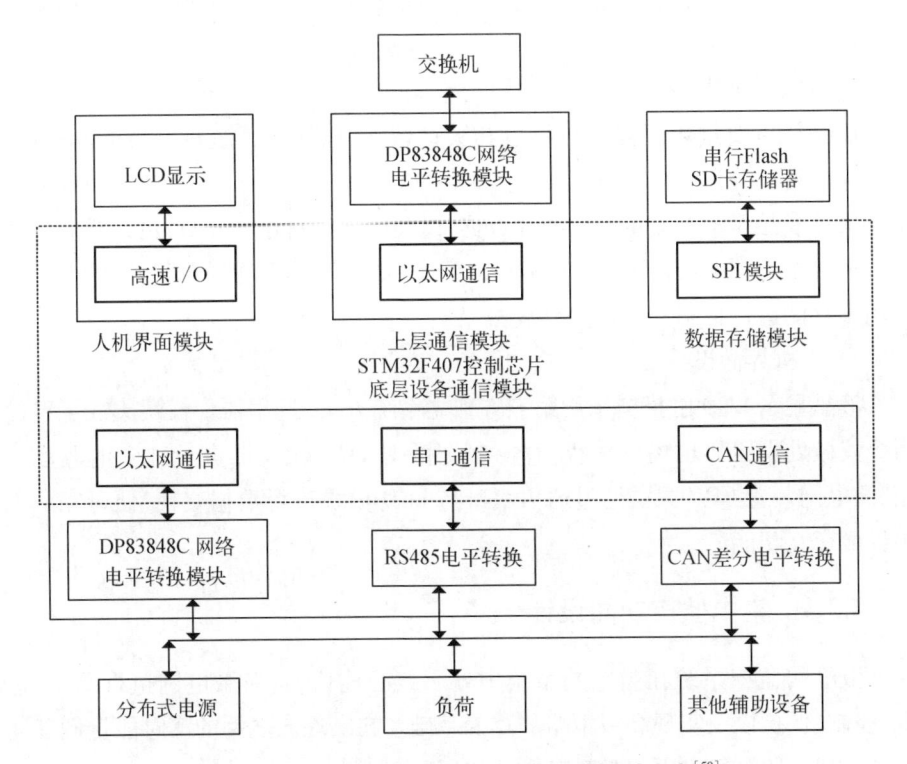

图 4-25　典型的微电网集中控制器通信设计方案[50]

1) 底层设备通信模块设计

提供底层接口,与光伏并网逆变器、储能逆变器和能量测量装置等设备进行互联。由于微电网中光伏和储能系统与控制器之间的通信距离较长,接口设计需综合考虑施工难度、通信速率和通信可靠性的要求,采用以太网通信。DP83848C 将 STM32F407 以太网模块的信号进行电平转换,通过标准的交换机实现通信互联,支持介质独立接口和远程方法调用接口模式,集成度高,具有全功能、低功耗等性能。当要求集中控制器就地采集数量信息较少时,则可以采用 485 通信或者 CAN 通信。RS485 电平转换芯片采用的 3 差分总线收发器是一款集成式电流隔离器件,适用于多点总线传输线路的双向数据通信。CAN 差分电平转换芯片为 CAN 协议控制器和物理总线间的接口,主要是为高速通信应用而设计,高达 1Mbps。此器件对总线提供差动发送能力,对 CAN 控制器提供差动接收能力,具有抗瞬间干扰和保护总线能力,抗宽范围的共模干扰,抗电磁干扰。

2) 上层通信模块设计

将以太网模块的信号进行电平转换,通过标准的交换机实现通信互联,实现与上位机通信连接。

3) 数据存储模块设计

该模块主要用于存储运行日志和关键数据,以便对系统进行诊断和分析。数据存储模块分为两个部分:串行 Flash 和大容量安全数字卡。串行 Flash 主要用于保存液晶显示器显示屏的图片数据,以及用户的自定义参数设置,具有低功耗和宽温度范围的特性,适用于嵌入式系统小规模数据存储的场合;大容量 SD 卡用于存储运行日志和运行关键数据。

4) 人机界面设计

液晶显示 LCD 触摸屏采用第三方独立系统方案,选用器件模块集成了精简指令集微处理器和现场可编程门阵列芯片,对 LCD 触摸屏进行独立的驱动控制,微电网装置 CPU 只需通过通信串口与 LCD 模块进行数据交换,便可完成人机界面交互功能。

4.3.3 集中监控功能设计

微电网监控系统在微电网系统中处于核心地位,是对微电网执行测量、监视、控制、保护以及实现高级策略的重要基础。在实现微电网的实时能量调度与管理、跟踪、监测等方面有举足轻重的作用。

1. 微电网监控系统的结构及设计

微电网系统采用三层拓扑结构：第一层为微电网执行层，包括分布式发电单元、智能网关断路器、负荷等；第二层为微电网协调层，主要是依靠微电网集中控制器来实现网间协调；第三层为微电网管理层，包含微电网能量管理系统和电网调度中心。微电网监控系统结构如图 4-26 所示。

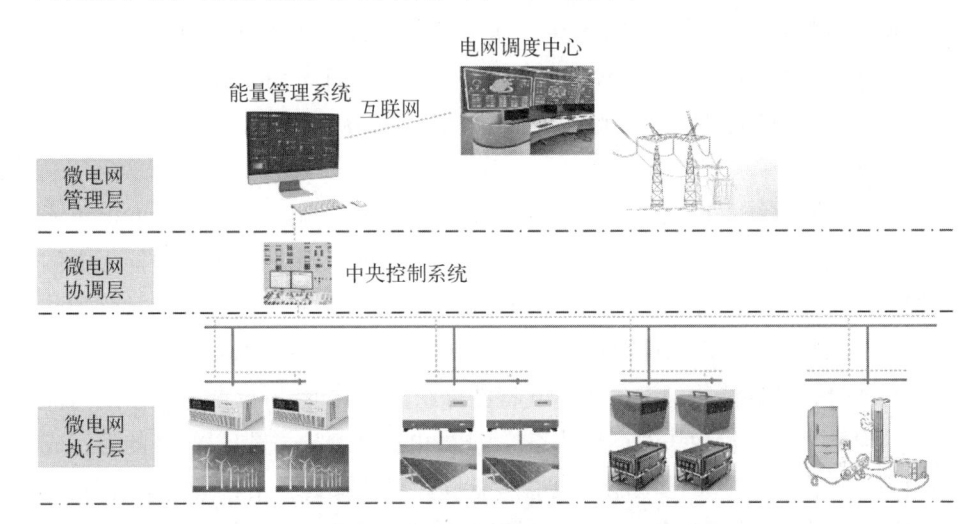

图 4-26 微电网监控系统结构

微电网监控系统的特点在于：① 监控系统具备并网和孤岛两种运行方式的控制算法，并且可以控制两种运行方式间实现平滑切换；② 系统采用三层控制架构（微电网执行层、微电网协调层、微电网管理层），既能向上级电力调度中心上传微电网信息，又能接收调度中心调度下发的控制命令；③ 系统可对负荷用电进行长期和短期的预测，通过预测分析实现对微电网系统的高级能量管理，使微电网能够安全经济运行；④ 系统支持 IEEE 1588 微秒级精确时钟同步；⑤ 支持浏览器/服务器模式结构和客户机/服务器结构，支持多任务、多用户，前/后台实时数据处理。

2. 微电网监控系统的功能

微电网监控系统从功能上可以划分为微电网集中控制器、能量管理系统及数据采集与监视控制几大部分，其各自的具体功能如下：

1) 微电网集中控制器的功能

微电网集中控制器主要对系统中分布式电源、储能、负载等底层设备及节点信息进行数据采集，并按管理层策略做出实时控制，实现微电网系统安全运行及经济利益的最优化,主要功能有:① 对执行层的分布式电源、储能系统、负荷及节点进行数据采集、监控、分析及控制;② 可智能分析管理层下发的微电网控制策略并进行实时控制,确保微电网稳定运行;③ 可实现二次调频调压、预同步、并离网平滑切换、孤岛监测等算法;④ 实时控制,集中控制器的实时控制包含开关量/模拟量、二次调频调压算法、预同步算法、并离网平滑切换算法、黑启动算法等微电网控制策略;⑤ 黑启动,黑启动是指整个系统因故障停运后,不依赖别的网络帮助,通过系统中具有自启动能力的发电机组启动,带动无自启动能力的发电机组,逐渐扩大系统恢复范围,最终实现整个系统的恢复。

2) 能量管理系统功能

能量管理系统是微电网的最上层管理系统,主要对微电网的分布发电单元设备的发电功率进行预测,对微电网中能量按最优的原则进行分配,协同大电网和微电网之间的功率流动。它是一套由预测模块和调度模块组成的能量管理软件,其主要目的是根据负荷需求、天气因素、市场信息以及电网运行状态等,在满足运行条件以及储能物理设备的电气特性等约束条件下,协调微电网系统内部分布式电源和负荷等模块的运行状态,优化微电源功率出力,以最经济的运行成本向用户提供满足质量的电能。微电网能量管理系统具有预测微电源出力、优化储能充放电、管理可控负荷、维持系统稳定、实现系统经济运行等功能。

从大的方面来看,微电网能量管理系统功能包括两大部分,如图 4-27 所示。

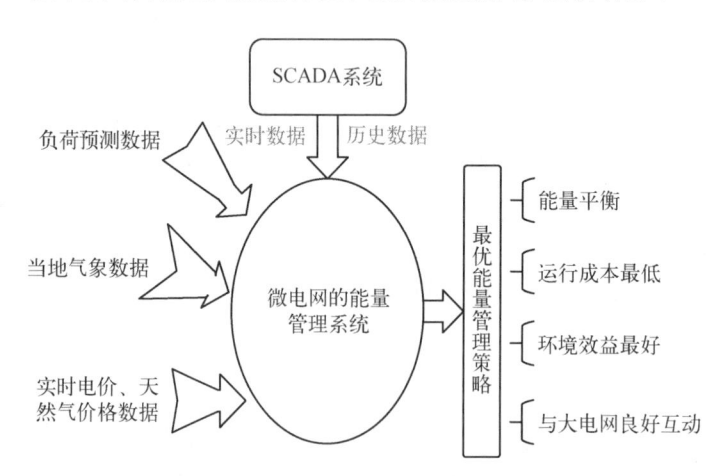

图 4-27 微电网能量管理系统功能

(1) 状态预测。微电网能量管理系统的状态预测功能主要由预测模块来完成。而预测模块又主要由数据单元、预测算法单元组成。数据单元的主要功能是对数据库中的采集数据进行初步处理,剔除错误值。预测算法单元起关键性作用,其主要功能是:先根据历史数据、预测数据和天气因素等进行数据的初步处理,然后代入预测算法,得到预测值。预测模块形成预测值的流程如图4-28所示。

(2)经济调度。经济调度是指在满足供电可靠性和电能质量的前提下,对电力系统费用进行优化,提高系统的经济性。能量管理系统的经济调度是通过调节分布式电源的输出功率,达到有效平衡储能电池的剩余容量、避免储能电池过充和过放、有效延长储能电池的使用寿命的目的。

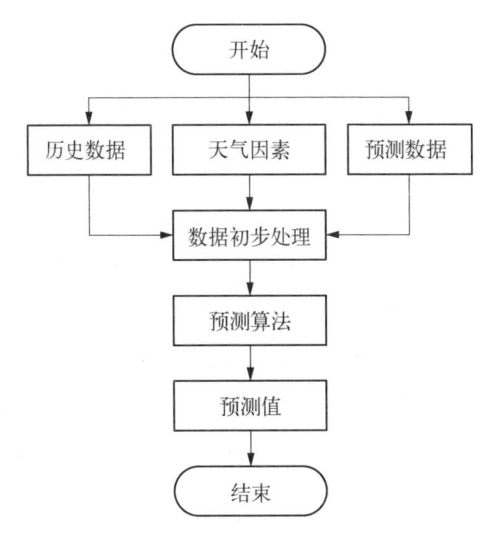

图4-28 预测模块形成预测值的流程图

(3)微电网的数据采集与监视控制模块(supervisory control and data acquisition, SCADA)。微电网SCADA主要完成微电网系统组态配置、数据采集、运行状态实时显示及控制管理,包括光伏发电单元的有功/无功功率调度、系统储能管理、潮流显示、故障告警保护管理、数据报表管理等。

4.4 分布式电源并网逆变器

4.4.1 并网逆变器拓扑结构

在并网逆变器中,常根据逆变器输出端口与直流侧中点间电压所包含的电平数量来对功率电路的拓扑结构进行分类。目前,常用的并网逆变器拓扑有两电平拓扑、三电平拓扑、五电平拓扑以及具有多子模块级联特征的更高电平数的拓扑结构。

两电平拓扑结构如图4-29(a)所示,每相由两只功率开关器件构成。图4-29(a)所示的两电平拓扑适用于低压系统。若将其用于高压系统,则需进行器件串联,同时需要解决器件串联均压问题。两电平拓扑结构简单,但其输出电压具有较高的谐波畸变率和dv/dt。

三电平拓扑具有中点续流能力,所以对改善输出纹波、降低损耗都有很好的效果，同时其还具有效率高的优势，因此三电平拓扑成为中高压大功率并网逆变器常采用的拓扑结构。其中，三电平拓扑又分为 I 型三电平和 T 型三电平。对于滤波器，常见的 L 型、LC 型和 LCL 型滤波器的高频信号衰减率分别为 -20 dB/dec、-40 dB/dec 和 -60 dB/dec，其中 LCL 型滤波器因具有更加优越的高频衰减特性，同时还兼具体积小、成本低的优势而广泛应用于新能源发电系统中。图 4-29(b) 和 (c) 所示为 I 型 LCL 三电平并网逆变器和 T 型 LCL 三电平并网逆变器的结构。二者对比如下：首先，I 型电路中的 4 个开关管均承受相同的电压，即直流母线电压，而 T 型电路中的 1 管和 4 管承受 2 倍的直流母线电压；其次，I 型三电平比 T 型三电平多了 6 只钳位二极管；最后，在功率因数接近 1 时，当开关频率较高时 I 型三电平的损耗更低，而当开关频率较低时，T 型三电平的损耗更低。

(a) 两电平　　(b) I型三电平　　(c) T型三电平

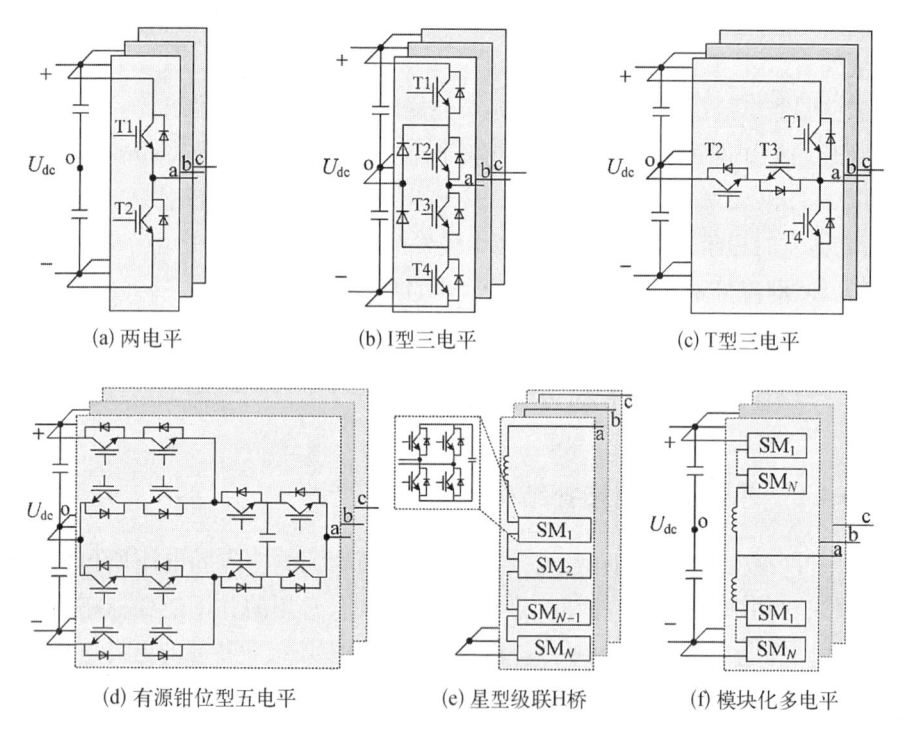

(d) 有源钳位型五电平　　(e) 星型级联H桥　　(f) 模块化多电平

图 4-29　功率电路的常用拓扑结构[51]

有源中点钳位(active netual point clamped，ANPC)五电平拓扑，如图 4-29(d) 所示。ANPC 五电平拓扑属于混合型拓扑，具有二极管钳位型和电容钳位型拓扑结构的优势[52]。其输出电压谐波畸变率低，开关管电压应力低，具有较强的控制冗余性。但是 ANPC 五电平拓扑存在器件串联引起的均压问题,需要被重点关注。

具有多子模块级联特征的更高电平数的拓扑结构,主要包含级联 H 桥拓扑结构和多模块化拓扑结构。图 4-29(e)所示为星型级联 H 桥多电平拓扑结构,其主要由多个相同的 H 桥功率单元串联构成,不需要器件串联就可以实现高压运行。然而,级联 H 桥拓扑不存在公共直流母线,难以实现能量的双向流动。图 4-29(f)所示为模块化多电平拓扑结构,其由两个星型级联拓扑端对端对接而成,其中的子模块可采用半桥、全桥等多种结构。相较于级联 H 桥拓扑结构,模块化多电平拓扑具有公共直流母线,能够实现交直流侧电能的双向传输。然而,在采用模块化多电平拓扑结构时,需额外考虑子模块电容电压均衡问题。

4.4.2 数学模型

在对并网逆变器建模前,先对三类坐标系进行说明。借助电机学的概念,三相定子绕组 A、B、C 在空间上对称分布且静止不动,abc 坐标系称为三相静止(3S)坐标系。交流电机三相对称的静止绕组 A、B、C,通以三相平衡的正弦电流时,产生的合成磁动势是旋转磁动势 F,它在空间呈正弦分布,以同步转速 ω_s(即电流的角频率)顺着 A-B-C 的相序旋转。

把两个相互垂直的坐标轴 α、β 固定,取 α 轴与 A 相轴重合,β 轴超前 α 轴 90°,得到坐标系,称为两相静止(2S)坐标系。从 abc 坐标系到 $\alpha\beta$ 坐标系的变换称为静止三相/两相(3S/2S)变换。图 4-30 所示为静止坐标系示意图。

abc 坐标系下的空间矢量为 χ_a, χ_b, χ_c,变换到 $\alpha\beta$ 坐标系在 α 轴和 β 轴的分量分别为 x_a 和 x_b。变换后使各变量的极值不变,可以得到 abc-$\alpha\beta$(即 3S/2S)坐标变换公式:

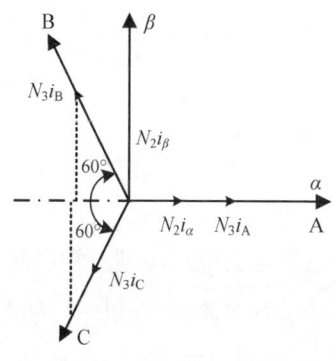

图 4-30 静止坐标系示意图

$$T_{3s \to 2s} = \frac{2}{3}\begin{bmatrix} 1 & -\frac{1}{2} & -\frac{1}{2} \\ 0 & \frac{\sqrt{3}}{2} & -\frac{\sqrt{3}}{2} \end{bmatrix} \quad (4-20)$$

两相静止坐标系中的三相逆变器电压电流方程分别为

$$\begin{bmatrix} \dot{u}_{o\alpha} \\ \dot{u}_{o\beta} \end{bmatrix} = \frac{1}{C}\begin{bmatrix} i_\alpha \\ i_\beta \end{bmatrix} - \frac{1}{C}\begin{bmatrix} i_{o\alpha} \\ i_{o\beta} \end{bmatrix}$$

$$\begin{bmatrix} \dot{i}_\alpha \\ \dot{i}_\beta \end{bmatrix} = -\frac{1}{L}\begin{bmatrix} u_{o\alpha} \\ u_{o\beta} \end{bmatrix} - \frac{r}{L}\begin{bmatrix} i_\alpha \\ i_\beta \end{bmatrix} + \frac{1}{L}\begin{bmatrix} u_\alpha \\ u_\beta \end{bmatrix}$$

(4-21)

相互垂直的坐标系 d 轴和 q 轴,同时以 ω 为角频率旋转,得到两相同步旋转坐标系(即 dq 坐标系或2R坐标系),如图4-31所示。

$\alpha\beta/dq$(2S/2R)坐标变换公式如下:

$$T_{2s \to 2r} = \begin{bmatrix} \cos(\omega t) & \sin(\omega t) \\ -\sin(\omega t) & \cos(\omega t) \end{bmatrix}$$

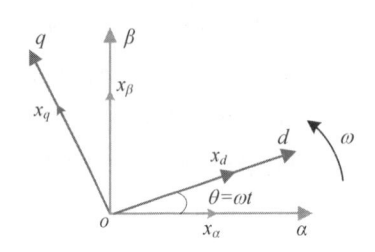

图4-31 旋转坐标系示意图

(4-22)

dq 坐标系中三相逆变器的电压电流方程分别如下:

$$\begin{bmatrix} \dot{u}_{od} \\ \dot{u}_{oq} \end{bmatrix} = \begin{bmatrix} 0 & \omega \\ -\omega & 0 \end{bmatrix}\begin{bmatrix} u_{od} \\ u_{oq} \end{bmatrix} + \frac{1}{C}\begin{bmatrix} i_d \\ i_q \end{bmatrix} - \frac{1}{C}\begin{bmatrix} i_{od} \\ i_{oq} \end{bmatrix}$$

$$\begin{bmatrix} \dot{i}_d \\ \dot{i}_q \end{bmatrix} = \frac{1}{L}\begin{bmatrix} u_{od} \\ u_{oq} \end{bmatrix} + \frac{1}{C}\begin{bmatrix} -\frac{r}{L} & \omega \\ -\omega & -\frac{r}{L} \end{bmatrix}\begin{bmatrix} i_d \\ i_q \end{bmatrix} + \frac{1}{L}\begin{bmatrix} u_d \\ u_q \end{bmatrix}$$

(4-23)

上述分布式电源在并网和控制时,均需经过三相逆变器进行,逆变器分为电压源型逆变器和电流源型逆变器,为了满足输出电压稳定的要求,所涉及系统逆变器均为电压源型。常用的电压源型逆变器电路形式为滤波器输出电压经过电感电容滤波后,通过一段线路连接至负荷和交流网络,如图4-32所示。

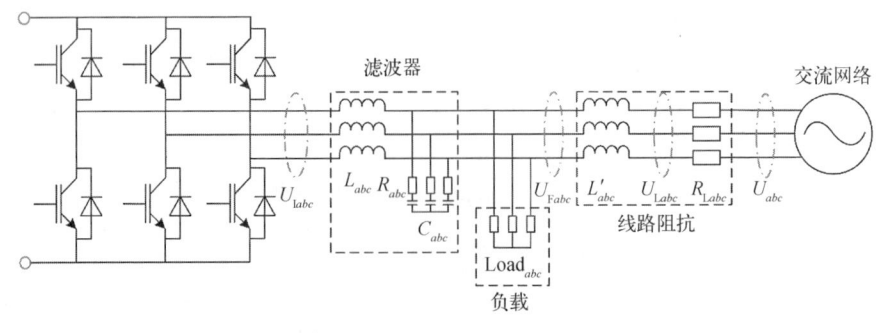

图4-32 三相逆变器典型并网电路

根据逆变器并网电路,忽略滤波器的电阻 R_{abc},并假设滤波器三相电感和电容对称,即 $L_a = L_b = L_c = L$、$C_a = C_b = C_c = C$。

可以得到逆变器输出电压经过滤波器后的等效电路方程:

$$\begin{cases} L \dfrac{di_{Ia}}{dt} = U_{Ia} - U_{Fa} \\ L \dfrac{di_{Ib}}{dt} = U_{Ib} - U_{Fb} \\ L \dfrac{di_{Ic}}{dt} = U_{Ic} - U_{Fc} \end{cases} \quad (4-24)$$

电流表达的等效电路方程:

$$\begin{cases} C \dfrac{dU_{Fa}}{dt} = i_{Ia} - \dfrac{U_{Fa} - U_{La}}{R} \\ C \dfrac{dU_{Fb}}{dt} = i_{Ib} - \dfrac{U_{Fb} - U_{Lb}}{R} \\ C \dfrac{dU_{Fc}}{dt} = i_{Ic} - \dfrac{U_{Fc} - U_{Lc}}{R} \end{cases} \quad (4-25)$$

电压经过线路后的等效电路方程:

$$\begin{cases} L' \dfrac{di_a}{dt} = U_{La} - U_a \\ L' \dfrac{di_b}{dt} = U_{Lb} - U_b \\ L' \dfrac{di_c}{dt} = U_{Lc} - U_c \end{cases} \quad (4-26)$$

上述变量均为时变分量,在控制结构设计时过于复杂,根据变换前后功率不变的原则,对上式进行派克变换,转变为同步旋转坐标系下的数学模型,派克变换矩阵为

$$T = \dfrac{2}{3} \begin{bmatrix} \sin \omega t & \sin\left(\omega t - \dfrac{2}{3}\pi\right) & \sin\left(\omega t + \dfrac{2}{3}\pi\right) \\ -\cos \omega t & -\cos\left(\omega t - \dfrac{2}{3}\pi\right) & -\cos\left(\omega t + \dfrac{2}{3}\pi\right) \end{bmatrix} \quad (4-27)$$

将上式进行派克变换，得到逆变器输出电压与经过滤波器后电压的关系为

$$\begin{cases} L_\mathrm{p} \dfrac{\mathrm{d}i_{1d}}{\mathrm{d}t} = U_{1d} - U_{Fd} - \omega L i_{1q} \\ L_\mathrm{p} \dfrac{\mathrm{d}i_{1q}}{\mathrm{d}t} = U_{1q} - U_{Fq} + \omega L i_{1d} \end{cases} \quad (4-28)$$

派克变换后等效电流方程为

$$\begin{cases} C_\mathrm{p} \dfrac{\mathrm{d}U_{Fd}}{\mathrm{d}t} = i_{1d} - \dfrac{U_{Fd} - U_{Ld}}{R} - \omega C'_\mathrm{p} U_{Fd} \\ C_\mathrm{p} \dfrac{\mathrm{d}U_{Fq}}{\mathrm{d}t} = i_{1q} - \dfrac{U_{Fq} - U_{Lq}}{R} + \omega C'_\mathrm{p} U_{Fq} \end{cases} \quad (4-29)$$

派克变换后电压经过线路后的等效电路方程为

$$\begin{cases} L'_\mathrm{p} \dfrac{\mathrm{d}i_d}{\mathrm{d}t} = U_{Ld} - U_d - \omega L'_\mathrm{p} i_{Lq} \\ L'_\mathrm{p} \dfrac{\mathrm{d}i_q}{\mathrm{d}t} = U_{Lq} - U_q + \omega L'_\mathrm{p} i_{Ld} \end{cases} \quad (4-30)$$

其中，i_{1d}、i_{1q} 为 i_{1a}、i_{1b}、i_{1c} 经过派克变换后的 d 轴和 q 轴分量，U_{1d}、U_{1q} 为 U_{1a}、U_{1b}、U_{1c} 经过派克变换后的 d 轴和 q 轴分量，U_{Fd}、U_{Fq} 为 U_{Fa}、U_{Fb}、U_{Fc} 经过派克变换后的 d 轴和 q 轴分量，U_{Ld}、U_{Lq} 为 U_{La}、U_{Lb}、U_{Lc} 经过派克变换后的 d 轴和 q 轴分量，i_d、i_q 为 i_a、i_b、i_c 经过派克变换后的 d 轴和 q 轴分量，U_d、U_q 为 U_a、U_b、U_c 经过派克变换后的 d 轴和 q 轴分量，L_p、C_p、L'_p 分别为星角变换后的滤波器电感、电容和线路电感值。

同步旋转坐标系中逆变器输出功率值通常为

$$\begin{cases} P = \dfrac{3}{2}(U_{Fd} i_{Fd} + U_{Fq} i_{Fq}) \\ Q = \dfrac{3}{2}(U_{Fd} i_{Fq} - U_{Fq} i_{Fd}) \end{cases} \quad (4-31)$$

选取派克变换中 d 轴与电压矢量同方向，可以使得 q 轴的电压分量为零，即取 $U_{Fq} = 0$ 可以实现逆变器有功功率和无功功率的解耦，可以得到

$$\begin{cases} P = \dfrac{3}{2}U_{Fd}i_{Fd} \\ Q = \dfrac{3}{2}U_{Fd}i_{Fq} \end{cases} \qquad (4-32)$$

4.4.3 控制方法

电力电子变换的主要任务是通过控制使电力电子系统完成既定的电能变换，并输出期望的电流、电压或功率。为克服系统参数变化或扰动对系统输出的影响，必须引入闭环控制，其典型的控制结构如图 4-33 所示。

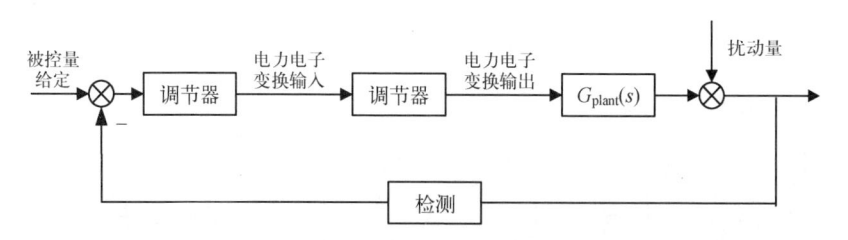

图 4-33 三相逆变器典型并网电路

电力电子系统的控制主要包括对给定信号的跟随（跟随性）和对扰动信号的抑制（抗扰性）两个方面。而对于不同的电力电子系统，其控制性能对跟随性和抗扰性的要求有所不同。

对于逆变器控制而言，其指令信号常为工频正弦信号，一般要求其输出信号实现对给定正弦信号的无静差控制。在闭环系统中，无静差控制这一目标通常是通过调节器的无静差调节来完成的，而调节器的无静差调节主要是由调节器的结构决定的。无静差原理控制是指被控对象稳态、无差地运行在平衡状态或跟踪某一目标信号上。

按照坐标系进行分类，可分为三相 abc 静止坐标系中的反馈控制、两相静止 $\alpha\beta$ 坐标系下的反馈控制和两相 dq 旋转坐标系下的反馈控制。基于同步旋转坐标的控制设计，是利用坐标变换将静止坐标系中的交流量变换成同步旋转坐标系下的直流量。在同步旋转坐标系中，为实现对直流给定信号的无静差控制，其控制环路中必须含有积分环节，一般采用典型的 PI 调节器实现。基于静止坐标系的控制设计，为实现对正弦给定信号的无静差跟随，则要求系统基于静止坐标系模型中的开环传递函数包含 $1/(s^2+\omega^2)$ 环节。一般采用比例谐振（PR）调节器。

$$G_{\mathrm{PR}}(s) = k_{\mathrm{p}} + \frac{k_{\mathrm{i}}s}{s^2 + \omega_0^2} \tag{4-33}$$

分布式电源系统主电路广泛采用由电容提供直流侧电压支撑的电压源型逆变器(voltage source inverter, VSI),但根据主要控制目标的不同可以划分为电压受控型逆变器(voltage-controlled inverter, VCI)和电流受控型逆变器(current-controlled inverter, CCI);而从分布式电源在网络中所发挥作用的角度看,也可以分别称作电网构建型变流器(即构网型变流器)和电网跟随型变流器(即跟网型变流器)[53]。并网逆变器的控制结构如图4-34所示。

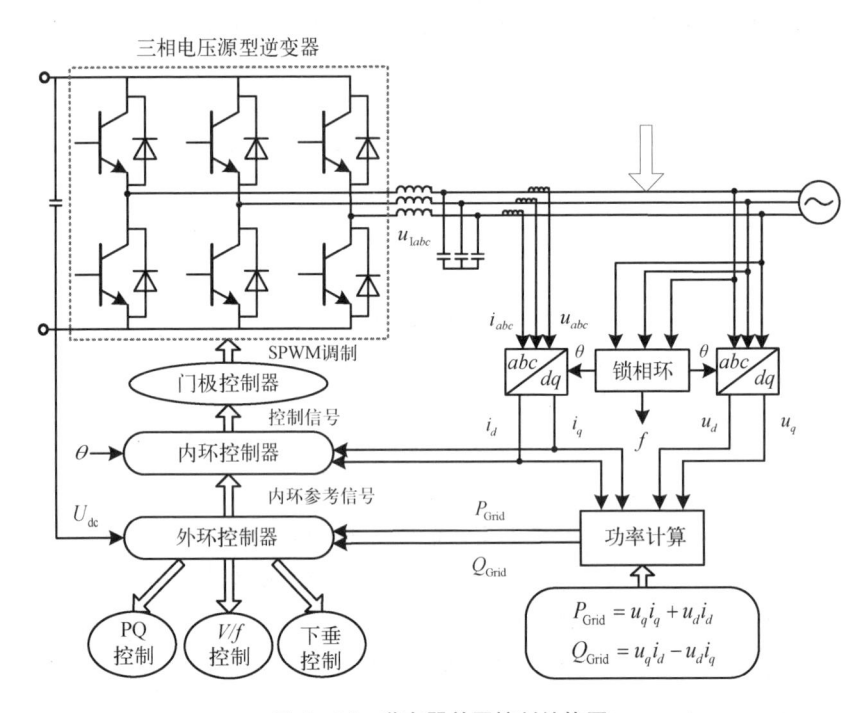

图4-34 逆变器并网控制结构图

1. 跟网型变流器控制方法

跟网型变流器通常采用锁相环技术,通过测量并网点(PCC)的相位信息,实现与电网的同步。其控制策略基于电流源特性,通过控制注入电网电流的幅值和相角来调节输出功率。跟网型变流器高度依赖电网状态,必须并网运行,自身无法独立构建电压和频率。在电网发生波动时,其输出电压和频率会跟随电网变化。由于依赖电网同步,跟网型变流器在电网故障或扰动时的响应速度可能受到限制。在弱电网或电网强度不足的情况下,其稳定性可能受到影响。

电网跟踪型变流器的输出功率跟随有功参考值 P^* 和无功参考值 Q^*,等效于一个电流源与很大的输出阻抗并联,因而也被称为恒功率(PQ)控制。采用这种控制方式的电源自身输出电压和基波频率不受控,所以无法独立运行,需要电网构建型电源或者大电网先提供母线电压支撑,再根据采样到的电压控制输出电流。在 dq 坐标系下的 PQ 控制框图如图 4-35 所示:由于系统的控制坐标系不再由自身产生,首先需要通过锁相环等方式获取母线电压的频率和相位信息,再据此计算电流参考值,通过将实际输出电流与参考值进行比较后送入 PI 调节器,实现对参考值的精确跟踪[54]。

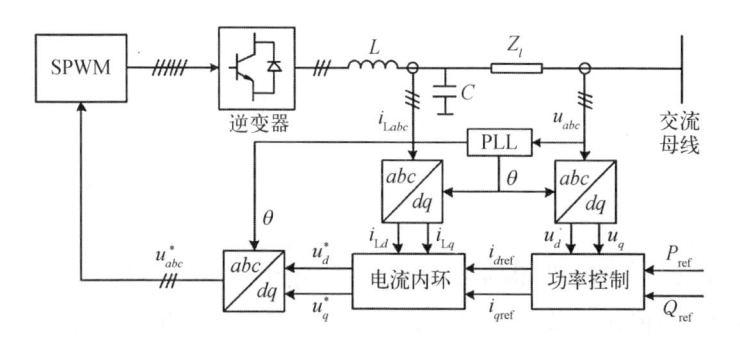

图 4-35 PQ 控制原理框图

依据系统动态模型构造电流闭环控制系统,可提高系统的动态响应速度和输出电流的波形品质,降低参数变化的敏感度,提高系统的鲁棒性。在直接电流控制前提下,如果以电网电压矢量进行定向,通过控制并网逆变器输出电流矢量的幅值和相位,便可控制并网逆变器的有功、无功功率,以此实现逆变器的并网控制。

两电平逆变器中,假设 U_{dc} 为直流侧电压,U_{sa}、U_{sb}、U_{sc} 为三相电网电压,i_a、i_b、i_c 为逆变器输出电流,L_s 为滤波电感。电网电压定向矢量控制就是将并网逆变器输出的三相交流电压和三相交流电流变换到旋转坐标系的 d 轴和 q 轴上,然后使电网电压矢量与 d 轴重合,由于电网电压不变,就可通过 i_d 和 i_q 间接控制并网的有功功率和无功功率。

根据基尔霍夫电压守恒定律可得式(4-34):

$$\frac{\mathrm{d}}{\mathrm{d}t}\begin{bmatrix} i_a \\ i_b \\ i_c \end{bmatrix} = \frac{1}{L}\begin{bmatrix} U_{ao} \\ U_{bo} \\ U_{co} \end{bmatrix} - \frac{1}{L}\begin{bmatrix} U_{sa} \\ U_{sb} \\ U_{sc} \end{bmatrix} \quad (4-34)$$

将式(4-34)变换到两相静止坐标系($\alpha\beta$)下,且将 A 相定向于 α 轴上,得到式(4-35)所示的状态空间方程:

$$\frac{d}{dt}\begin{bmatrix} i_\alpha \\ i_\beta \end{bmatrix} = \frac{1}{L}\begin{bmatrix} U_\alpha \\ U_\beta \end{bmatrix} - \frac{1}{L}\begin{bmatrix} U_{s\alpha} \\ U_{s\beta} \end{bmatrix} \quad (4-35)$$

将式(4-35)进行 Park 变换得到式(4-36)所示的状态方程:

$$\frac{d}{dt}\begin{bmatrix} i_d \\ i_q \end{bmatrix} = \begin{bmatrix} 0 & \omega \\ -\omega & 0 \end{bmatrix}\begin{bmatrix} i_d \\ i_q \end{bmatrix} + \frac{1}{L}\begin{bmatrix} U_d \\ U_q \end{bmatrix} - \frac{1}{L}\begin{bmatrix} U_{sd} \\ U_{sq} \end{bmatrix} \quad (4-36)$$

从而得到式(4-37)所示的控制方程:

$$\begin{cases} U_d = \left(K_P + \dfrac{K_I}{s}\right)(i_d^* - i_d) - \omega L i_q + U_{sd} \\ U_q = \left(K_P + \dfrac{K_I}{s}\right)(i_q^* - i_q) + \omega L i_d + U_{sq} \end{cases} \quad (4-37)$$

然后将式(4-37)获得的 U_d 和 U_q 反变换到 $\alpha\beta$ 轴上得到 u_α 和 u_β,再根据 PWM 调制发出控制功率开关管的通断的 PWM 脉冲,控制框图如图 4-36 所示。

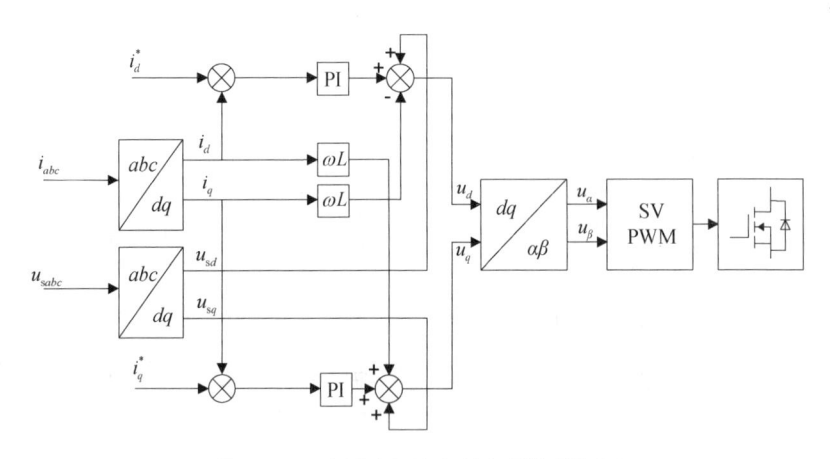

图 4-36 电网电压定向的矢量控制框图

2. 构网型变流器控制方法

构网型变流器采用与同步发电机类似的功率同步策略,通过调节输出电压的相角和幅值来调节输出的有功和无功功率。常见的控制策略包括下垂控制、虚拟同步发电机(VSG)控制等,这些策略使得构网型变流器能够模拟同步发电机的运行特性。构网型变流器具备独立构建电压和频率的能力,不依赖外部电网的相位信息。因此,它可以在孤网模式下运行,也可以在并网模式下为系统提供额外的电压和频率支撑。构网型变流器在系统发生扰动时能够迅速响应,通过改变输出电压和频率来调节系统功率平衡,从而增强电力系统的稳定性。辅以储能元件或预留备用容量时,构网型变流器还能为系统提供虚拟惯性和阻尼,进一步改善系统动态性能。由于构网型变流器不依赖电网同步信号,其响应速度通常比跟网型变流器更快。在电网故障或扰动发生时,构网型变流器能够迅速调整输出电压和频率,以支撑系统稳定运行。以下简要介绍几种常用的构网型控制策略。

1) V/f 控制

通过闭环控制,电网构建型变流器的输出电压跟随角频率参考值 ω^* 和幅值参考值 E^*,等效于一个电压源与很小的输出阻抗串联,因而也被称为恒压恒频(V/f)控制。采用这种控制方式的电源通常用于建立网络电压,在没有其他手段对其参考值进行精确控制的情况下,无法并网运行或多台并联运行,因此常用于孤岛模式下。以 dq 坐标系下的 V/f 控制为例,其框图如图 4-37 所示。通过将实际输出电压与参考值进行比较后送入比例积分控制器,可以实现对参考值的精确跟踪;同时,一般在其内部还需加入带宽更高的电流环,组成电压-电流双闭环控制,其目的在于通过对电感或者电容电流反馈来提高响应速度、提供阻尼和过流保护功能,以保证电压跟踪的快速性和稳定性。

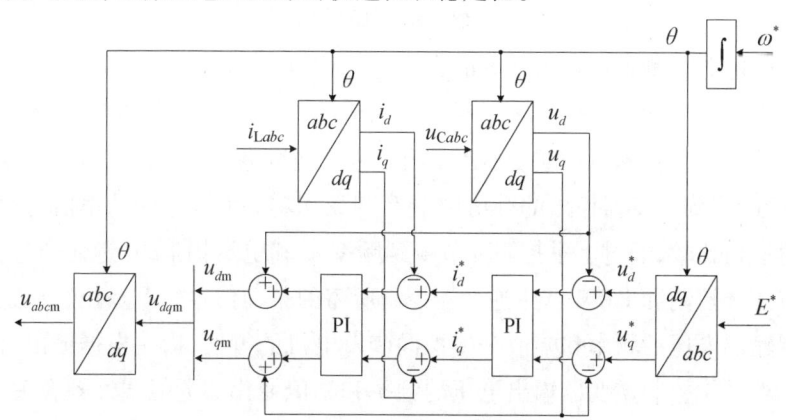

图 4-37　V/f 控制原理框图

2) 下垂控制

下垂控制是一种用于电力系统的控制策略,它模拟了传统同步发电机的下垂特性,通过检测并调整逆变电源的输出功率来实现电压和频率的稳定。下垂控制利用分布式电源输出有功功率和频率成线性关系而无功功率和电压幅值成线性关系的原理进行控制。例如，当分布式电源输出有功功率和无功功率分别增加时，分布式电源的运行点由 A 点向 B 点移动。该控制方法由于具有不需要分布式电源之间通信联系就能实施控制的潜力，所以一般用于对等控制策略中的分布式电源接口逆变器的控制。下垂控制原理如图 4-38 所示。

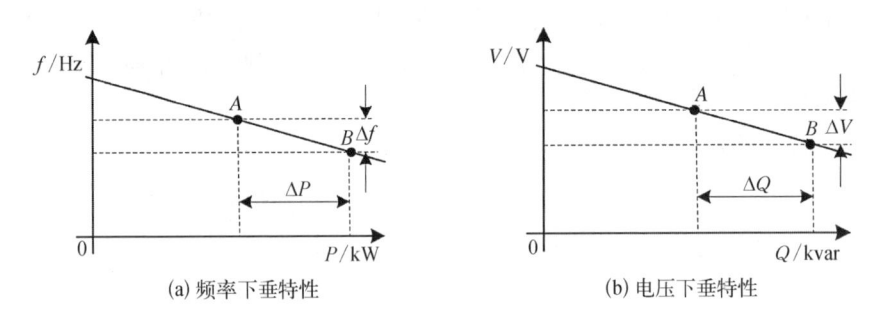

(a) 频率下垂特性　　　　(b) 电压下垂特性

图 4-38　逆变器下垂控制原理

根据下垂控制的基本原理：

$$\begin{cases} f = f_n - m(P - P_n), & 0 \leqslant P \leqslant P_{\max} \\ U = U_n - nQ, & Q_{\min} \leqslant Q \leqslant Q_{\max} \end{cases} \quad (4-38)$$

其中，m、n 均为下垂系数，即下垂特性图中的斜率。

逆变电源检测各自输出功率的大小，并对有功功率和无功功率进行解耦控制。根据下垂特性得到输出频率和电压幅值的参考值，从而合理分配系统的有功和无功。控制步骤包括逆变器测量模块采样输出电压、电流，进行坐标变换和功率计算，得到逆变器输出的有功功率 P 和无功功率 Q。这些功率值与给定的参考值进行比较，通过下垂控制环节得到频率 ω 和电压幅值 U，进而通过电压、电流双闭环控制和 PWM 产生逆变器控制所需的驱动信号。下垂控制通过控制逆变器输出电压的频率和幅值来模拟同步发电机的特性，构建根据输出有功功率和无功功率控制逆变器输出电压的频率和幅值变化的近似线性耦合关系，实现各并联逆变器间功率的合理分配。下垂控制的实现基于对等控制，该模式不需要通信且具有良好的动态性能，相对主从控制而言，能更加灵活地适应多种运行方式，有更高的可靠性；相对电压裕度控制而言，不易导致电压振荡。下垂控制常用于离网型逆变器，通过采用 $P-f$、$Q-u$ 来实现电压以及频率的支撑。在电压外环之外又增加了有功频率环与无功电压环，以提供电压和频率支持。下垂控制不需要集中控制器,简化了系统的设计和维护。同时,它能够自动调整以适应系统的变化,提高了系统的可靠性和稳定性。下垂控制原理框图如图 4-39 所示。

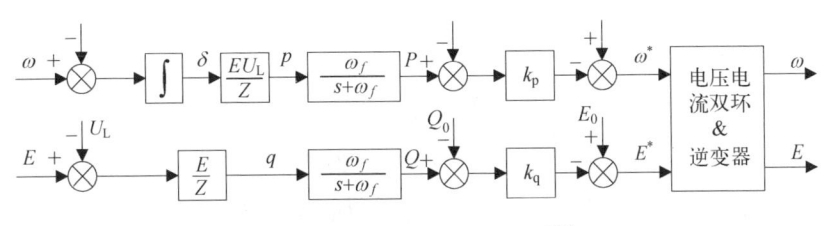

图 4-39　V/f 控制原理框图[55]

3) 基于改进分段动态的逆变器下垂控制

下垂系数越大,系统的动态响应越快,负载变化时能及时调整频率和电压,但系统的稳定性变差,稍有扰动即会导致频率和电压调节;下垂系数越小,系统的稳定性增强,不会因负载小幅度扰动造成频率或电压的跳变和跌落,但动态响应较慢,频率与电压的调整又不能及时适应负载的变化,据此介绍一种分段下垂控制策略,其基本思想如图 4-40 所示。

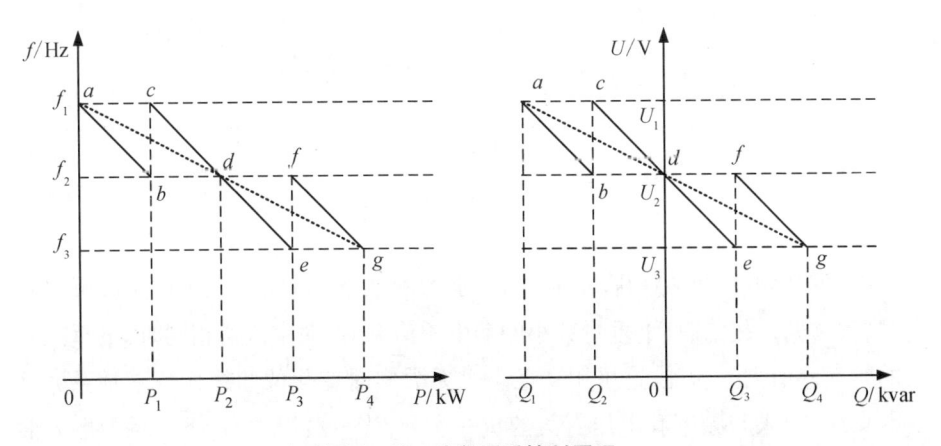

图 4-40　分段下垂控制原理

以有功-频率特性为例,系统初始运行在 a 点,如前所述在原始下垂控制策略中负载增加时系统沿着 ag 运动,而在改进的分段下垂控制策略中随着有功功率增大,系统沿着 ab 运动,当到达 b 点时,负载继续增大,则系统跳变至 ce 运动,当到达 e 点时,若负载继续增大,则系统跳变至 fg 运动,相当于设置了两个功率阈值,在阈值之间下垂系数不变,跨越阈值时能兼顾响应速度与稳定性的关系。

因此下垂控制的公式为

$$f = \begin{cases} f_1 - mP, & 0 \leq P \leq P_1 \\ f_1 - m(P - P_1), & P_1 \leq P \leq P_3 \\ f_1 - m(P - P_2), & P_3 \leq P \leq P_4 \end{cases} \quad (4-39)$$

$$U = \begin{cases} U_1 - n(Q - Q_1), & Q_1 \leq Q \leq Q_2 \\ U_1 - n(Q - Q_2), & Q_2 \leq Q \leq Q_3 \\ U_1 - nQ, & Q_3 \leq Q \leq Q_4 \end{cases} \quad (4-40)$$

下垂系数的大小除了包含对系统稳定性和响应速度的矛盾外,还有对频率和功率偏差的矛盾,容易导致功率分配不均、频率偏差过大,如图 4-41 所示。

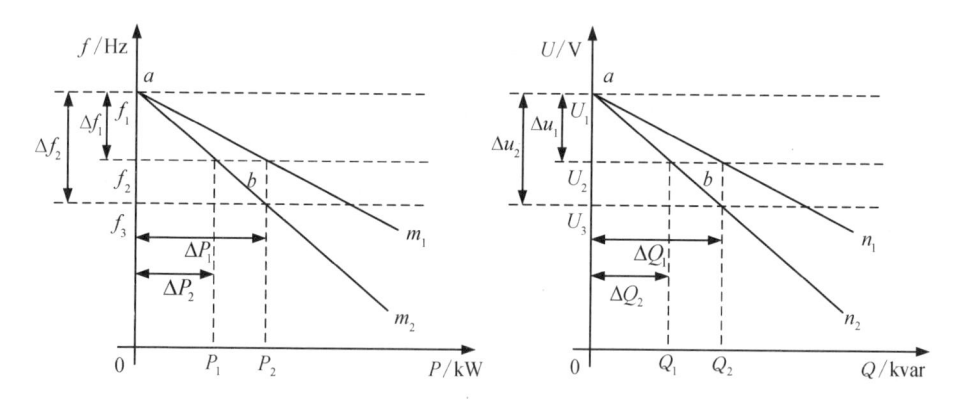

图 4-41 动态下垂控制原理

以有功-频率特性为例,m_1 和 m_2 分别为两条下垂系数不同的曲线,可以看出,当频率偏差相同时,下垂系数小的功率差值大;当功率差值相同时,下垂系数大的频率差值大。为此,这里用一条下垂系数实时变化的曲线代替下垂系数固定的直线,引入与频率和电压有关的负一次项,当负载增加时,下垂系数顺着曲线斜率减小,分担有功功率多的逆变器功率输出减小,分担有功功率少的逆变器功率输出增大,频率跌落降低。此时动态下垂特性表示为

$$\begin{cases} f = f_1 - m'(P - P_n)\dfrac{1}{f}, & 0 \leq P \leq P_{\max} \\ U = U_n - n'Q\dfrac{1}{U}, & Q_{\min} \leq Q \leq Q_{\max} \end{cases} \quad (4-41)$$

其中，m'、n'分别为动态的有功-频率和无功-电压下垂系数。

结合以上对下垂控制分段和动态的改进，新的下垂特性可以表示为

$$f = \begin{cases} f_1 - m'P\dfrac{1}{f}, & 0 \leqslant P \leqslant P_1 \\ f_1 - m'(P - P_1)\dfrac{1}{f}, & P_1 \leqslant P \leqslant P_3 \\ f_1 - m'(P - P_2)\dfrac{1}{f}, & P_3 \leqslant P \leqslant P_4 \end{cases} \quad (4-42)$$

$$U = \begin{cases} U_1 - n'(Q - Q_1)\dfrac{1}{U}, & Q_1 \leqslant Q \leqslant Q_2 \\ U_1 - n'(Q - Q_2)\dfrac{1}{U}, & Q_2 \leqslant Q \leqslant Q_3 \\ U_1 - n'Q\dfrac{1}{U}, & Q_3 \leqslant Q \leqslant Q_4 \end{cases} \quad (4-43)$$

第 5 章 交直流混合微电网仿真

根据 2.2 节交直流混合微电网系统方案设计,其运行模式分为并网模式、孤岛模式和任务模式。并网模式下,能源供给依靠市电,铝空燃料电池单元离网,供电网络由市电、光伏发电单元和蓄电池储能单元组成;孤岛模式下,依托柴油发电机组或其他分布式能源进行电力保障。本章主要针对并网及孤岛模式下分布式电源及微电网系统的控制策略进行研究和仿真。考虑到分区布设的能源保障体系中,不同区域分布式电源种类与架构配置相同,仅在蓄电池储能单元和铝空燃料电池单元容量及交直流负荷功率上存在差别,因此本章主要以 2.2 节所提方案中的 A 区域为例,对交直流混合微电网的运行控制进行仿真。

5.1 并网模式交直流混合微电网仿真分析

并网模式下,运行仿真主要分为市电、市电+光伏、市电+储能、市电+光伏+储能四种情况,四种情况主要依据系统负荷量、分布式电源或蓄电池健康状况、天气情况等进行选择。

5.1.1 市电下交直流混合微电网仿真分析

当采用市电供电时,交流母线直接并入电网为交流负荷供电,直流母线通过 DC/DC 和 DC/AC 变流器接受来自交流母线的电能,直流负荷连接到直流母线,在 DC/DC 控制器的作用下,直流母线电压维持在 28 V。

系统仿真关键参数如表 5-1 所示。

当 $t=1$ s 时,闭合交流负荷 ACLoad2 的开关,交流负荷有功功率由 30 kW 增大到 50 kW,无功功率由 5 kvar 增加到 7.5 kvar;$t=2$ s 时,断开交流负荷 ACLoad2 的开关,交流负荷有功和无功功率分别恢复到 30 kW 和 5 kvar;$t=3$ s 时,闭合直

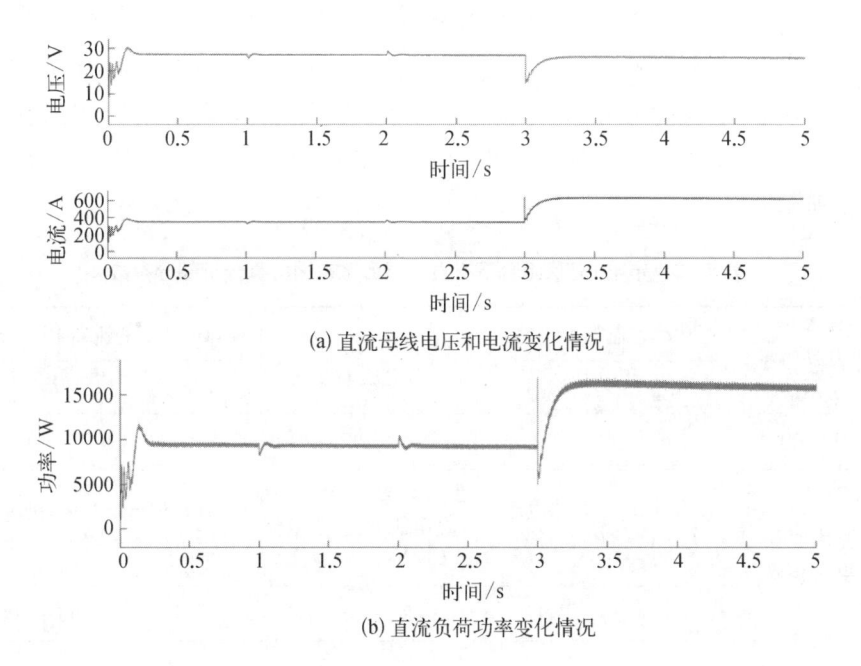

表 5-1 市电下交直流混合微电网仿真分析部分参数

电网参数	电网电压 V_m/V		电网频率 f_G/Hz		电网结构	
	380		50		Y_g	
滤波器参数	滤波电容 C_L/μF		滤波电感 L_L/μH		滤波电阻 R_L/Ω	
	20		600		0.004	
负荷参数	直流负荷 P_{DC}/kW		交流有功负荷 P_{AC}/kW		交流无功负荷 Q_{AC}/kvar	
	10, 5		30, 20		5, 2.5	
控制器载波频率 f_C/Hz	控制器 PI 参数		DC/DC 变流器参考电压 U_{Bus}/V		控制器 PI 参数	
	K_{AC_p}	K_{AC_I}			K_{DC_p}	K_{DC_I}
15 000	1	5	28		0.5	10

流负荷 DCLoad2 的开关,直流负荷功率由 10 kW 增大到 15 kW。此时,直流母线电压基本维持在 28 V,交流母线电压维持在 380 V,直流负荷变化时通过改变直流母线电流来保证功率匹配,交流负荷变化时通过改变交流母线电流来保证功率匹配。仿真结果如图 5-1 所示。

(a) 直流母线电压和电流变化情况

(b) 直流负荷功率变化情况

(c) 交流母线电压和电流变化情况

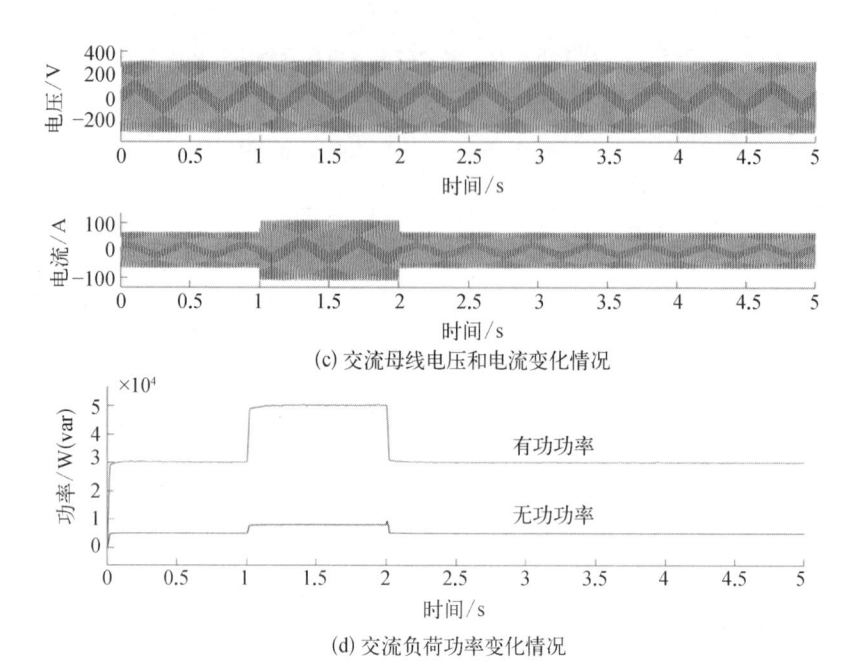

(d) 交流负荷功率变化情况

图 5-1　市电下交直流混合微电网仿真情况

5.1.2　市电+光伏组合下交直流混合微电网仿真分析

当采用市电和光伏组合供电时,光伏发电单元通过 DC/DC 接入直流母线,同时包含最大功率跟踪模块,直流母线与交流母线间通过 DC/DC 和 DC/AC 连接,光伏发电单元在并网时采用恒功率控制方式,交直流负荷与交直流母线分别连接。

电网、滤波器和负荷参数与市电模式下相同,其余系统仿真关键参数如表 5-2 所示。

表 5-2　市电+光伏组合下交直流混合微电网仿真分析部分参数

恒功率控制器载波频率 f_C/Hz	恒功率控制器 PI 参数		DC/DC 变流器参考电压 U_{Bus}/V	DC/DC 变流器 PI 参数	
	K_{AC_p}	K_{AC_I}		K_{DC_p}	K_{DC_I}
12 000	2.6	3.2	28	0.5	10
光伏发电单元参数	短路电流 I_{SC}/A	开路电压 U_{OC}/V	最大功率点电压 U_m/V	最大功率点电流 I_m/A	环境温度 /℃	光辐照度 /(W/m²)
	8.09	44	34.8	7.47	25	700—1 000

续　表

最大功率点跟踪参数	Boost电路电感 L_{PV}/mH	Boost电路电容 C_{PV}/μF	控制器 PI 参数 K_{PV_p}	控制器 PI 参数 K_{PV_I}	IGBT 内阻 R_{on}/Ω	IGBT 缓冲电阻 R_s/Ω
	10	300	1.5	0.2	0.001	100 000

仿真结果如图 5-2 所示。当 $t=1$ s 时，闭合交流负荷 ACLoad2 的开关，由于光伏并网时采用的是恒功率控制方式，同时恒功率控制器设定的有功功率参考值为 50 kW，无功功率参考值为 7.5 kW，因此当交流负荷变化时，系统的有功功率和无功功率通过调节交流母线电流和电压保持稳定，可以看到当交流负荷 ACLoad2 的开关闭合时，交流母线电压减小、电流增大，$t=2$ s 开关断开时又恢复到原始水平。$t=3$ s 时，闭合直流负荷 DCLoad2 的开关，直流负荷功率由 10 kW 增大到 15 kW，直流母线电压在 DC/DC 变流器的控制下维持在 28 V，通过增大电流达到直流负荷功率匹配。光伏发电单元中，$t=2$ s 时将光辐照度由 700 W/m^2 增加到 1 000 W/m^2，可以看到，光伏单元输出功率随着输出电流和电压的增大而增大。

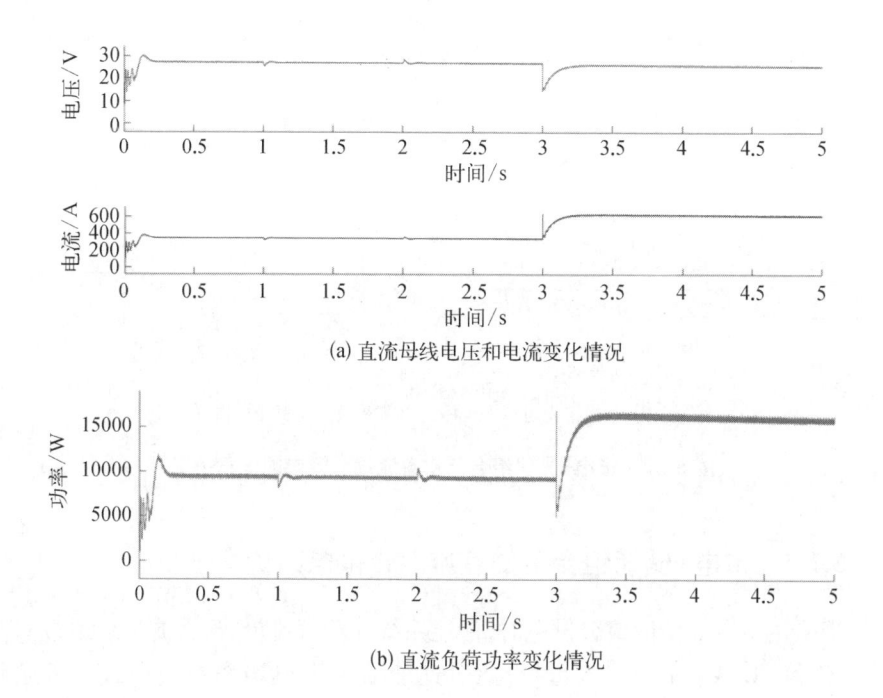

(a) 直流母线电压和电流变化情况

(b) 直流负荷功率变化情况

(c) 交流母线电压和电流变化情况

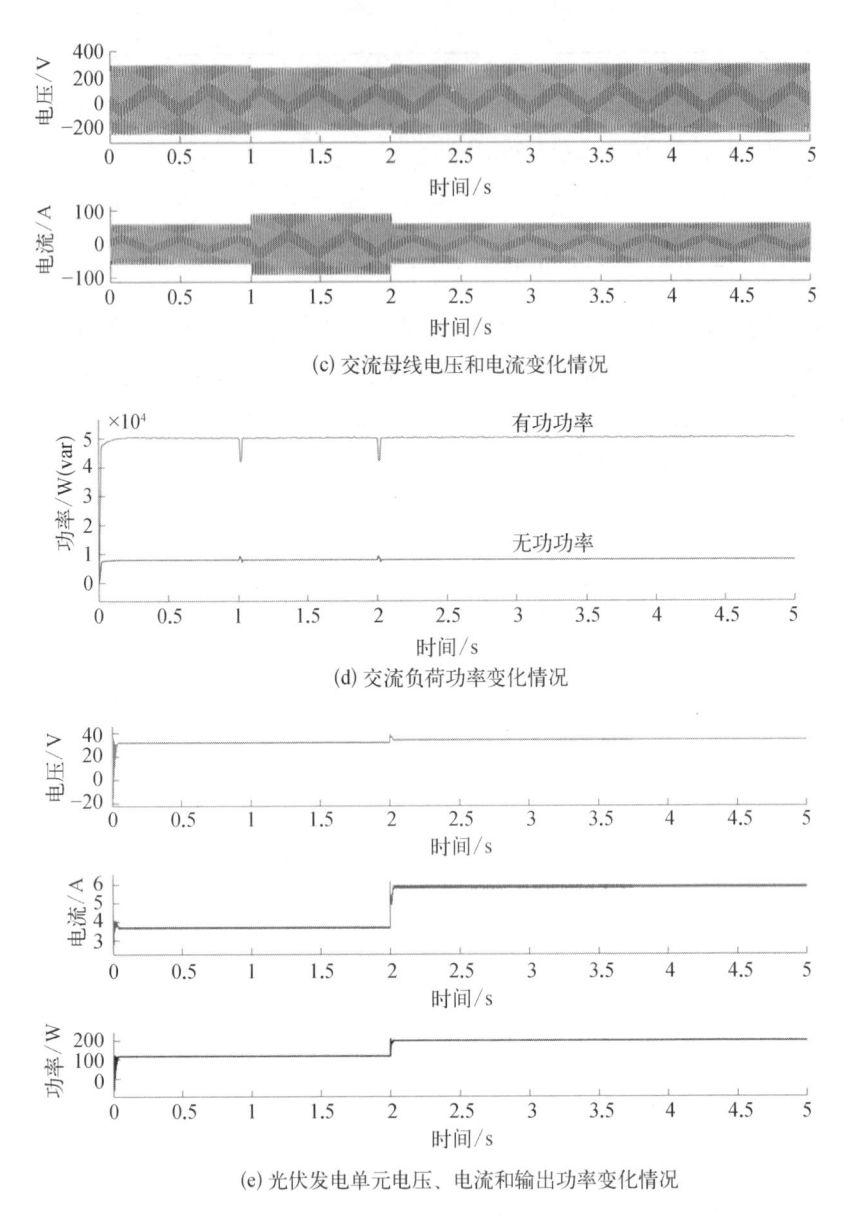

(d) 交流负荷功率变化情况

(e) 光伏发电单元电压、电流和输出功率变化情况

图 5-2 市电+光伏组合下交直流混合微电网仿真情况

5.1.3 市电+储能组合下交直流混合微电网仿真分析

当采用市电和储能组合供电时，储能系统连接直流母线，直流母线通过双向 DC/DC 和 DC/AC 连接交流母线，此时逆变器采用恒功率控制模式。考虑到

Simulink 中已经将蓄电池进行了较好集成，这里选用系统自带模块进行建模，既利于系统稳定，也有助于更好地达到仿真效果。电网、滤波器等参数与上一模式的相同，其余系统仿真关键参数如表 5-3 所示。

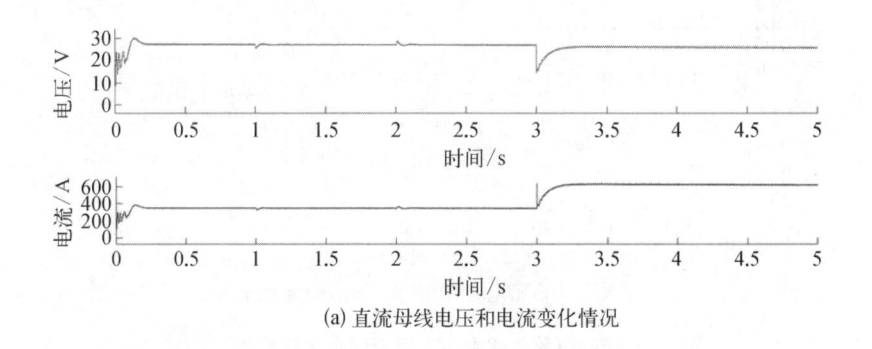

表 5-3 市电+储能组合下交直流混合微电网仿真分析部分参数

恒功率控制器载波频率 f_C/Hz	恒功率控制器 PI 参数		DC/DC 变流器参考电压 U_{Bus}/V	DC/DC 变流器 PI 参数	
	K_{AC_p}	K_{AC_I}		K_{DC_p}	K_{DC_I}
18 000	1.6	4	28	0.5	10

蓄电池储能单元参数	标称电压 U_{Bat}/V	额定容量 /Ah	初始 SOC /%	截止电压 U_{Bat_off}/V	完全充电电压 V_{Bat}/V	额定容量 /Ah
	28	200	70	21	30.486 8	208.333 3

仿真结果如图 5-3 所示。当 $t=1$ s 时，闭合交流负荷 ACLoad2 的开关，由于蓄电池并网时采用的是恒功率控制方式，同时恒功率控制器设定的有功功率参考值为 50 kW，无功功率参考值为 7.5 kW，因此当交流负荷变化时，系统的有功功率和无功功率通过调节交流母线电流和电压保持稳定，可以看到当交流负荷 ACLoad2 的开关闭合时，交流母线电压减小、电流增大，$t=2$ s 开关断开时又恢复到原始水平。$t=3$ s 时，闭合直流负荷 DCLoad2 的开关，直流负荷功率由 10 kW 增大到 15 kW，直流母线电压在 DC/DC 变流器的控制下维持在 28 V，通过增大电流达到直流负荷功率匹配。蓄电池储能单元的 SOC 一直在减小，当 $t=3$ s 直流负荷 DCLoad2 的开关闭合时，SOC 下降速率加快，同时其输出电流和电压相应做出变化。

(a) 直流母线电压和电流变化情况

(b) 直流负荷功率变化情况

(c) 交流母线电压和电流变化情况

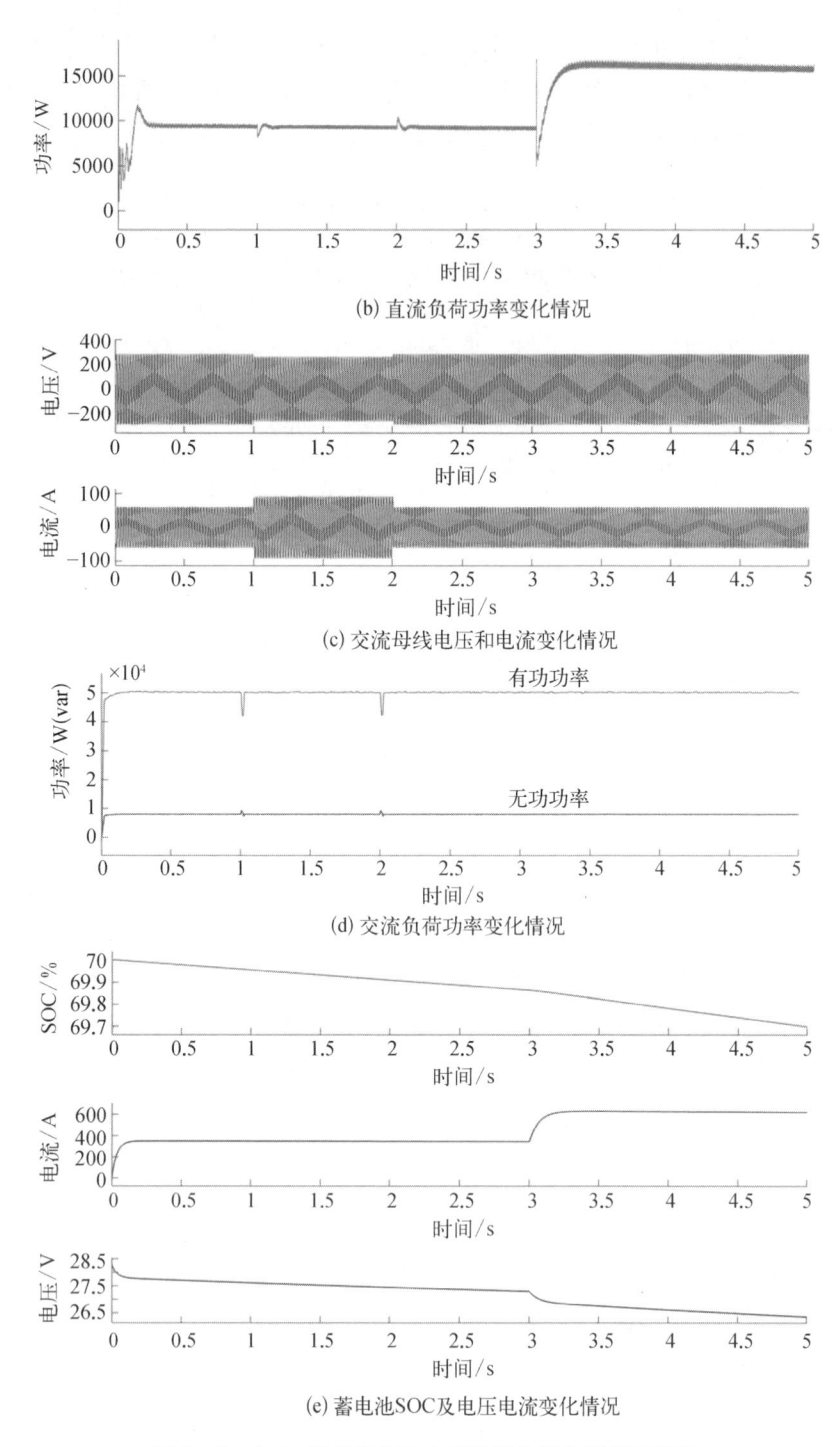

(d) 交流负荷功率变化情况

(e) 蓄电池SOC及电压电流变化情况

图 5-3 市电+储能组合下交直流混合微电网仿真情况

5.1.4 市电+储能+光伏组合下交直流混合微电网仿真分析

当采用市电、光伏和储能组合时,储能系统与光伏发电单元并列连接至直流母线,直流母线通过双向 DC/DC 和 DC/AC 连接交流母线,此时逆变器采用恒功率控制模式。

电网、滤波器和负荷等参数与上一模式相同,其余系统仿真关键参数如表 5-4 所示。

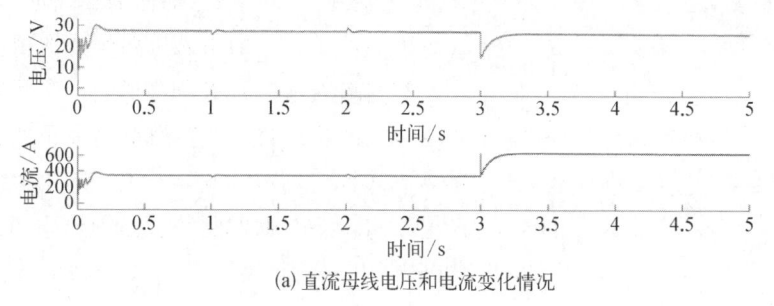

表 5-4 市电+储能+光伏组合下交直流混合微电网仿真分析部分参数

恒功率控制器载波频率 f_C/Hz	恒功率控制器 PI 参数 K_{AC_P}	K_{AC_I}	DC/DC 变流器参考电压 U_{Bus}/V	DC/DC 变流器 PI 参数 K_{DC_P}	K_{DC_I}
16 000	2	3.6	28	0.5	10

仿真结果如图 5-4 所示。当 $t=1$ s 时,闭合交流负荷 ACLoad2 的开关,蓄电池和光伏发电单元并联构成直流母线,并网时采用恒功率控制方式,控制器设定的有功功率参考值为 50 kW,无功功率参考值为 7.5 kW。当交流负荷变化时,系统的有功和无功功率通过调节交流母线电流和电压保持稳定。当交流负荷 ACLoad2 的开关闭合时,交流母线电压减小、电流增大;$t=2$ s 开关断开时,电压和电流又恢复到原来的水平;$t=3$ s 时,闭合直流负荷 DCLoad2 的开关,直流负荷功率由 10 kW 增大到 15 kW,直流母线电压在 DC/DC 变流器的控制下维持在 28 V,通过改变电流达到直流负荷功率匹配。蓄电池储能单元的 SOC 一直在减小,当 $t=3$ s 直流负荷 DCLoad2 的开关闭合时,其 SOC 下降速率加快,同时其输出电流和电压相应做出变化。光伏发电单元中,$t=2$ s 时将光辐照度由 700 W/m² 增加到 1 000 W/m²,由于蓄电池 DC/DC 变流器的调节作用,可以看到光伏单元输出功率随着输出电流的增大而增大,输出电压在切并负荷时短暂波动后迅速恢复到原来的水平。

(a) 直流母线电压和电流变化情况

(b) 直流负荷功率变化情况

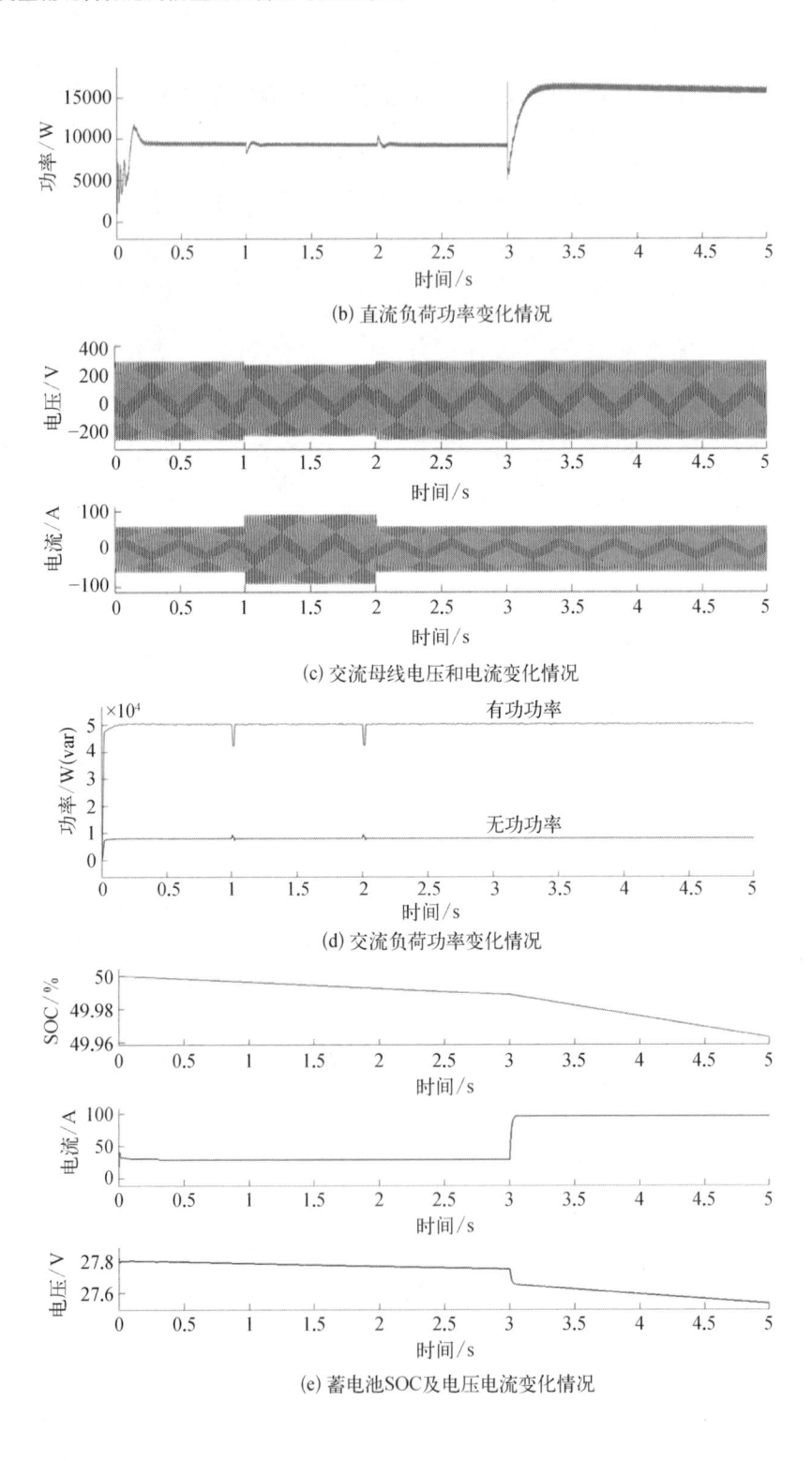

(c) 交流母线电压和电流变化情况

(d) 交流负荷功率变化情况

(e) 蓄电池SOC及电压电流变化情况

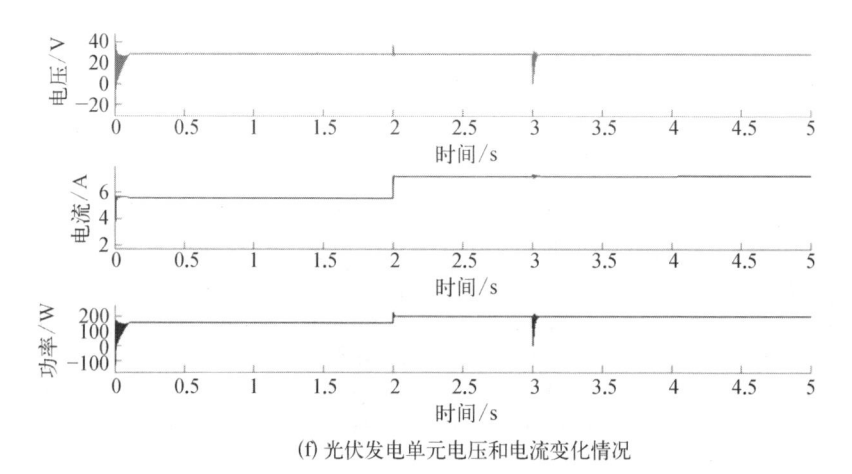

(f) 光伏发电单元电压和电流变化情况

图 5-4 市电+储能+光伏组合下交直流混合微电网仿真情况

5.2 离网模式交直流混合微电网仿真分析

孤岛模式是当市电出现故障时,仅采用分布式能源和储能系统进行供电的情况。此时根据区域负荷情况、天气、分布式能源健康状况及电能质量要求,主要分为柴油发电机组、储能、储能+光伏、储能+铝空、储能+光伏+铝空几种情况。

5.2.1 柴油发电机组下交直流混合微电网仿真分析

当采用柴油机组发电时,柴油机运行特性与并网运行时相似,柴油发电机组可以提供相对稳定的电能,保持母线电压和频率恒定,并可根据容量需求为交直流负荷供电。但由于柴油发电机组本身噪声、烟雾污染严重,故常用于光伏、风电等出力不足的情况下。系统仿真关键参数如表 5-5 所示。

表 5-5 柴油发电机组下交直流混合微电网仿真分析部分参数

柴油发电机组部分参数	额定电压 V_D/V		额定频率 f_D/Hz		额定功率 P_D/kW	
	400		50		60	
	电抗标幺值					
	X_d	X_d'	X_d''	X_q	X_q'	X_1
	1.560	0.296	0.177	1.060	0.177	0.052

续表

负荷参数	直流负荷 P_{DC}/kW	交流有功负荷 P_{AC}/MW	交流无功负荷 Q_{AC}/kvar	
	10, 5	0.3, 0.4	0, 0	

逆变器载波频率 f_C/Hz	逆变器 PI 参数		DC/DC 变流器参考电压 U_{Bus}/V	DC/DC 变流器 PI 参数	
	K_{AC_p}	K_{AC_I}		K_{DC_p}	K_{DC_I}
10 000	2	4	28	0.5	10

系统仿真结果如图 5-5 所示。首先通过设置柴油发电机组控制系统参数,这里转速和频率控制均采用标幺值。$t=0.8$ s 时,闭合交流负荷 ACLoad2 的开关,$t=1.8$ s 时,断开交流负荷 ACLoad2 的开关,可以看到系统有功功率随着交流母线电流的变化而变化,系统电压保持恒定,柴油发电机组的转速和频率在短暂波动后迅速恢复到设定值。$t=1.8$ s 时,闭合直流负荷 ACLoad2 的开关,直流负荷功率随着直流母线电流的变化而变化,直流母线电压基本保持不变。在控制系统的作用下,柴油发电机组的转速和频率基本保持恒定。

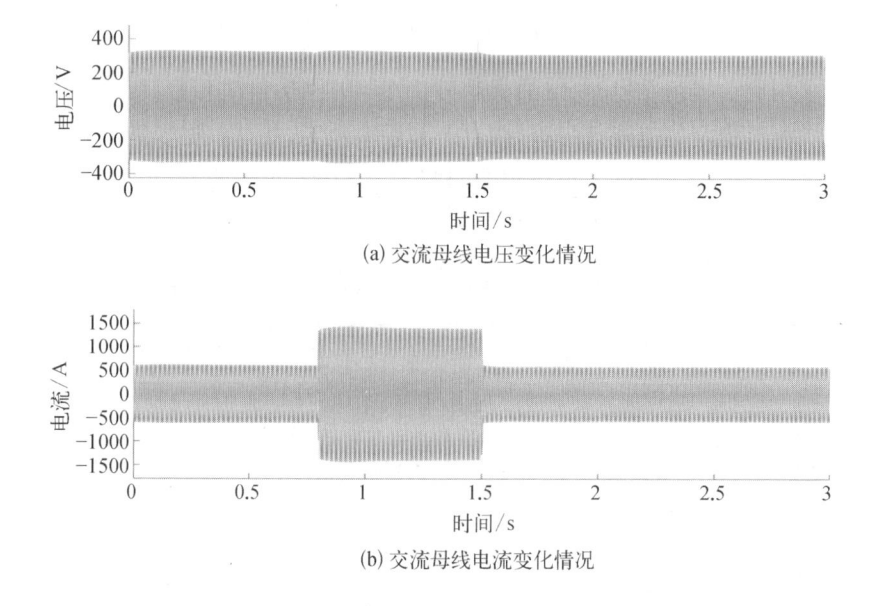

(a) 交流母线电压变化情况

(b) 交流母线电流变化情况

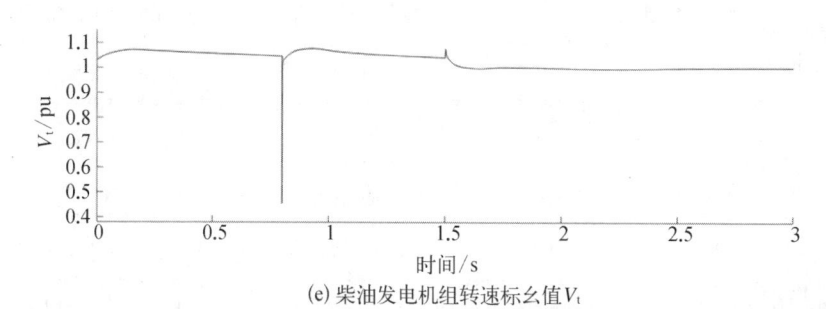

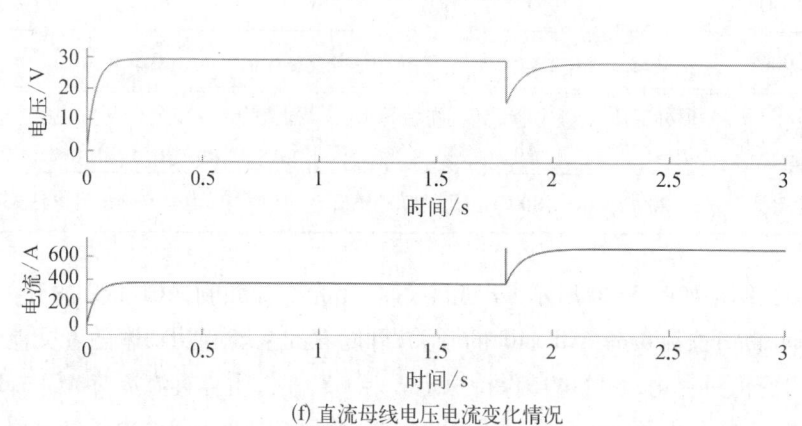

第 5 章 交直流混合微电网仿真 | 173

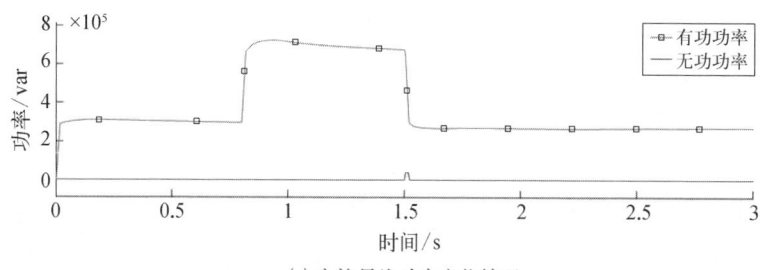

(c) 交流母线功率变化情况

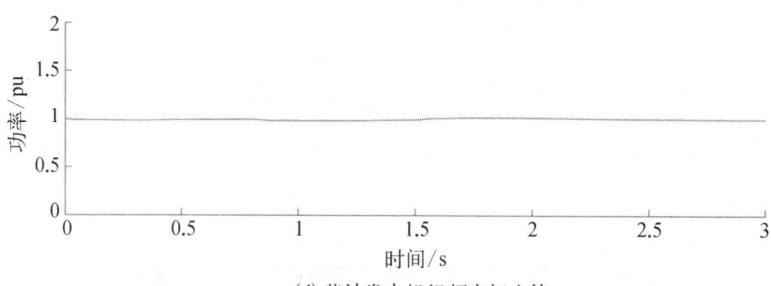

(d) 柴油发电机组频率标幺值

(e) 柴油发电机组转速标幺值 V_t

(f) 直流母线电压电流变化情况

(g) 直流负荷功率变化情况

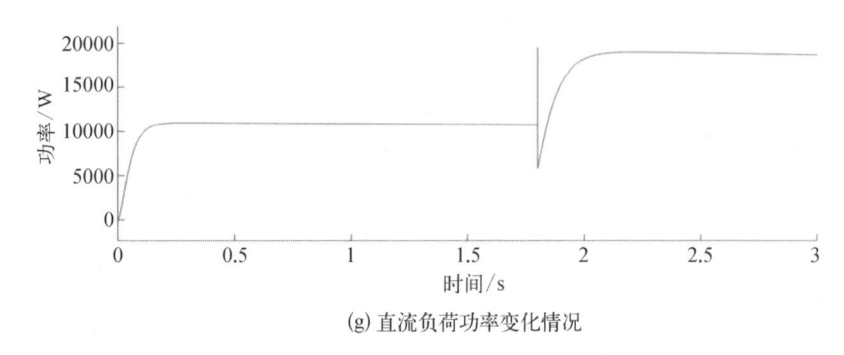

图 5-5 柴油发电机组下交直流混合微电网仿真情况

5.2.2 储能下交直流混合微电网仿真分析

当由储能系统单独供电时,其既要为直流负荷和交流负荷供电,同时也要维持交流母线电压和频率恒定。系统仿真关键参数如表 5-6 所示。

表 5-6 储能下交直流混合微电网仿真分析部分参数

滤波器参数	滤波电容 $C_L/\mu F$	滤波电感 $L_L/\mu F$	滤波电阻 R_L/Ω		
	20	600	0.004		
负荷参数	直流负荷 P_{DC}/kW	交流有功负荷 P_{AC}/kW	交流无功负荷 $Q_{AC}/kvar$		
	10, 5	30, 20	5, 2.5		
恒压恒频控制器载波频率 f_C/Hz	恒压恒频控制器 PI 参数		DC/DC 变流器参考电压 U_{Bus}/V	DC/DC 变流器 PI 参数	
	K_{AC_P}	K_{AC_I}		K_{DC_P}	K_{DC_I}
12 000	0.8	3.5	28	0.5	10
蓄电池储能单元参数	标称电压 V_{Bat}/V	额定容量/Ah	初始 SOC/%	截止电压 V_{Bat_off}/V	完全充电电压 V_{Bat}/V	额定容量/Ah
	200	800	70	150	246.987 6	843.333 3

仿真结果如图 5-6 所示。$t=0.8$ s 时,闭合交流负荷 ACLoad2 的开关,$t=1.8$ s 时,断开交流负荷 ACLoad2 的开关,可以看到系统有功功率随着交流母线电流的变化而变化,系统电压保持恒定。$t=1.8$ s 时,闭合直流负荷 ACLoad2 的开关,直流负荷功率随着直流母线电流的变化而变化,直流母线电压基本保持不

变。由于储能单元在并网时采用的是恒压恒频控制,交直流负荷变化时,交流母线的频率和电压基本保持恒定。

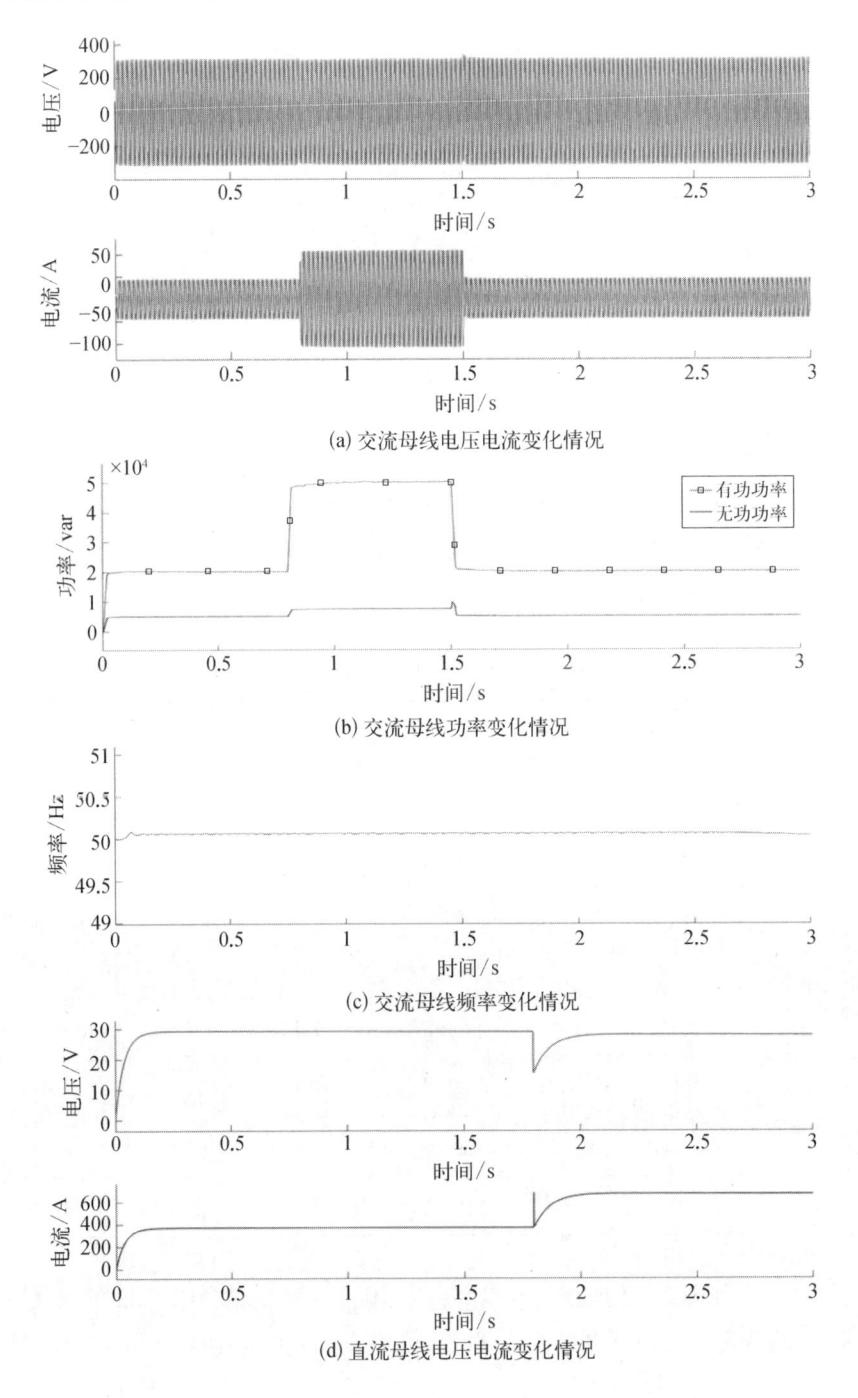

(a) 交流母线电压电流变化情况

(b) 交流母线功率变化情况

(c) 交流母线频率变化情况

(d) 直流母线电压电流变化情况

(e) 直流负荷功率变化情况

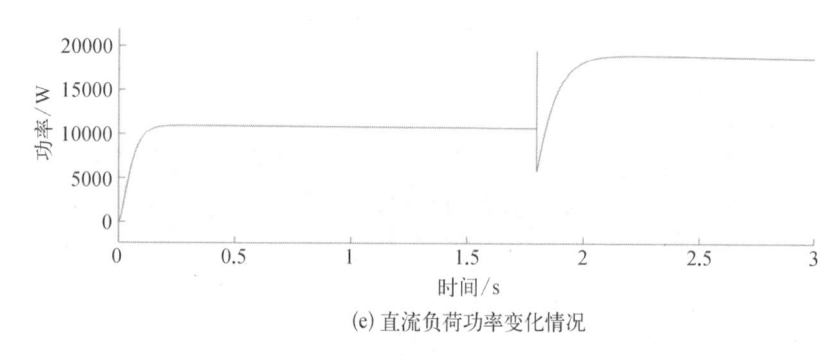

图 5-6 储能下交直流混合微电网仿真情况

5.2.3 储能+光伏组合下交直流混合微电网仿真分析

当采用储能+光伏组合供电时,储能系统并网采用恒压恒频控制策略维持母线电压和频率恒定,光伏发电单元并网采用恒功率控制,有功功率的参考值为其最大功率的跟踪值,两者共同为直流母线供电。滤波器、负荷等参数与上一模式相同,其余系统仿真关键参数如表 5-7 所示。

表 5-7 储能+光伏组合下交直流混合微电网仿真分析部分参数

恒功率控制器载波频率 f_C/Hz	恒功率控制器 PI 参数		DC/DC 变流器参考电压 U_{Bus}/V	DC/DC 变流器 PI 参数	
	K_{AC_p}	K_{AC_I}		K_{DC_p}	K_{DC_I}
15 000	1	5	28	0.5	10

光伏发电单元参数	短路电流 I_{SC}/A	开路电压 U_{OC}/V	最大功率点电压 U_m/V	最大功率点电流 I_m/A	环境温度 /℃	光辐照度 /(W/m^2)
	8.09	44	34.8	7.47	25	700—1 000

最大功率点跟踪参数	升压电路电感 L_{PV}/mH	升压电路电容 C_{PV}/μF	控制器 PI 参数		IGBT 内阻 R_{on}/Ω	IGBT 缓冲电阻 R_s/Ω
			K_{PV_p}	K_{PV_I}		
	10	300	1.5	0.2	0.001	100 000

仿真结果如图 5-7 所示。$t=0.8$ s 时,闭合交流负荷 ACLoad2 的开关,$t=1.8$ s 时,断开交流负荷 ACLoad2 的开关,可以看到系统有功功率随着交流母线

电流的变化而变化,系统电压保持恒定。$t=1.8$ s 时,闭合直流负荷 ACLoad2 的开关,直流负荷功率随着直流母线电流的变化而变化,直流母线电压基本保持不变。由于储能单元在并网时采用的是恒压恒频控制,交直流负荷变化时,交流母线的频率和电压基本保持恒定。光伏发电单元中,$t=2.2$ s 时,将光辐照度由 700 W/m^2 增加到 1 000 W/m^2,可以看到,光伏单元输出功率随着输出电流和电压的增大而增大。

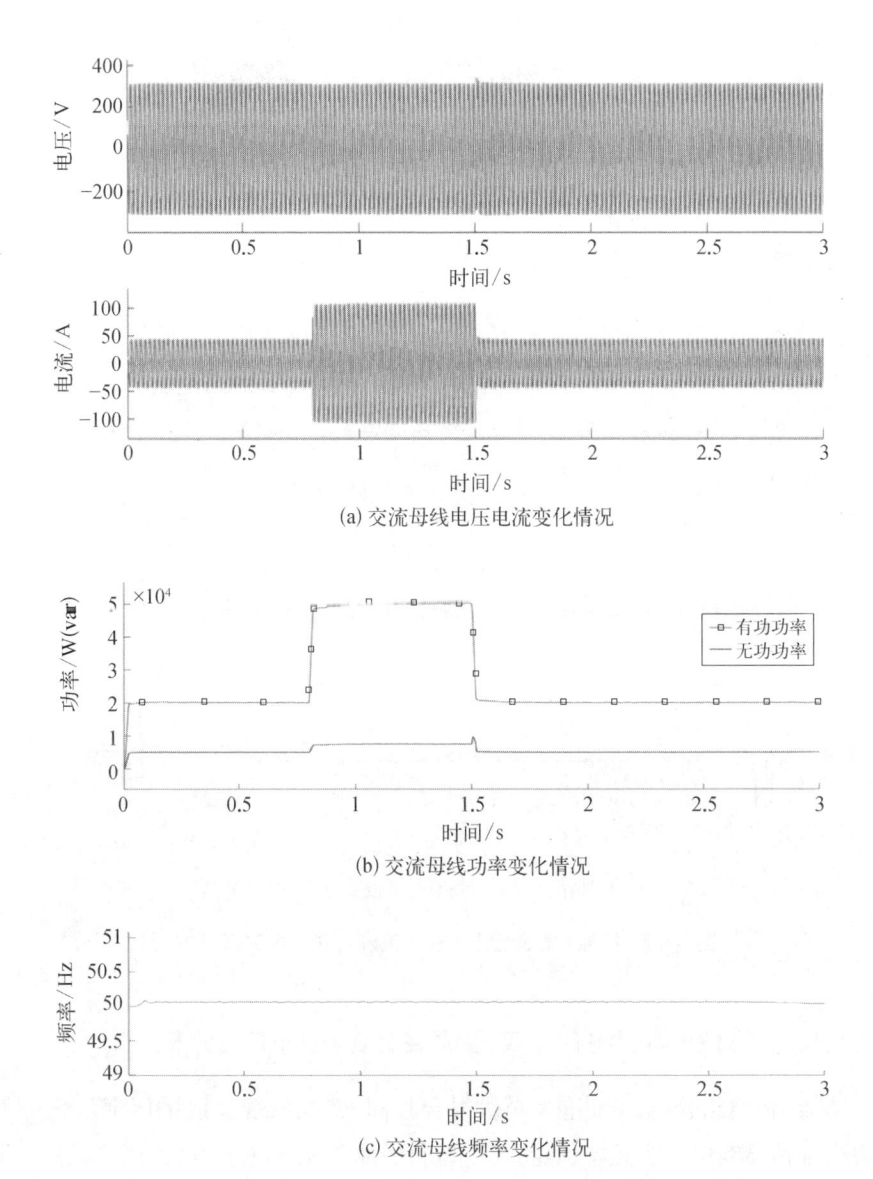

(a) 交流母线电压电流变化情况

(b) 交流母线功率变化情况

(c) 交流母线频率变化情况

(d) 直流母线电压电流变化情况

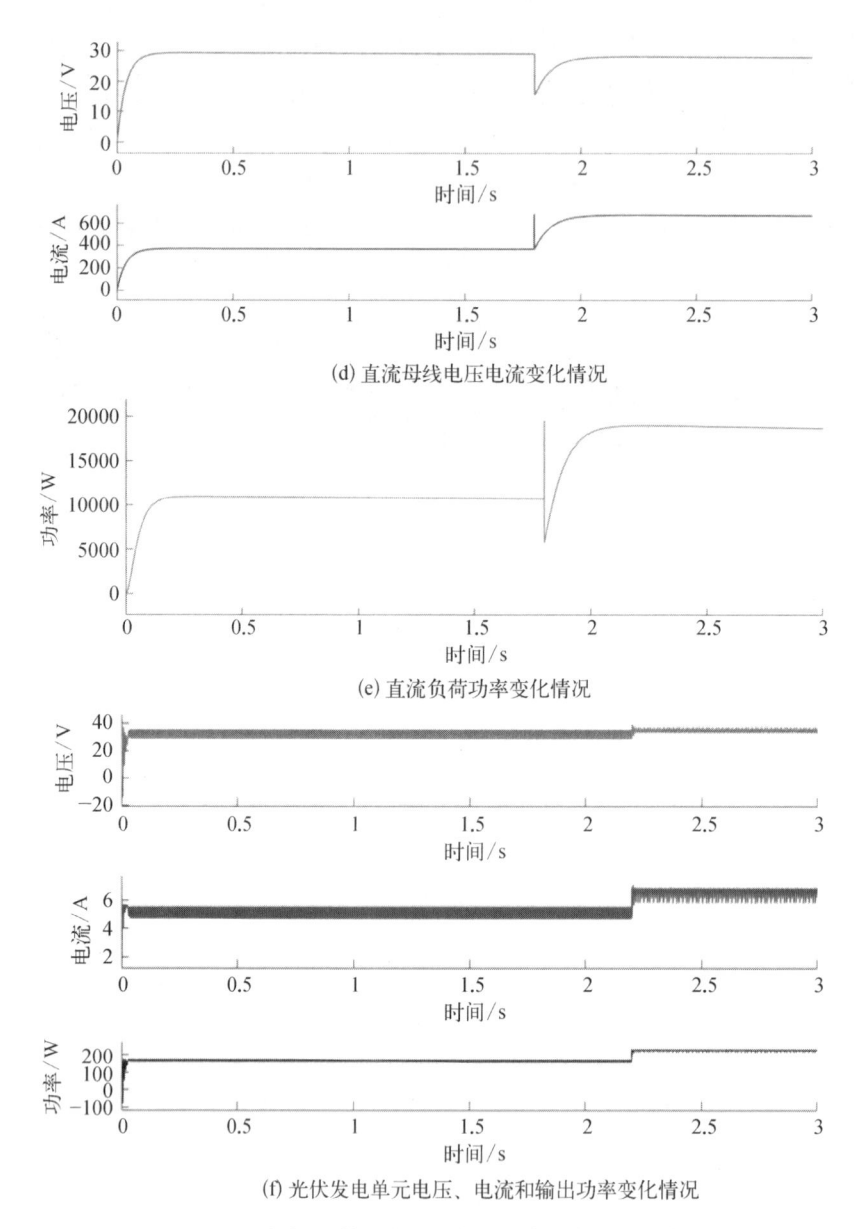

(e) 直流负荷功率变化情况

(f) 光伏发电单元电压、电流和输出功率变化情况

图 5-7 储能+光伏组合下交直流混合微电网仿真情况

5.2.4 储能+铝空组合下交直流混合微电网仿真分析

储能+铝空组合时,与储能+光伏组合相同,储能系统并网采用恒压恒频控制策略维持母线电压和频率恒定,铝空燃料电池单元并网采用恒功率控制,由于

铝空燃料电池单元在欧姆极化区也存在最大功率，因此有功功率的参考值为其最大功率的跟踪值，两者共同为直流母线供电。滤波器、负荷等参数与上一模式相同，其余系统仿真关键参数如表 5-8 所示。

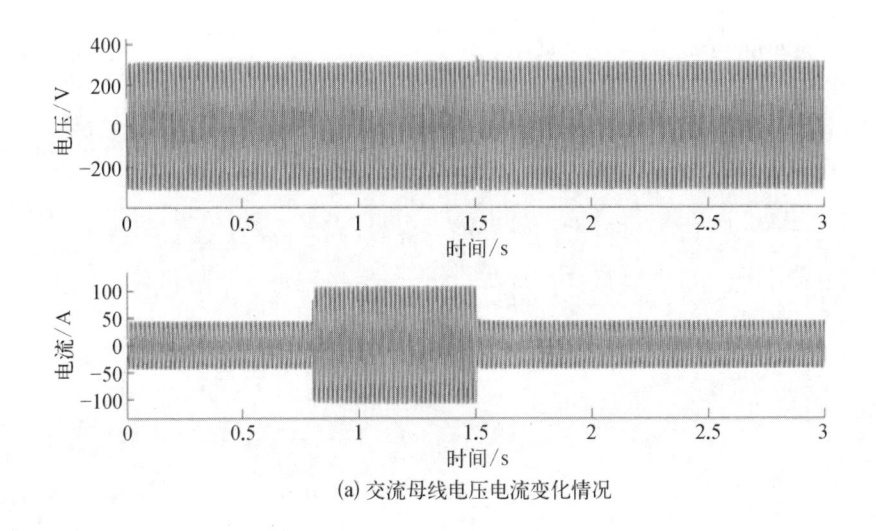

表 5-8 储能+铝空组合下交直流混合微电网仿真分析部分参数

铝空燃料电池单元参数	反应温度 T_{A_A}/K	有效反应面积 T_{A_A}/cm^2	开路电压反应压力增益 K_1	活化过电压乘积系数 K_2	欧姆过电压乘积系数 K_3	浓差过电压乘积系数 K_4
	353	50	8.5E-4	7.47E-3	6.29E-4	5.21E-3
铝空最大功率点跟踪参数	Boost 电路电感 L_{PV}/mH	Boost 电路电容 $C_{PV}/\mu H$	控制器 PI 参数 K_{PV_p}	K_{PV_I}	IGBT 内阻 R_{on}/Ω	IGBT 缓冲电阻 R_s/Ω
	22	325	0.9	1.1	0.001	80 000

仿真结果如图 5-8 所示。$t=0.8$ s 时，闭合交流负荷 ACLoad2 的开关，$t=1.8$ s 时，断开交流负荷 ACLoad2 的开关，可以看到系统有功功率随着交流母线电流的变化而变化，系统电压保持恒定。$t=1.8$ s 时，闭合直流负荷 ACLoad2 的开关，直流负荷功率随着直流母线电流的变化而变化，直流母线电压基本保持不变。由于储能单元在并网时采用的是恒压恒频控制，交直流负荷变化时，交流母线的频率和电压基本保持恒定。铝空发电单元输出功率随着输出电流和电压的增大而增大。

(a) 交流母线电压电流变化情况

(b) 交流母线功率变化情况

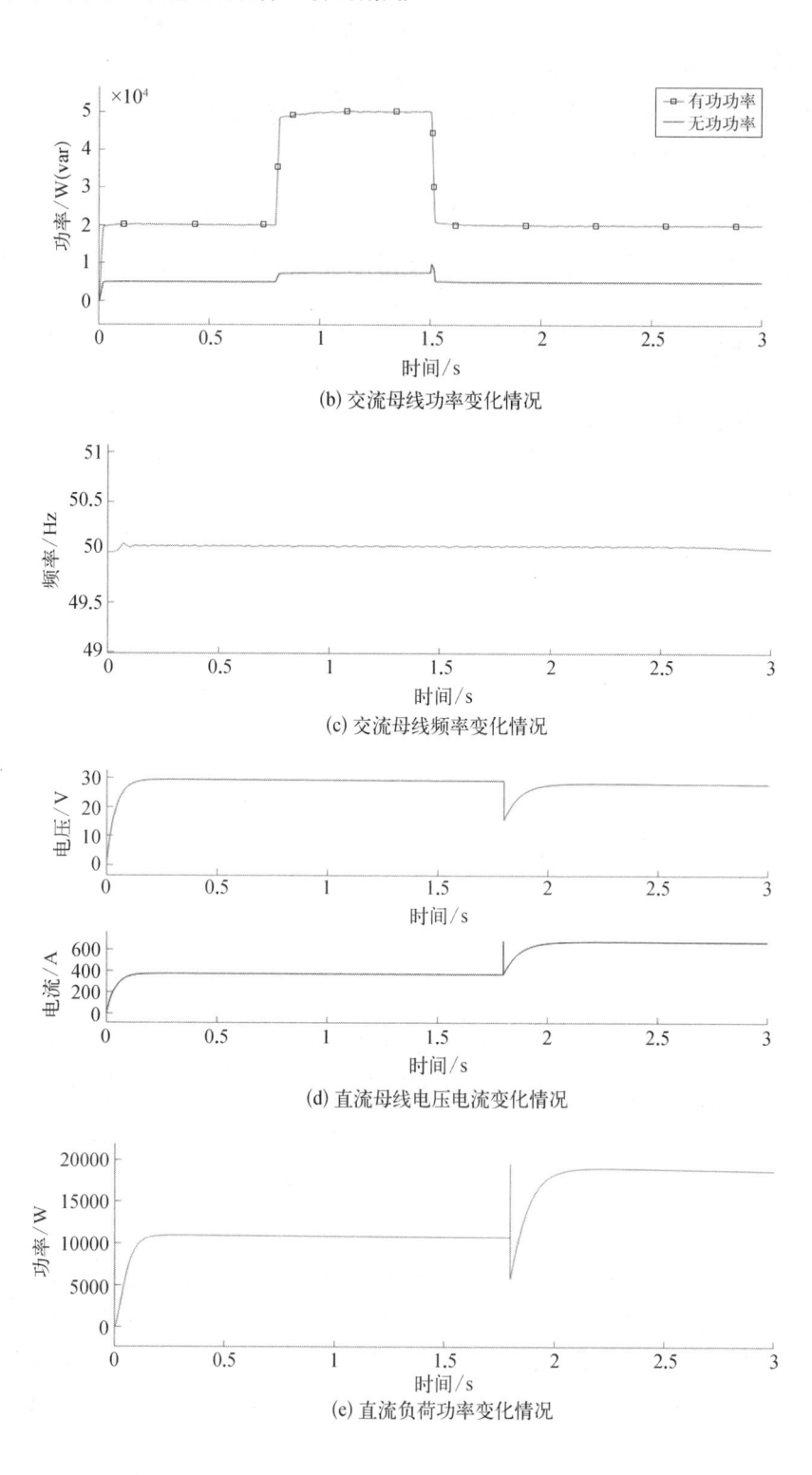

(c) 交流母线频率变化情况

(d) 直流母线电压电流变化情况

(e) 直流负荷功率变化情况

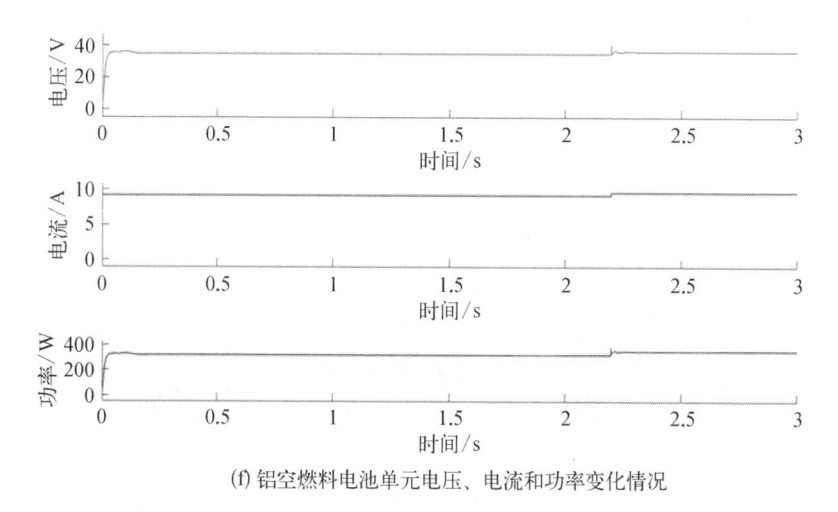

(f) 铝空燃料电池单元电压、电流和功率变化情况

图 5-8　储能+铝空组合下交直流混合微电网仿真情况

5.2.5　储能+光伏+铝空组合下交直流混合微电网仿真分析

储能+光伏+铝空组合时,结合了光伏+铝空组合的特点,储能系统并网采用恒压恒频控制策略维持母线电压和频率恒定,铝空燃料电池单元和光伏发电单元并网采用恒功率控制,由于铝空燃料电池单元在欧姆极化区也存在最大功率,因此有功功率的参考值为其最大功率的跟踪值,共同为直流母线供电。系统仿真关键参数如表 5-9 所示。

表 5-9　储能+光伏+铝空组合下交直流混合微电网仿真分析部分参数

恒压恒频控制器载波频率 f_c/Hz	恒压恒频控制器 PI 参数		DC/DC 变流器参考电压 U_{Bus}/V	DC/DC 变流器 PI 参数	
	K_{AC_p}	K_{AC_I}		K_{DC_p}	K_{DC_I}
12 000	0.8	3.5	28	0.5	10
恒功率控制器载波频率 f_c/Hz	恒功率控制器 PI 参数		DC/DC 变流器参考电压 U_{Bus}/V	DC/DC 变流器 PI 参数	
	K_{AC_p}	K_{AC_I}		K_{DC_p}	K_{DC_I}
15 000	1	5	28	0.5	10

仿真结果如图 5-9 所示。$t=0.8$ s 时,闭合交流负荷 ACLoad2 的开关,$t=1.8$ s 时,断开交流负荷 ACLoad2 的开关,可以看到系统有功功率随着交流母线

电流的变化而变化,系统电压保持恒定。$t=1.8\text{ s}$ 时,闭合直流负荷 ACLoad2 的开关,直流负荷功率随着直流母线电流的变化而变化,直流母线电压基本保持不变。由于储能单元在并网时采用的是恒压恒频控制,交直流负荷变化时,交流母线的频率和电压基本保持恒定。铝空燃料电池单元和光伏发电单元输出功率随着输出电流和电压的增大而增大。

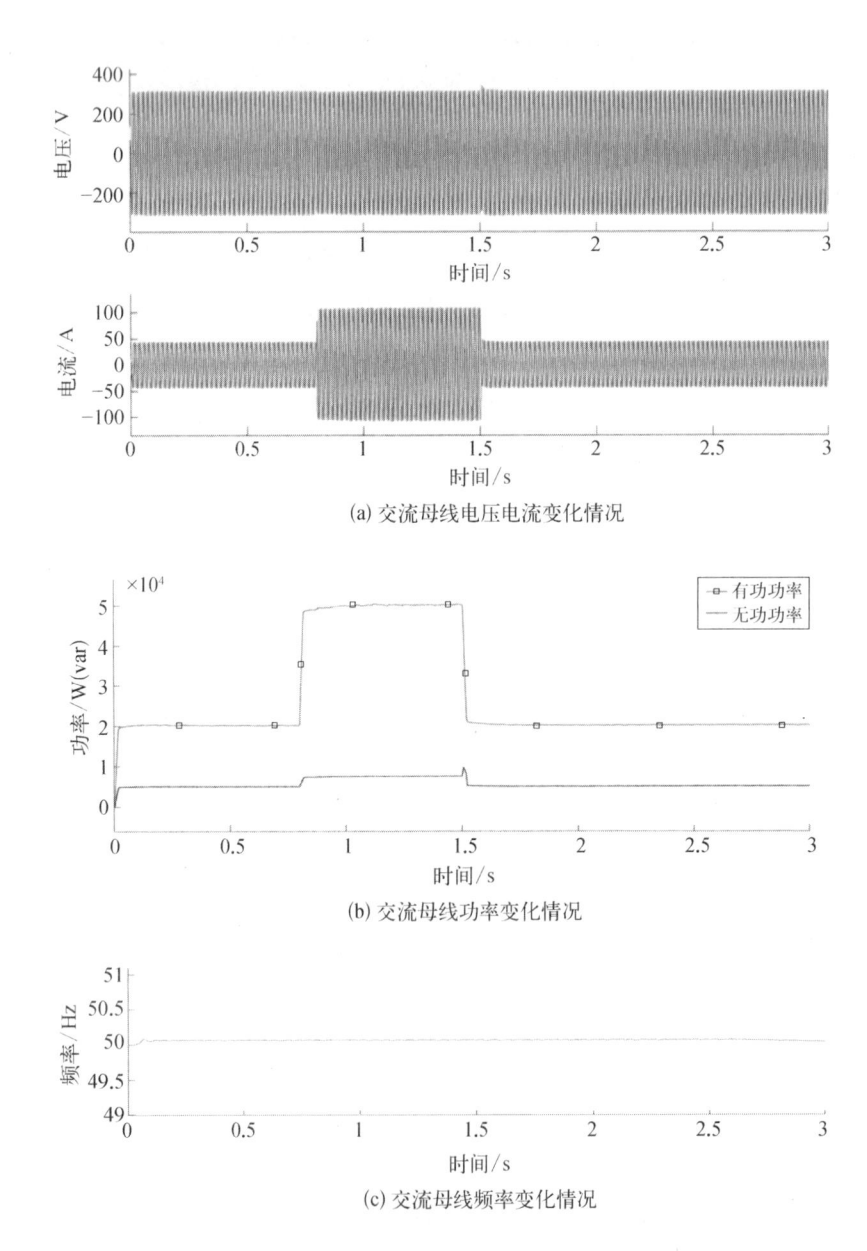

(a) 交流母线电压电流变化情况

(b) 交流母线功率变化情况

(c) 交流母线频率变化情况

(d) 直流母线电压电流变化情况

(e) 直流负荷功率变化情况

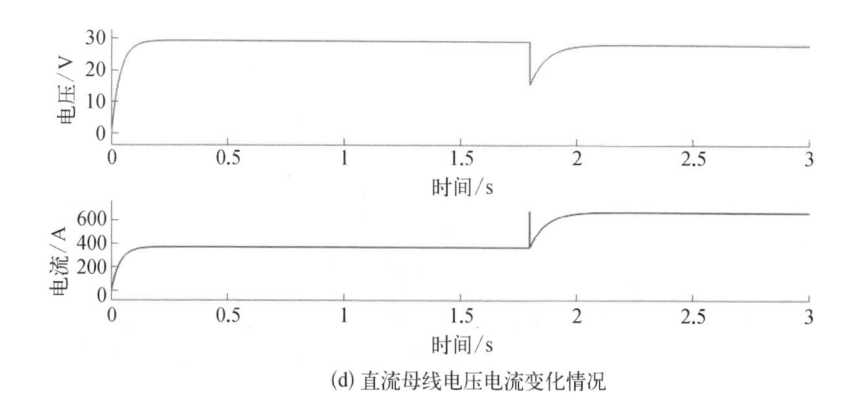

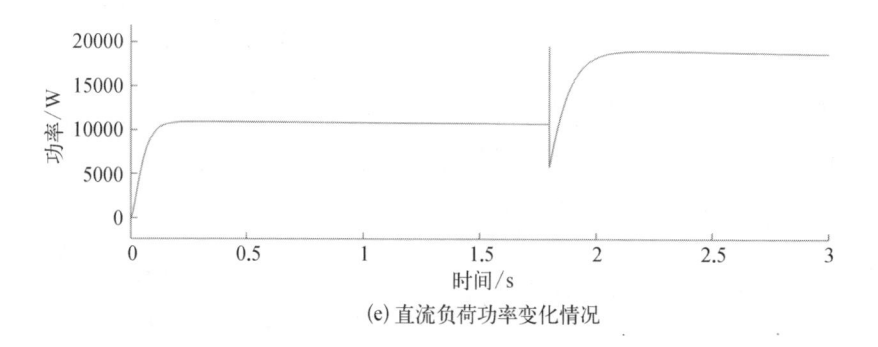

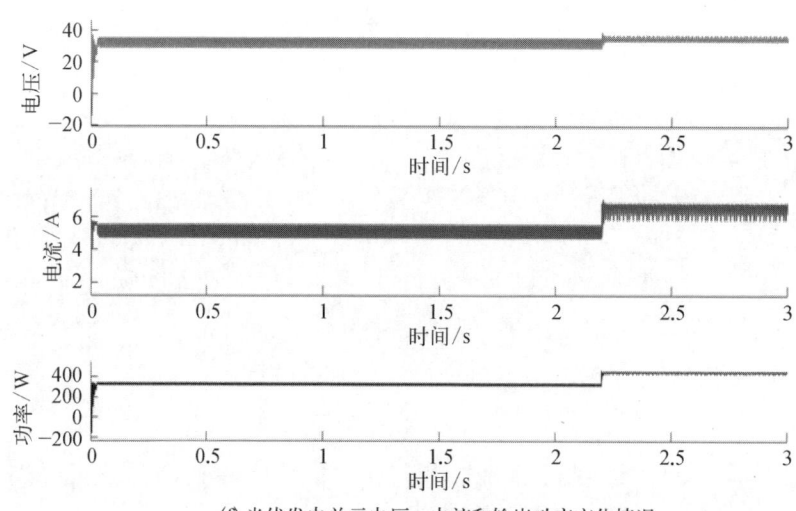

(f) 光伏发电单元电压、电流和输出功率变化情况

(g) 铝空燃料电池单元电压、电流和功率变化情况

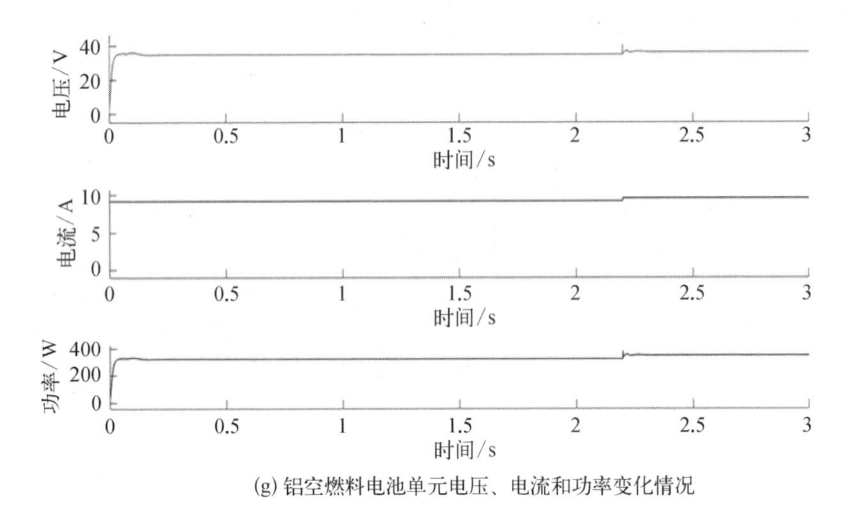

图 5-9　储能+光伏+铝空组合下交直流混合微电网仿真情况

第 6 章

交直流混合微电网关键单元控制策略及仿真

在交直流混合微电网中，双向 DC/AC 变流器作为核心设备之一，承担着直流电能与交流电能相互转换的重任，其控制性能直接影响到整个微电网的稳定运行和电能质量。本章将围绕交直流混合微电网中的双向 DC/AC 变流器控制技术展开深入探讨。首先简要介绍双向 DC/AC 变流器的基本工作原理及控制方法，然后对双向 DC/AC 变流器的数学模型进行构建，最后向读者介绍一种基于改进谐振抑制的逆变器恒压恒频控制策略和基于改进逆变器输出电压直接控制的恒功率控制策略。

6.1 交直流混合微电网双向 DC/AC 变流器控制

双向 DC/AC 变流器，也称为逆变器，是一种电力电子设备，能够将直流电转换为交流电，并且这种转换是双向的，意味着它同样能够将交流电转换回直流电。双向 DC/AC 变流器主要由以下几部分组成：① 输入直流电源，提供稳定的直流电压和电流；② 逆变器电路，为变流器的核心部分，包括高频开关元件（如 MOSFET 或 IGBT）、滤波电容、电感等，负责将直流电转换为交流电；③ 控制电路，实现对开关元件的开关速度和时序的精确控制，以确保输出电压和电流的稳定性和波形质量。

当双向 DC/AC 变流器运行于逆变模式下，当直流电压加在逆变器电路的开关元件上时，控制电路会控制这些开关元件按一定的频率和占空比交替导通和关断；通过这种高频开关动作，直流电源电压被斩波成一系列脉冲电压；这些脉冲电压随后经过滤波电路（包括电容和电感）的平滑处理，形成接近正弦波的交流电压输出；输出电压的频率和幅值可以通过调整开关元件的开关频率和占空比来控制。双向 DC/AC 变流器运行于整流模式时的运行原理与逆变模式类似，不再赘述。

在并网模式和孤岛模式下,双向 DC/AC 变流器控制方法有所不同,下面分别进行说明。

1. 并网模式下的控制方法

在并网模式下,双向 DC/AC 变流器主要负责将直流电能转换为交流电能,并注入电网中。此时,变流器的控制目标通常包括维持直流侧电压稳定、实现功率的双向流动,以及保持与电网的同步运行等。具体的控制方法可能包括以下几个方面:

(1) 直流侧电压控制。通过外环控制(如 PI 控制)来维持直流侧电压在设定值附近波动,确保直流电源的稳定输出。

(2) 功率控制。实现功率的双向流动,即能够根据电网需求和直流侧电源状态,灵活地调整变流器的工作模式(整流或逆变),以及控制功率的大小和方向。

(3) 并网同步控制。采用锁相环等技术来跟踪电网的电压和频率,确保变流器输出的交流电能与电网同步,避免并网时产生冲击电流。

(4) 下垂控制(可选)。在一些设计中,可能会采用下垂控制(如 $P-f$ 下垂控制和 $Q-U$ 下垂控制)来保持电网的频率和电压稳定。$P-f$ 下垂控制用于控制有功功率,以保持电网频率稳定;$Q-U$ 下垂控制用于控制无功功率,以保持电网电压稳定。

(5) 预同步控制。在微电网由离网模式切换到并网模式时,需要进行预同步控制,使并网开关两侧的电压幅值、相位和频率同步,以实现平滑无冲击并网。

2. 孤岛模式下的控制方法

在孤岛模式下,双向 DC/AC 变流器需要维持微电网内部的电压和频率稳定,确保微电网能够独立于大电网运行。此时,变流器的控制方法包括以下几个方面:

(1) 电压和频率控制。通过外环控制策略来维持微电网内部交流母线的电压和频率在设定值附近波动。这通常涉及对变流器输出电压的幅值和相位的精确控制。

(2) 功率平衡控制。监测微电网内部负载和分布式电源(如光伏、风电等)的功率变化,通过调整变流器的工作模式和输出功率来维持微电网内部的功率平衡。

(3) 孤岛检测与保护。在孤岛模式下,需要实时监测电网状态,一旦检测到电网恢复供电,应及时将微电网与大电网重新同步并网,或者安全地将微电网从孤岛状态切出。

(4) 协调控制。与微电网内的其他分布式电源和储能设备进行协调控制,共同维持微电网的稳定运行。例如,与蓄电池储能系统协调控制,以平抑功率波动和维持电压稳定。

6.2 双向 DC/AC 变流器建模

双向 DC/AC 变流器位于混合微电网的交直流母线之间,用于实现功率流动和直流母线电压控制,根据功率流动方向工作在整流或逆变状态,通过施加一定的控制策略,达到以下控制效果:① 维持直流母线电压稳定;② 直流母线上光伏发电单元功率盈余时,在不影响交流母线电压和频率稳定的前提下,向交流母线传输功率;③ 在市电检修或故障时,提供交流微电网的参考电压和频率。根据交直流负荷及分布式电源特性,双向 DC/AC 变流器的拓扑采用三相半桥电压源型变流器结构,由 6 个开关管 S1、S2、S3、S4、S5、S6 组成,为重点分析其控制过程,这里的开关管均视为忽略损耗过程的理想开关管。其结构如图 6-1 所示。

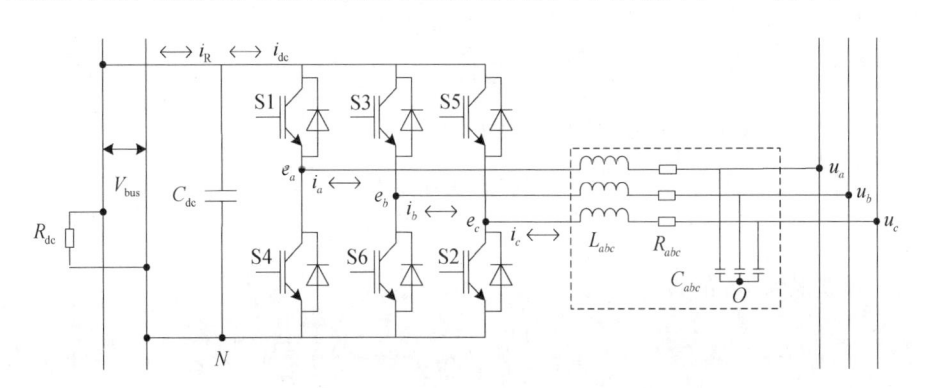

图 6-1 双向 DC/AC 变流器结构

图中,R_{dc} 为直流母线等效负载;V_{bus} 为简化的直流母线电压;i_R 为负载电流;i_{dc} 为直流侧电流;C_{dc} 为直流侧电容;e_a、e_b、e_c 为变流器输出到交流侧的三相电压;i_a、i_b、i_c 为交流母线三相电流;L_{abc}、R_{abc}、C_{abc} 为变流器输出交流侧滤波器的滤波电感、滤波电阻和滤波电容,假设滤波电感不考虑磁饱和,这里设定 $L_a = L_b = L_c = L_{abc}$,$R_a = R_b = R_c = R_{abc}$,$C_a = C_b = C_c = C_{abc}$;$u_a$、$u_b$、$u_c$ 为交流母线三相电压,为了重点分析控制策略和性能,交流母线电压为三相平衡电压。

以 A 相为例,根据基尔霍夫电压定律(Kirchhoff's voltage law, KVL),A 相电路方程可以表示为

$$L_{abc}\frac{\mathrm{d}i_a}{\mathrm{d}t} = u_a - i_a R_{abc} - (V_{NO} + V_{aN}) \quad (6-1)$$

为了体现开关管的控制性能,引入开关函数 S_i:

$$S_{i(i=a,b,c)} = \begin{cases} 1 & \text{上桥臂导通,下桥臂关断} \\ 0 & \text{下桥臂导通,上桥臂关断} \end{cases} \quad (6-2)$$

对于 A 相电路来说,当 S1 导通 S4 关断时,$S_a = 1$,$V_{aN} = V_{bus}$;当 S1 关断 S4 导通时,$S_a = 0$。可以得到开关函数 $S_a V_{aN}$ 与 V_{aN} 的关系为 $V_{aN} = S_a V_{bus}$。A 相电路方程可以改写为

$$L_{abc}\frac{\mathrm{d}i_a}{\mathrm{d}t} = u_a - i_a R_{abc} - (V_{NO} + S_a V_{bus}) \quad (6-3)$$

同理可以得到其他两相的电路方程为

$$L_{abc}\frac{\mathrm{d}i_b}{\mathrm{d}t} = u_b - i_b R_{abc} - (V_{NO} + S_b V_{bus}) \quad (6-4)$$

$$L_{abc}\frac{\mathrm{d}i_c}{\mathrm{d}t} = u_c - i_c R_{abc} - (V_{NO} + S_c V_{bus}) \quad (6-5)$$

根据三相对称电路的电路特性,即

$$\begin{cases} u_a + u_b + u_c = 0 \\ i_a + i_b + i_c = 0 \end{cases} \quad (6-6)$$

可以得到 V_{NO} 的表达式:

$$V_{NO} = -\frac{1}{3}V_{bus}(S_a + S_b + S_c) \quad (6-7)$$

将上式代入各相电路方程,可以得到:

$$\begin{cases} L_{abc}\dfrac{\mathrm{d}i_a}{\mathrm{d}t} = u_a - i_a R_{abc} + \dfrac{1}{3}V_{bus}(S_b + S_c - 2S_a) \\ L_{abc}\dfrac{\mathrm{d}i_b}{\mathrm{d}t} = u_b - i_b R_{abc} + \dfrac{1}{3}V_{bus}(S_a + S_c - 2S_b) \\ L_{abc}\dfrac{\mathrm{d}i_c}{\mathrm{d}t} = u_c - i_c R_{abc} + \dfrac{1}{3}V_{bus}(S_a + S_b - 2S_c) \end{cases} \quad (6-8)$$

直流侧的电流 i_{dc} 可以表示为

$$i_{dc} = S_a i_a + S_b i_b + S_c i_c \quad (6-9)$$

根据基尔霍夫定律,直流侧电路方程为

$$C_{dc} \frac{dV_{bus}}{dt} = i_{dc} - \frac{V_{bus}}{R_{dc}} = S_a i_a + S_b i_b + S_c i_c - \frac{V_{bus}}{R_{dc}} \quad (6-10)$$

上述变量均为时变分量,为了简化控制系统设计,通常将静止坐标系下的电路方程转化到同步旋转坐标系下,等效变换矩阵为

$$T = \frac{2}{3} \begin{bmatrix} \cos \omega t & \cos\left(\omega t - \frac{2}{3}\pi\right) & \cos\left(\omega t + \frac{2}{3}\pi\right) \\ -\sin \omega t & -\sin\left(\omega t - \frac{2}{3}\pi\right) & -\sin\left(\omega t + \frac{2}{3}\pi\right) \\ \frac{1}{2} & \frac{1}{2} & \frac{1}{2} \end{bmatrix} \quad (6-11)$$

得到旋转坐标系下双向 DC/AC 变流器的等效电路方程:

$$\begin{cases} L_{abc} \dfrac{di_d}{dt} = u_d - i_d R_{abc} + \omega L_{abc} i_q - S_d V_{bus} \\ L_{abc} \dfrac{di_q}{dt} = u_q - i_q R_{abc} + \omega L_{abc} i_d - S_q V_{bus} \\ C_{dc} \dfrac{dV_{bus}}{dt} = S_d i_d + S_q i_q - \dfrac{V_{bus}}{R_{dc}} \end{cases} \quad (6-12)$$

6.3 基于改进谐振抑制的逆变器恒压恒频控制

在交直流混合微电网几种工作模式中,系统工作在市电检修模式下的光伏+储能组合、储能单独供电和孤岛模式下的铝空+储能组合时,由于失去了市电支撑,交流母线的参考电压和频率需要双向 DC/AC 变流器来提供,此时整个直流子网相当于一个分布式电源,双向 DC/AC 变流器工作在逆变状态,采用恒压恒频控制策略为交流母线提供参考电压和频率。传统恒压恒频控制不能很好地消除电能变换过程和负载投切等产生的谐波,导致电能质量下降,不利于系统稳定[56,57],下面介绍一种基于改进谐振控制的逆变器恒压恒频控制方法。

恒压恒频控制原理如图 6-2 所示。混合微电网系统初始运行点在 A 处，交流母线频率和电压分别为 f_{ref} 和 V_{ref}，系统输出的有功功率和无功功率分别为 P_2 和 Q_2，当系统有功功率减小或增大时，控制系统通过频率控制器维持系统频率在给定值，当系统无功功率减小或增大时，控制系统通过电压控制器维持系统电压在给定值，以此达到蓄电池储能单元控制系统频率和电压的功能。

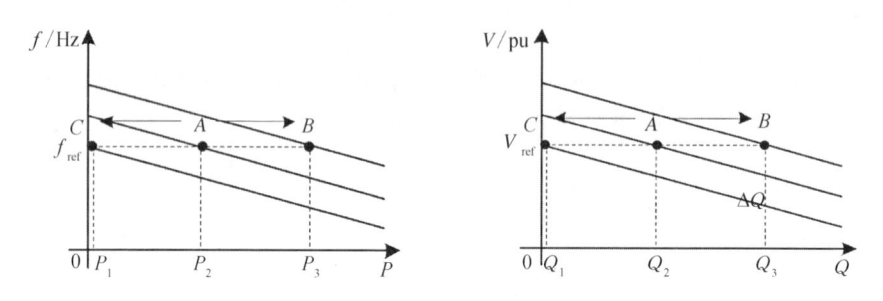

图 6-2 逆变器恒压恒频控制原理

如图 6-3 和图 6-4 所示，恒压恒频控制结构分为功率外环控制器和电流内环控制器。外环控制器首先通过设定频率和电压参考值，与锁相环测得的系统频率和 dq 坐标系下测得的解耦电压进行比较，通过 PI 调节器得到有功功率的参考信号和无功功率的参考信号，该参考信号再与实际测得的系统有功功率

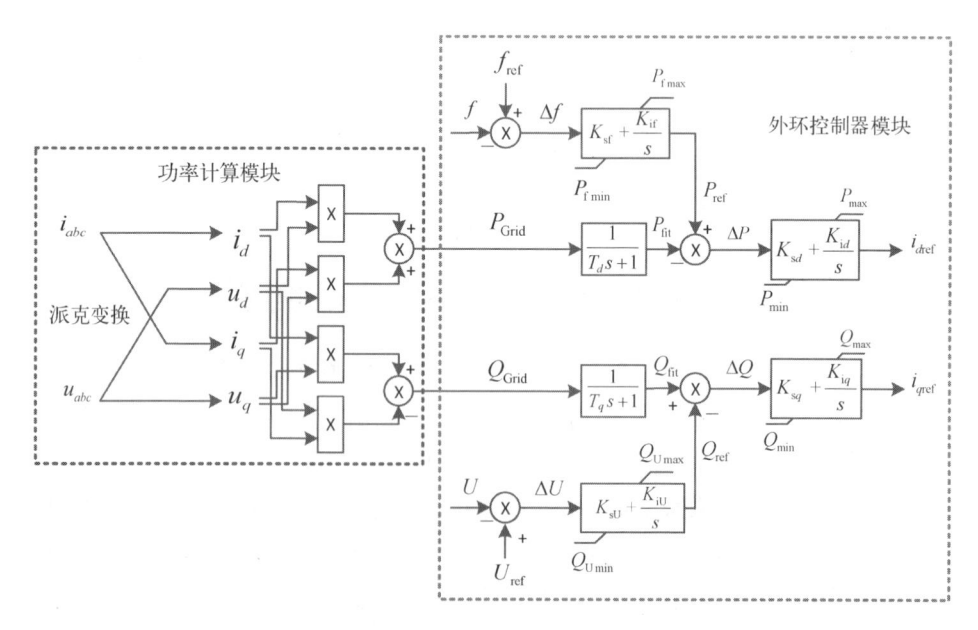

图 6-3 恒压恒频控制外环控制器

和无功功率进行比较,通过 PI 调节器得到内环控制器的电流参考信号。内环控制器将实际测得的电流与外环控制器得到的电流参考信号进行比较,通过 PI 调节器输出电压控制信号。

但在传统恒压恒频逆变器电路中,常见的问题是由逆变器和非线性负载引起的谐波导致的电能质量下降。为了改善恒压恒频逆变器输出电压质量,常通过制定控制策略提高其谐波抑制能力。常见的有反馈控制法、滞环控制法、重复控制法等,但反馈控制的稳态精度低,滞环控制的开关损耗大,重复控制动态响应慢,均不能很好地调节逆变器输出电压质量。而谐振控制法作为一种线性调节器,其本质是将直流调节器稳态频率工作点为零的区域,转移到了交流 PI 调节器频率工作点为 ω_0 的区域,具有动态响应快、稳态精度高的优点。为了提高恒压恒频逆变器输出电压质量,抑制非线性负载产生的谐波,采用一种基于谐振控制的恒压恒频逆变器控制策略,通过在主控电压控制回路中增加谐波反馈补偿回路,进行参数设计和稳定性分析,抑制非线性负载引起的输出电压波形失真问题[58]。

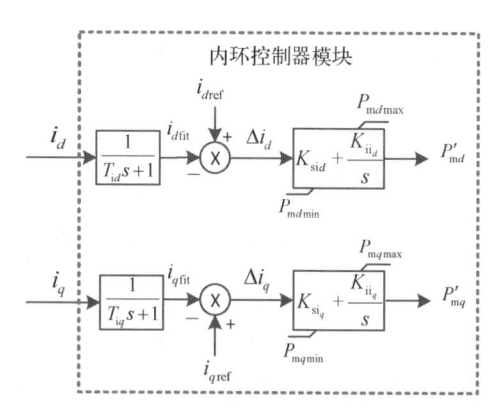

图 6-4 恒压恒频电流内环控制器结构

首先设定一个谐波源 $u_{\text{Har\_sou}}$:

$$u_{\text{Har\_sou}} = \sum_{m=3,5,7,\cdots} U_{m,n} \sin(m\omega_0 t + \phi_m) \infty \quad (6-13)$$

含低通滤波环节的逆变器输出电压 u_o 可以表示为

$$u_o = U_{\text{Har\_sou}}(s)\frac{1}{LCs^2+1} + U_i(s)\frac{K_\partial}{LCs^2+1} + I_o(s)\frac{Ls}{LCs^2+1} \quad (6-14)$$

这里加入谐振控制器的逆变器输出电压主控回路结构如图 6-5 所示。

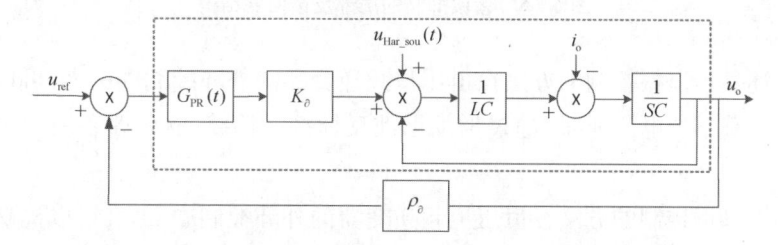

图 6-5 加入谐振控制器的逆变器输出电压主控回路结构

选用的准谐振控制器为

$$G_{\mathrm{PR}}(s) = \frac{2K_\mathrm{r}\omega_\mathrm{c}s}{\omega_0^2 + s^2 + 2\omega_\mathrm{c}s} + K_\mathrm{P} \qquad (6-15)$$

通常谐振控制器需要对其参数进行确定,其中 ω_c 依据 ω_0 的偏离程度,一般取 10 rad/s,其他参数采用根轨迹法利用系统的特征方程求出:

$$\frac{2K_\mathrm{r}K_{\mathrm{PWM}}\omega_\mathrm{c}s\partial G_\mathrm{v}}{(\omega_0^2 + s^2 + 2\omega_\mathrm{c}s)(LCs^2 + K_\mathrm{r}K_{\mathrm{PWM}}\partial G_\mathrm{v} + 1)} + 1 = 0 \qquad (6-16)$$

其中,G_v 是系统超前校正环节的传递函数。

在反馈回路中,为了在转折频率点附近获得比较好的陡升特性,选用有源二阶高通滤波器 $G_\mathrm{H}(s)$,并设定其下限频率为 $2\omega_0$:

$$G_\mathrm{H}(s) = \frac{s^2 k_\mathrm{a} k_\mathrm{b} k_\mathrm{c}}{T^2 + Ts(2 - k_\mathrm{a}) + s^2} \qquad (6-17)$$

则反馈回路的开环传递函数为

$$G_0(s) = \frac{s^2 k_\mathrm{a} k_\mathrm{b} k_\mathrm{c} K_{\mathrm{PWM}}}{[T^2 + Ts(2 - k_\mathrm{a}) + s^2](LCs^2 + 1)} \qquad (6-18)$$

可以得到谐波抑制的局部反馈回路结构如图 6-6 所示。

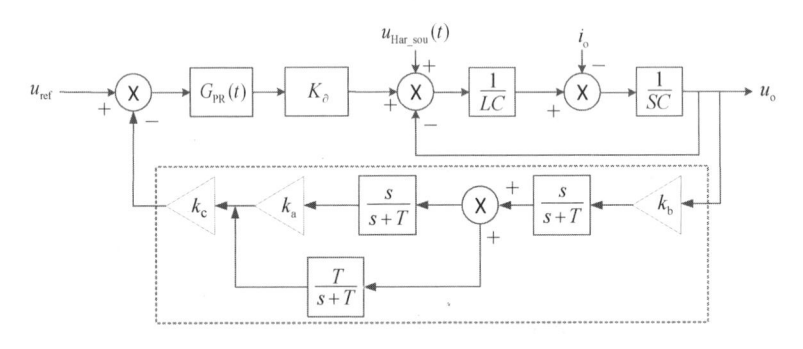

图 6-6 谐波抑制的局部反馈回路结构

上述基于谐振控制的方法在恒压恒频逆变器的外环控制中引入,可以提高非线性负载下的电压质量,通过增加谐波反馈抑制回路,有效改善波形失真的问题。

基于谐振控制的方法在恒压恒频逆变器的外环控制中引入,可以提高非线性负载下的电压质量,通过增加谐波反馈抑制回路,有效改善波形失真的问题。

在 MATLAB/Simulink 中搭建改进恒压恒频控制的逆变器并网模型,仿真模型如图 6-7 所示。

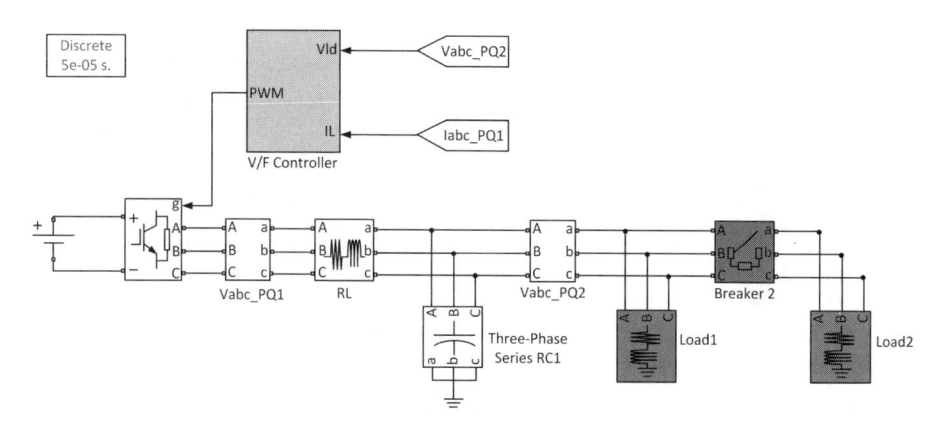

图 6-7 改进恒压恒频控制器并网模型

仿真采用电压源模拟分布式电源,0~0.4 s 时,设置负载有功功率为 20 kW,无功功率为 5 kvar;$t=0.4$ s 时,负载有功功率增加到 30 kW,无功功率增加到 7.5 kvar;$t=0.6$ s 时,恢复原有负载功率,得到仿真结果如图 6-8 和图 6-9 所示。由仿真结果可以看出,当负载变化时,由于恒压恒频控制器的作用,系统的电压和频率保持不变,通过改变电流达到功率匹配。同时由系统单相电压波形可以看出,逆变器的输出电压比较稳定,谐波得到了有效抑制,验证了所提策略的有效性。

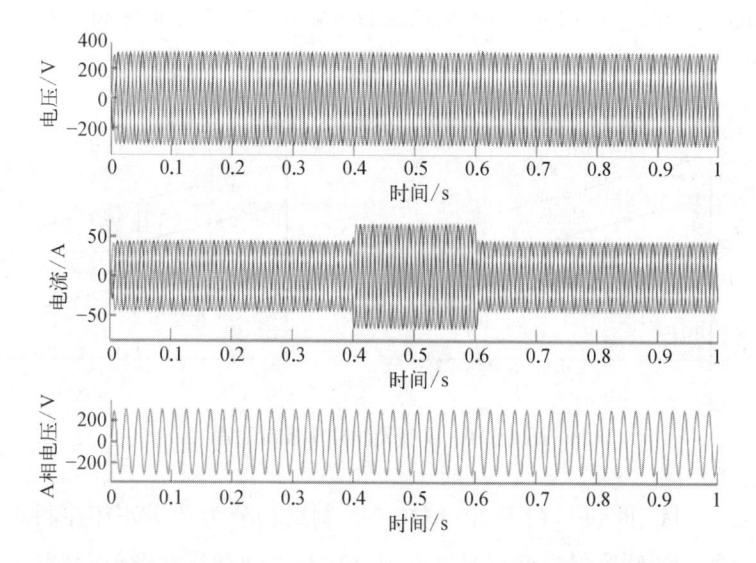

图 6-8 恒压恒频控制器并网的系统电压、电流和单相电压波形

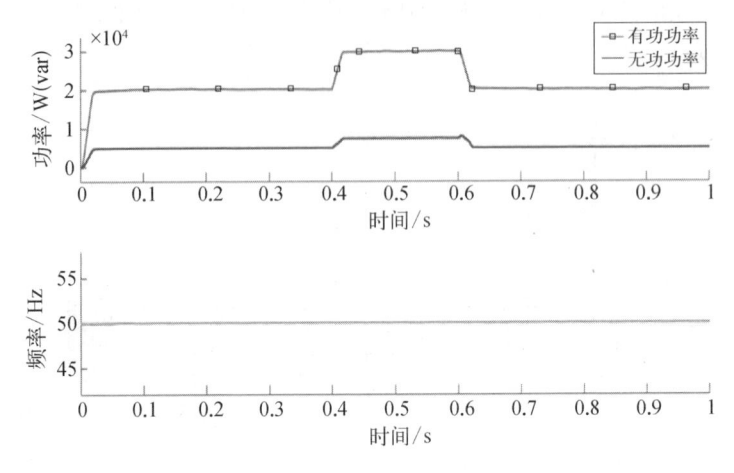

图 6-9　恒压恒频控制器并网的系统有功功率及无功功率、频率波形

6.4　基于改进逆变器输出电压直接控制的恒功率控制

恒功率控制原理如图 6-10 所示。系统初始运行点在 B 处，交流母线频率和电压分别为 f_{ref} 和 V_{ref}，系统输出的有功功率和无功功率分别为 P_{ref} 和 Q_{ref}，当系统频率减小或增大时，控制系统通过有功功率控制器维持系统有功功率在给定值，当系统电压减小或增大时，控制系统通过无功功率控制器维持系统无功功率在给定值，以此达到恒功率控制的功能[59]。

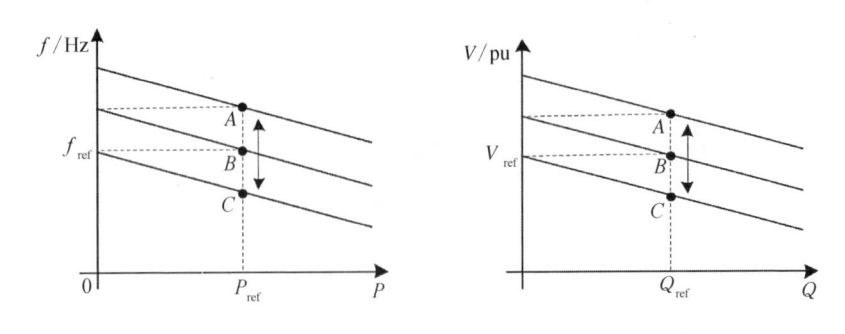

图 6-10　逆变器恒功率控制原理

如图 6-11 和图 6-12 所示，恒功率控制结构分为功率外环控制器和电流内环控制器。外环控制器首先通过设定有功和无功功率参考值，与电压和电流

解耦后计算得出的有功和无功功率的实际值进行比较,其差值通过 PI 调节器得到内环控制器的电流参考信号。内环控制器将实际测得的电流与外环控制器得到的电流参考信号进行比较,通过 PI 调节器输出电压控制信号。在此基础上,本书提出了一种改进的逆变器输出电压控制策略,通过对逆变器电压变换得到电压分量,前移了控制参数,根据功率、相角、电抗及电压幅值的关系得到 dq 坐标系下的参考值,从而减小谐波对控制结构的影响,避开功率解耦带来的烦琐控制。

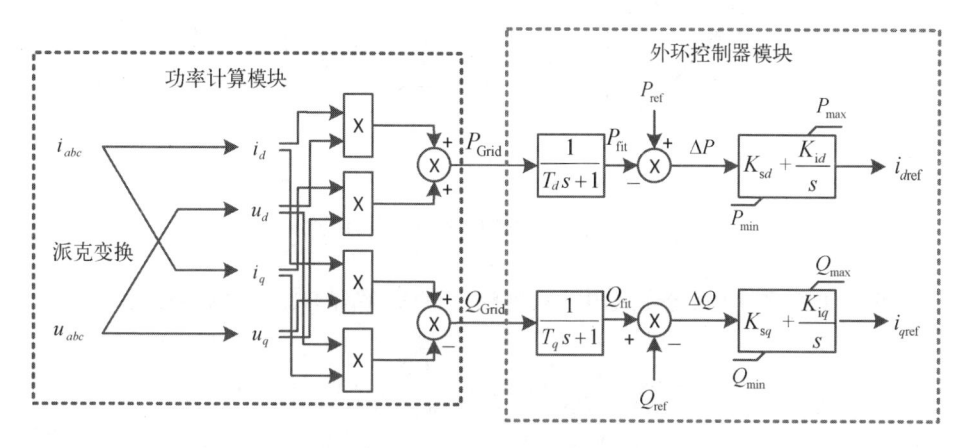

图 6‑11 恒功率外环控制器结构

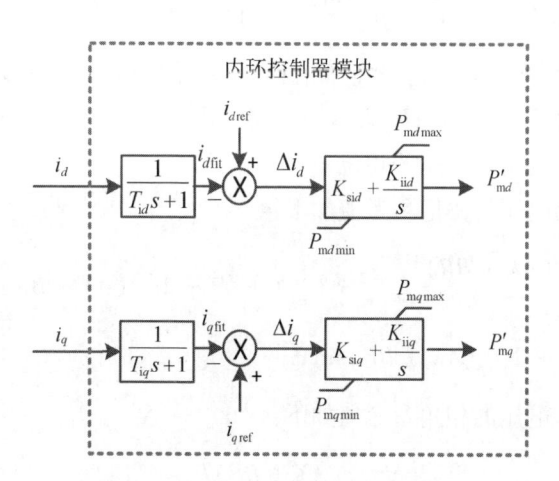

图 6‑12 恒功率电流内环控制器结构

在上述恒功率外环控制结构中,瞬时功率 P_{Grid} 和 Q_{Grid} 是经逆变器输出电压进行坐标变换后运算得到的,若通过提前设置参考电压 u_{ldref} 和 u_{lqref},不对电压进行功率计算,用 u_{1d} 和 u_{1q} 分别替代恒功率外环控制基本结构中的有功功率和无功功率控制通道,就转换成了对逆变器输出电压的基本控制。其控制结构如图 6-13 所示。

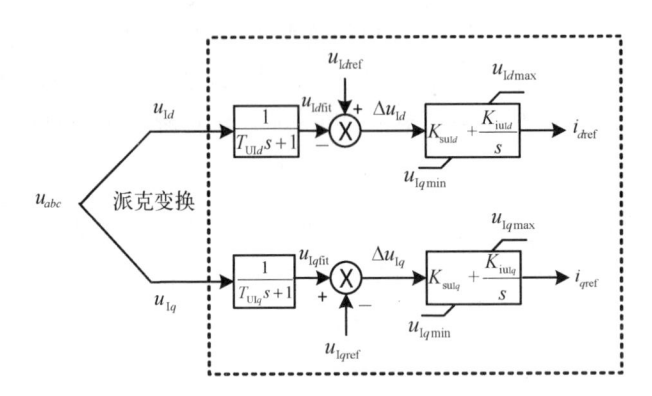

图 6-13 改进的逆变器输出电压控制器结构

在微电网系统中,分布式电源系统注入交流网络的功率可以表示为

$$\begin{cases} P_{\text{Grid}} = -\dfrac{U_s^2}{AX+BR}\cos\phi_Z + \dfrac{U_s U_d}{AX+BR}\cos(\phi_Z-\varphi) \\ Q_{\text{Grid}} = -\dfrac{U_s^2}{AX+BR}\sin\phi_Z + \dfrac{U_s U_d}{AX+BR}\sin(\phi_Z-\varphi) \end{cases} \quad (6-19)$$

其中,U_s 表示交流网络一侧的电压幅值;$AX+BR$ 代表逆变器与交流网络之间的电抗;ϕ_Z 表示线路的阻抗角;U_d 表示逆变器输出电压的幅值;φ 表示逆变器输出电压相对于交流网络侧电压的相位差。

逆变器输出电压的幅值参考值如下:

$$U_{\text{1ref}}^2 = \frac{(AX+BR)^2}{U_s^2}(P_{\text{ref}}^2+Q_{\text{ref}}^2) + U_s^2 + 2P_{\text{ref}}(AX+BR)\cos\phi_Z \\ + 2Q_{\text{ref}}(AX+BR)\sin\phi_Z \quad (6-20)$$

逆变器输出电压的相角参考值如下:

$$\phi_{\text{1ref}} = \phi_Z - \arccos\left(\frac{(AX+BR)P_{\text{ref}}}{U_s U_{\text{1ref}}} + \frac{U_s}{U_{\text{1ref}}}\cos\phi_Z\right) \quad (6-21)$$

其中,P_{ref} 表示有功功率的参考值;Q_{ref} 表示无功功率的参考值。

这里利用由上述方法得到的电压幅值和相角的参考值,可以得到三相电压的参考值,从而实现外环控制过程。在 MATLAB/Simulink 中搭建改进恒功率控制的逆变器并网模型,进行相应仿真。仿真模型如图 6-14 所示。

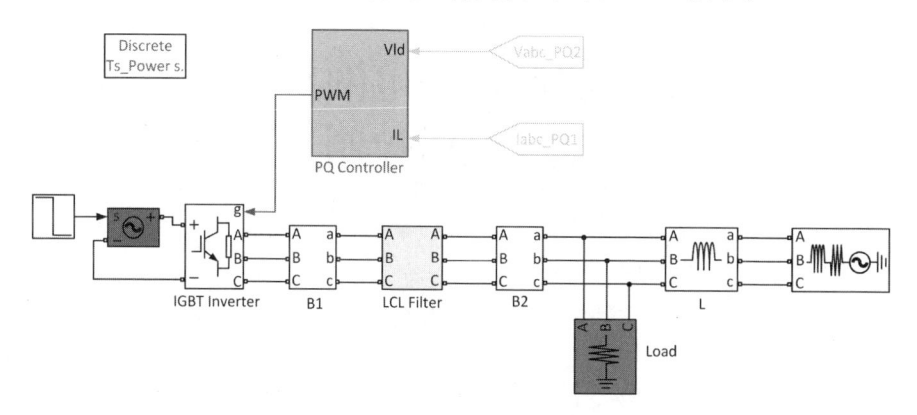

图 6-14 改进恒功率控制器并网模型

仿真采用电压变化的电压源模拟分布式电源,$t=0.5$ s 时,直流电压由 190 V 减小到 150 V,得到仿真结果如图 6-15 所示。由仿真结果可以看出,当直流并网电压突变时,由于恒功率控制器的作用,系统的交流电压和交流电流保持不变,系统的有功功率和无功功率经过短暂波动后迅速恢复到原有值,保证了分布式电源的恒功率并网,验证了所提方法的有效性。

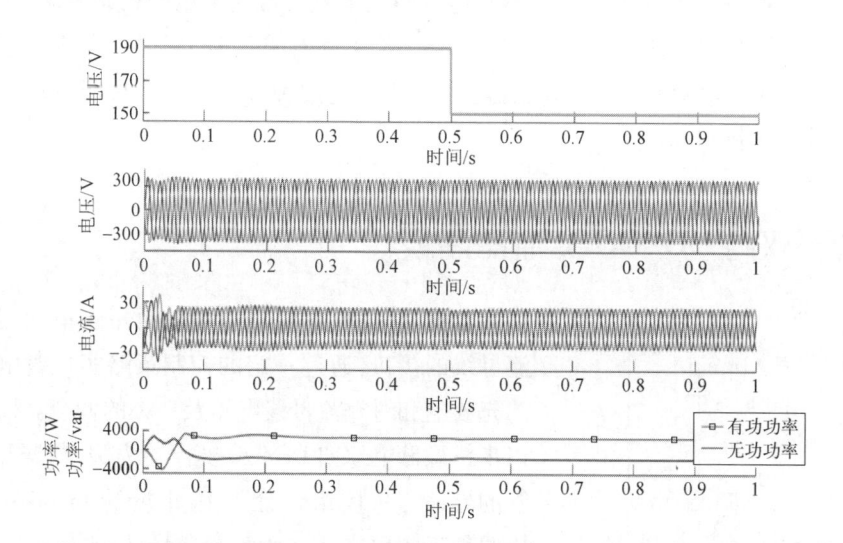

图 6-15 恒功率控制器并网的直流电压、交流电压、交流电流和并网功率波形

第 7 章

交直流混合微电网直流母线电压控制

交直流混合微电网中,交流母线的电压和频率对系统起着重要的支撑作用,而直流母线因为没有无功功率的波动,也不涉及频率、相位等复杂的控制,其母线电压成为衡量混合微电网中直流部分安全稳定运行的重要指标,一旦直流母线电压因负荷投切、分布式电源功率波动或混合微电网间能量交换等因素失去稳定,轻则导致保护系统的误动作,重则影响整个系统的稳定运行。因此直流母线电压的稳定控制对于保持系统稳定运行、提高负荷供电质量至关重要。直流母线电压的稳定控制一般根据系统运行情况和模式,既可以由混合微电网接口的双向 DC/AC 变流器来控制,也可以由直流微电网内较稳定的分布式电源及其变流器来控制。根据第 2 章中不同运行模式下直流母线电压的控制要求,不同模式下直流母线电压由储能和双向 DC/DC 变流器或双向 DC/AC 变流器来控制。本章主要对双向 DC/DC 变流器和基于上述两种方法的直流母线电压控制策略进行分析和设计。

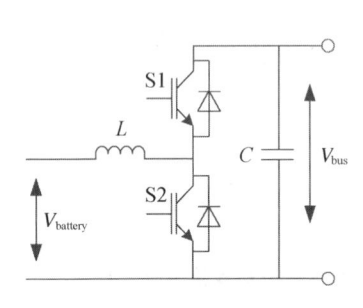

7.1 双向 DC/DC 变流器建模

双向 DC/DC 变流器是蓄电池储能单元与直流母线的接口,通过一定的控制策略实现蓄电池的充放电和对直流母线电压及功率的调节。以下以半桥型储能双向 DC/DC 变流器为例,根据开关管的导通与关闭组合分为 Buck 降压和 Boost 升压两种工作模式[60]。其结构如图 7-1 所示。

图 7-1 双向 DC/DC 变流器结构

双向 DC/DC 变流器工作在 Buck 降压模式时,可以理解为直流母线功率盈余,通过降低直流母线电压来减小功率,相当于为蓄电池充电,其本质为电感 L 与电容 C 的储能与释能。此时开关管 S1 通过调制信号导通或关断,S2 始终关断,通过对开关管 S1 驱动脉冲信号占空比的调制,实现直流母线的降压和储能的充电。根据开关管 S1 的导通时间 T_{s1_on} 和关断时间 T_{s1_off},Buck 降压模式下的等效电路方程为

$$V_{\text{battery}} = \frac{T_{s1\_on}}{T_{s1\_on} + T_{s1\_off}} V_{\text{bus}} \qquad (7-1)$$

同理,当双向 DC/DC 变流器工作在 Boost 升压模式时,可以理解为直流母线功率不足,通过增大直流母线电压来提升功率,相当于蓄电池放电,其本质同样为电感 L 与电容 C 的储能与释能。此时开关管 S1 始终关断,S2 通过调制信号导通或关断,通过对开关管 S2 驱动脉冲信号占空比的调制,实现直流母线的升压和储能的放电。根据开关管 S2 的导通时间 T_{s2_on} 和关断时间 T_{s2_off},Boost 升压模式下的等效电路方程为

$$V_{\text{battery}} = \frac{T_{s2\_on}}{T_{s2\_on} + T_{s2\_off}} V_{\text{bus}} \qquad (7-2)$$

双向 DC/DC 变流器不同模式下的开关管工作情况和能量流向如图 7-2 所示。

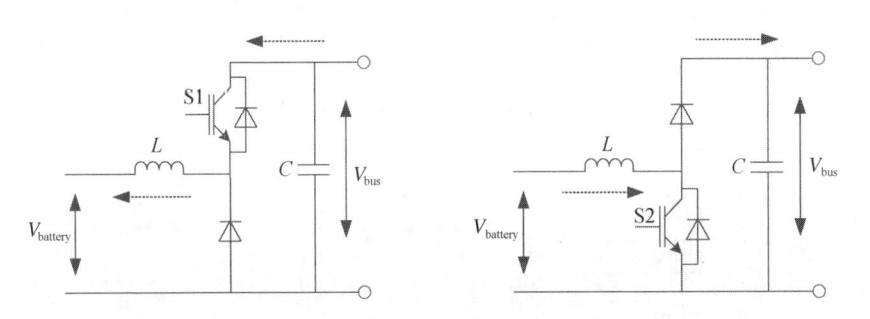

图 7-2 Buck 及 Boost 模式下的开关管工作情况和能量流向图

7.2 基于双向 DC/DC 变流器恒压控制的直流母线电压控制

基于以上分析,市电检修模式下的光伏+储能组合、储能单独供电和孤岛模式下的铝空+储能组合时,直流母线电压由储能和双向 DC/DC 变流器来控制,

在直流侧光伏发电单元或铝空燃料电池单元出力波动及负荷投切导致直流母线功率发生变化时,通过恒压控制及时抑制直流母线电压波动和冲击。

根据双向 DC/DC 控制器的结构和储能电容 C 的作用,直流母线有效电流可以表示为

$$I_{\text{bus}} = C \frac{dV_{\text{bus}}}{dt} \tag{7-3}$$

当电容 C 放电时,$I_{\text{busref}}<0$,此时直流母线电压下降;当电容 C 充电时,$I_{\text{busref}}>0$,此时直流母线电压上升,即电压环的输出结果决定了 DC/DC 变流器的工作状态。直流母线的参考电压 V_{busref} 与实际电压 V_{bus} 的误差通过 PI 调节器,得到母线的参考电流 I_{busref},与实际电流 I_{bus} 比较后经过 PID 调节器,形成开关管的调制信号,以此来保持直流母线电压的稳定。其恒压控制结构如图 7-3 所示。在 MATLAB/Simulink 中搭建基于双向 DC/DC 变流器恒压控制的直流母线电压控制模型,进行相应仿真。仿真模型如图 7-4 所示。

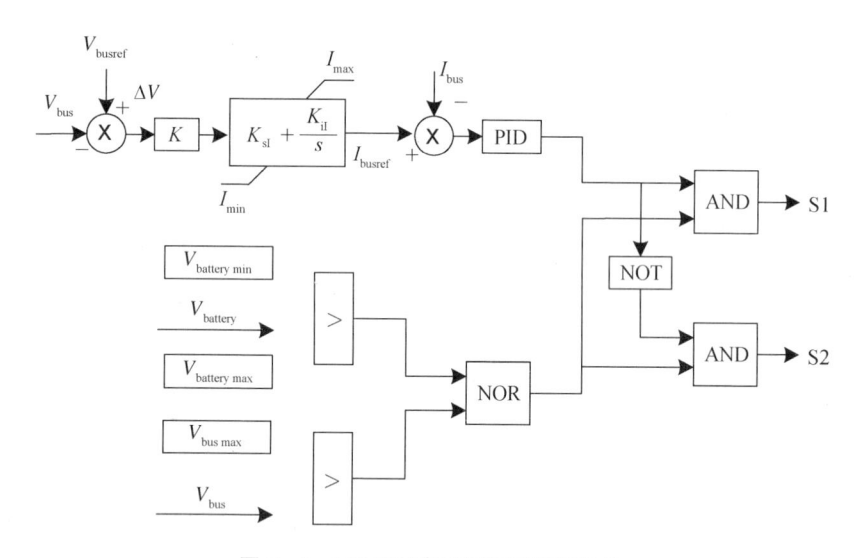

图 7-3 DC/DC 变流器恒压控制结构

$t=0.5$ s 时,使直流负载功率由 2 kW 增加到 4 kW,得到仿真结果如图 7-5 所示。由仿真结果可以看出,当直流负载功率突变时,由于储能双向 DC/DC 变流器的调节作用,直流母线电压保持稳定,通过改变直流母线电流达到功率匹配,仿真结果验证了基于双向 DC/DC 变流器恒压控制的直流母线电压控制策略的有效性。

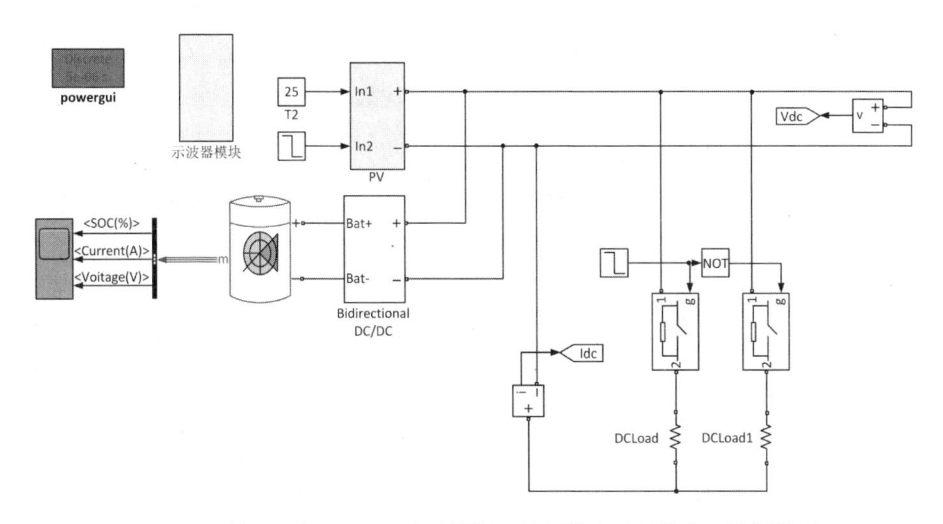

图 7-4 基于双向 DC/DC 变流器恒压控制的直流母线电压控制模型

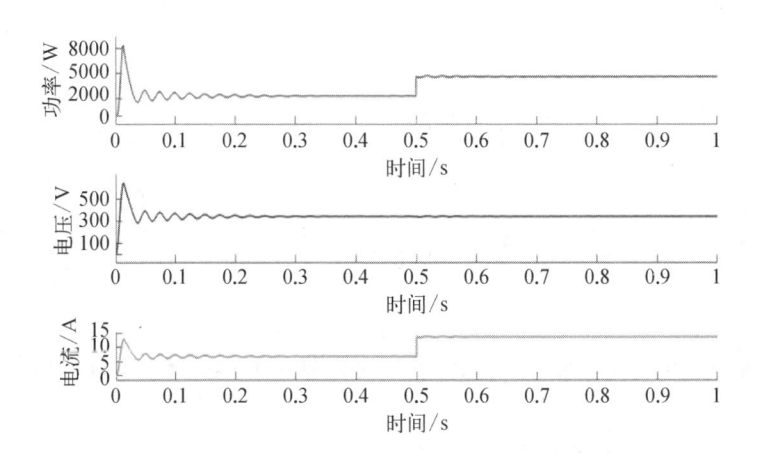

图 7-5 基于双向 DC/DC 变流器控制的直流
负载功率、母线电压和电流波形

7.3 基于双向 DC/AC 变流器双闭环控制的直流母线电压控制

基于 6.2 节对双向 DC/AC 变流器的建模可得

$$\begin{bmatrix} u_d \\ u_q \end{bmatrix} = \begin{bmatrix} U_d \\ U_q \end{bmatrix} + \begin{bmatrix} i_d \\ i_q \end{bmatrix} \begin{bmatrix} pL_{abc} + R_{abc} & -\omega L_{abc} \\ \omega L_{abc} & pL_{abc} + R_{abc} \end{bmatrix} \tag{7-4}$$

其中，u_d、u_q 表示交直流混合微电网 d、q 轴的分量；U_d、U_q 和 i_d、i_q 为双向 AC/DC 变流器交流侧电压和电流的 d、q 轴的分量；p 代表微分算子。

可以看出，双向 DC/AC 变流器电流参数的 d、q 轴的分量存在耦合，可以采用前馈解耦的方式消除耦合，降低控制器的复杂度，这里首先通过 PI 调节器调节电流，得到：

$$\begin{cases} U_d = u_d - \omega L_{abc} i_q - (i_{dref} - i_d)\left(K_{pi} + \dfrac{K_{ii}}{s}\right) \\ U_q = u_q + \omega L_{abc} i_d - (i_{qref} - i_q)\left(K_{pi} + \dfrac{K_{ii}}{s}\right) \end{cases} \quad (7-5)$$

其中，i_{dref}、i_{qref} 分别为 i_d 和 i_q 的参考值；K_{pi} 和 K_{ii} 为电流内环 PI 调节器的比例和积分系数。于是可以得到双向 DC/AC 变流器解耦后的电流参数：

$$p\begin{bmatrix} i_d \\ i_q \end{bmatrix} = \dfrac{1}{L_{abc}} \begin{bmatrix} i_{dref} \\ i_{qref} \end{bmatrix}\left(K_{pi} + \dfrac{K_{ii}}{s}\right) + \begin{bmatrix} i_d \\ i_q \end{bmatrix} \begin{bmatrix} -\dfrac{\left(K_{pi} + \dfrac{K_{ii}}{s}\right) + R_{abc}}{L_{abc}} & 0 \\ 0 & -\dfrac{\left(K_{pi} + \dfrac{K_{ii}}{s}\right) + R_{abc}}{L_{abc}} \end{bmatrix}$$

$$(7-6)$$

双向 DC/AC 变流器通过双闭环控制调节直流母线电压的控制原理如图 7-6 所示。

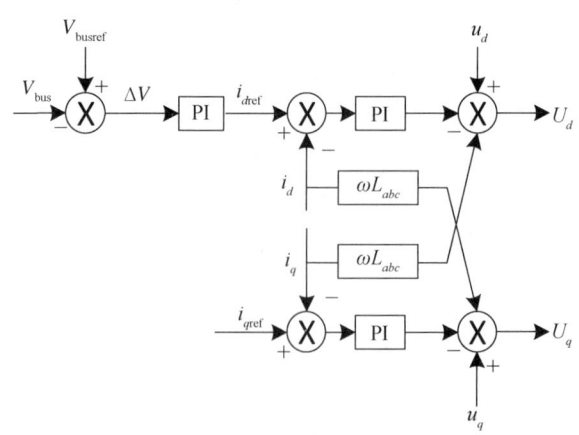

图 7-6　双向 DC/AC 变流器双闭环控制原理图

以直流子网负荷投切导致功率发生变化为例,当直流子网负荷发生变化导致直流母线电压变化时,在双闭环控制中,首先通过电压外环,将直流母线电压参考值 V_{busref} 与实际值 V_{bus} 比较,经过 PI 调节器得到内环电流的参考信号 i_{dref},内环电流参考值 i_{dref} 与内环电流实际值 i_d 比较,再经 PI 调节器输出。这里取 $i_{qref}=0$。当直流子网切去部分负荷导致直流子网功率盈余时,直流母线电压升高,$\Delta V<0$,电压外环输出电流指令 $i_{dref}<0$,此时双向 DC/AC 变流器工作在逆变模式,向交流子网发出功率,直流母线电压下降至参考值;当直流子网接入部分负荷导致直流子网功率不足时,直流母线电压下降,$\Delta V>0$,电压外环输出电流指令 $i_{dref}>0$,此时双向 DC/AC 变流器工作在整流模式,向交流子网吸收功率,直流母线电压升高至参考值,以此达到保持直流母线电压稳定的作用。

在 MATLAB/Simulink 中搭建基于双向 DC/AC 变流器恒压控制的直流母线电压控制模型,进行相应仿真。仿真模型如图 7-7 所示。

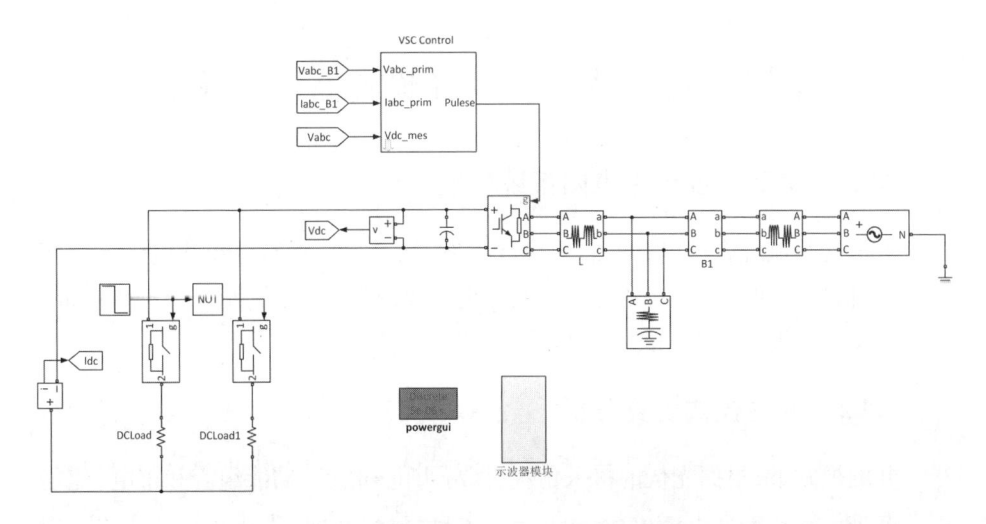

图 7-7 基于双向 DC/AC 变流器双闭环控制的直流母线电压控制模型

同样在 $t=0.5\ \mathrm{s}$ 时,使直流负载功率由 3.5 kW 增加到 7.5 kW,得到仿真结果如图 7-8 所示。由仿真结果可以看出,当直流负载功率突变时,由于双向 DC/AC 变流器的调节作用,直流母线电压保持稳定,通过改变直流母线电流达到功率匹配,仿真结果验证了基于双向 DC/AC 变流器双闭环控制的直流母线电压控制策略的有效性。

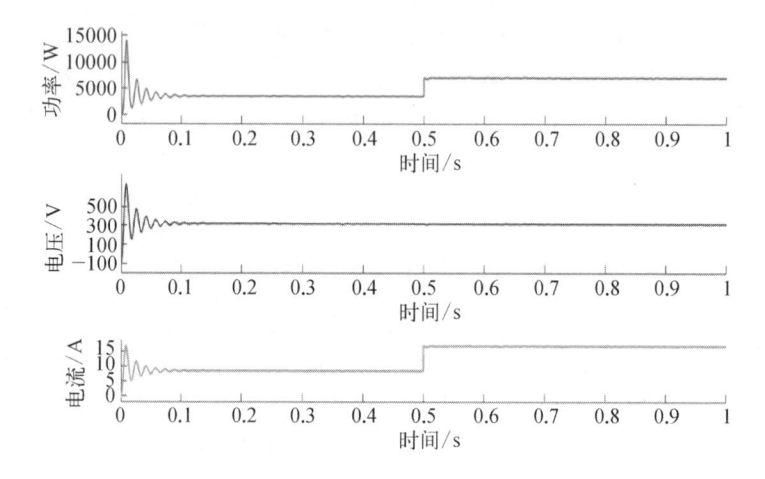

图 7-8　基于双向 DC/AC 变流器控制的直流
负载功率、母线电压和电流波形

7.4　交直流混合微电网不同工作模式仿真分析

7.4.1　交直流混合微电网系统模型

根据交直流混合微电网的总体设计方案,结合第 3 章对分布式电源的建模和仿真,依据不同工作模式的分布式电源组合及控制需求,在 MATLAB/Simulink 中建立交直流混合微电网的系统模型,如图 7-9 所示。

7.4.2　并网模式仿真分析

并网模式下,根据光伏的接入情况,区分市电+光伏+储能组合和市电+储能组合两种模式。根据上述分析,市电+光伏+储能模式时,光伏运行在 MPPT 模式,储能通过充放电控制与光伏协同配合,双向 DC/AC 变流器通过恒功率控制将直流子网多余功率传送至交流子网,同时维持直流母线电压稳定;市电+储能模式时,储能处于充电状态,达到充电限值后断开开关待机,直流母线电压由双向 DC/AC 变流器控制保持稳定。

1. 组合①:市电+光伏+储能组合

0~0.5 s 时,光伏发电单元运行在 MPPT 模式,蓄电池储能单元处于充电状态;当 $t=0.5$ s 时,直流负荷由 6 kW 增加到 8 kW;$t=1$ s 时,光辐照度由 950 W/m^2

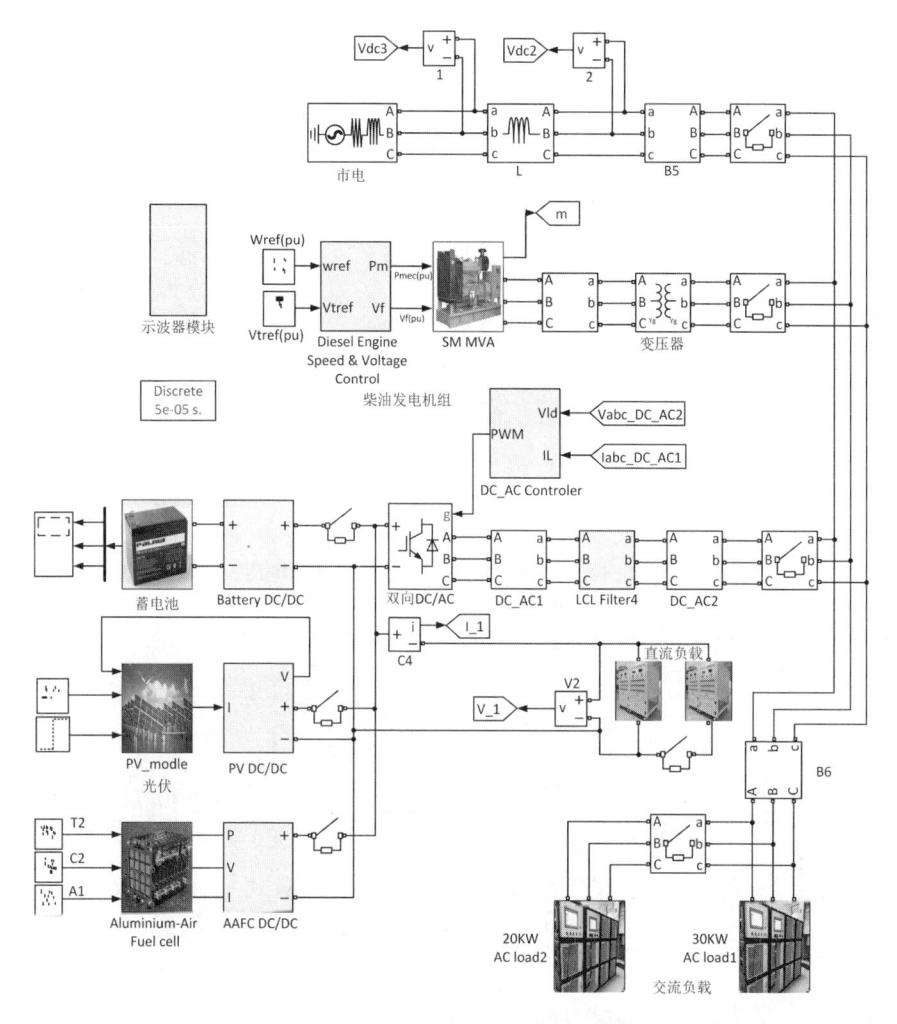

图 7-9 交直流混合微电网系统模型

注：Diesel Engine Speed & Voltage Control 为柴油机转速和电压控制模块；Aluminium-Air Fuel cell 为铝空气电池模块。

下降到 800 W/m^2；t = 1.5 s 时，交流负荷有功功率由 5 kW 增加到 7 kW，无功功率由 0.5 kvar 增加到 1 kvar。仿真结果如图 7-10~图 7-13 所示。由仿真结果可以看出，光伏发电单元功率一方面供给直流负载，一方面通过双向 DC/AC 变流器传送至交流子网，同时为储能充电；当直流负荷突变及光辐照度下降时，为了确保直流子网输送至交流母线的功率恒定，储能迅速放电达到功率匹配；直流母线电压由双向 DC/AC 变流器控制保持稳定，当交流负荷突变时，交流母线电压和频率由市电提供保持不变，通过改变电流达到功率匹配。

(a) 直流母线电压、电流变化情况

(b) 直流母线负载功率变化情况

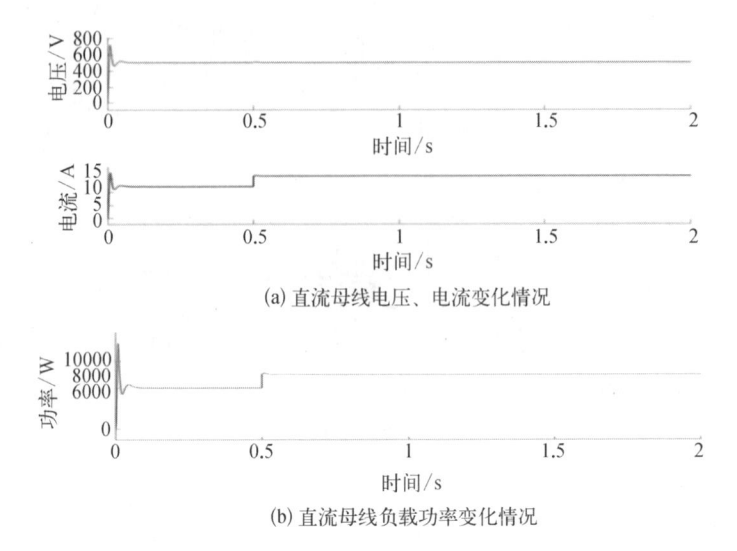

图 7-10　并网模式组合①的直流母线电压、电流和负载功率变化情况

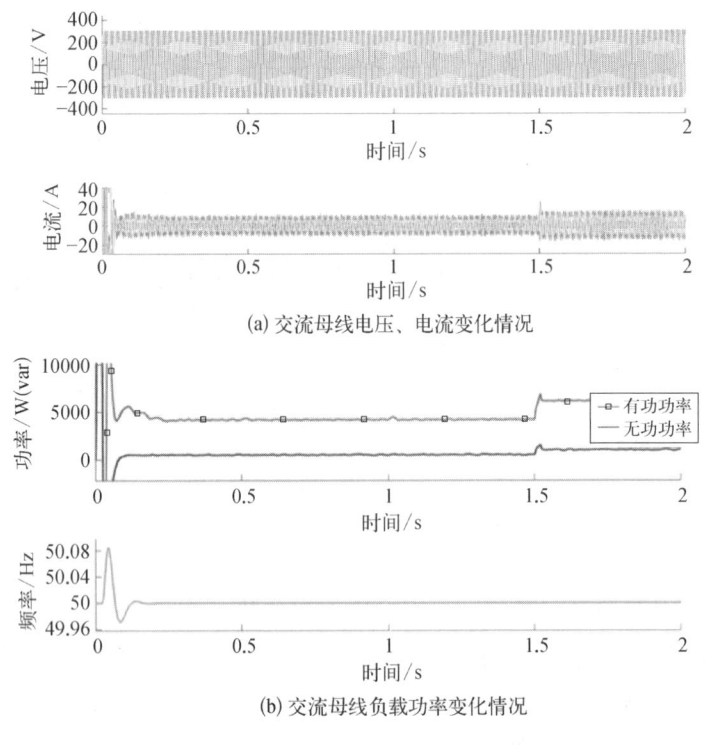

(a) 交流母线电压、电流变化情况

(b) 交流母线负载功率变化情况

图 7-11　并网模式组合①的交流母线电压、电流和负载功率变化情况

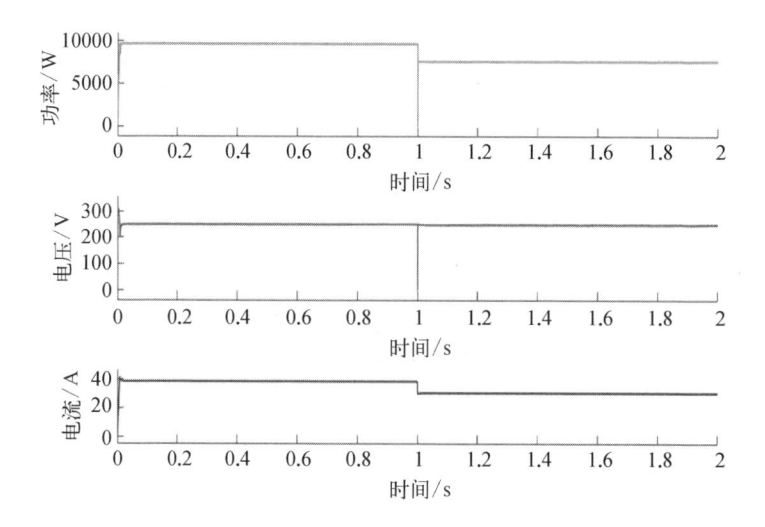

图 7-12 并网模式组合①的光伏电压、电流和输出功率变化情况

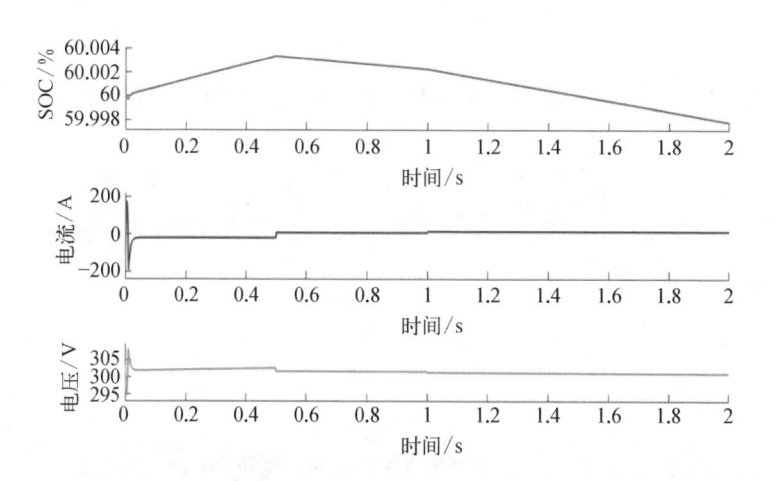

图 7-13 并网模式组合①的蓄电池 SOC、电流和电压变化情况

2. 组合②：市电+储能组合

0~1 s 时，蓄电池处于充电状态；当 $t=1$ s 时，直流负荷由 4 kW 增加到 6 kW；当 $t=1$ s 时，蓄电池达到充电限值，断开关待机；$t=1.5$ s 时，交流负荷有功功率由 3 kW 增加到 5 kW，无功功率由 1 kvar 增加到 1.8 kvar。仿真结果如图 7-14~图 7-16 所示。由仿真结果可以看出，当直流负荷突变时，为了维持直流母线电压稳定，双向 DC/AC 变流器通过双闭环控制，使直流母线电压维持在给定值；当交流负荷突变时，交流母线电压和频率由市电提供保持不变，通过改变电流达到功率匹配。

(a) 直流母线电压、电流变化情况

(b) 直流母线负载功率变化情况

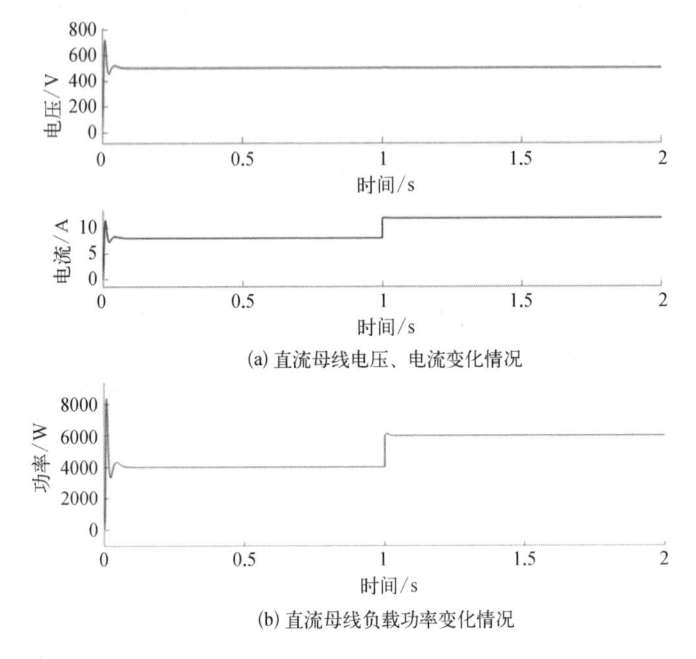

图 7-14　并网模式组合②的直流母线电压、电流和负载功率变化情况

(a) 交流母线电压、电流变化情况

(b) 交流母线负载功率变化情况

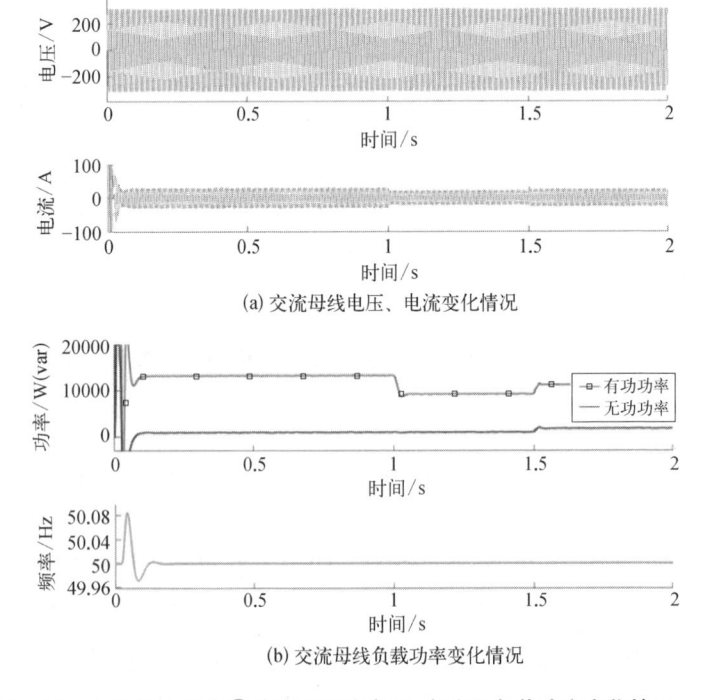

图 7-15　并网模式组合②的交流母线电压、电流和负载功率变化情况

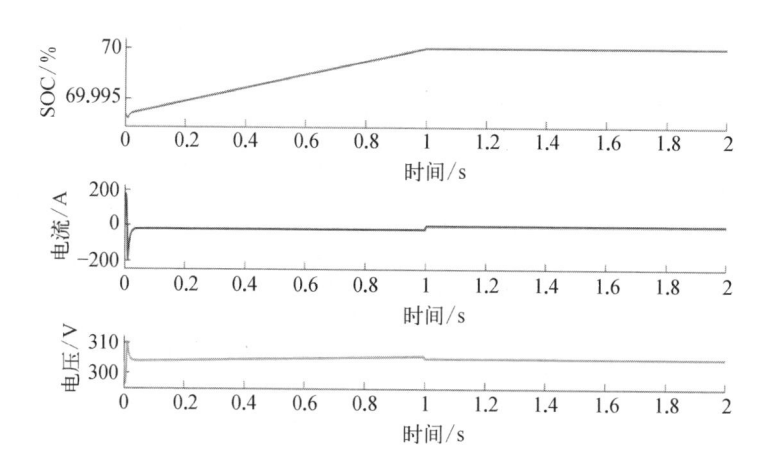

图 7-16 并网模式组合②的蓄电池 SOC、电流和电压变化情况

7.4.3 孤岛模式仿真分析

孤岛模式时,分为铝空+储能组合和柴油发电机组+储能组合两种模式。铝空+储能组合时,铝空燃料电池运行在 MPPT 模式,储能单元通过双向 DC/DC 变流器的充放电控制维持直流母线电压恒定,双向 DC/AC 变流器通过恒压恒频控制为交流子网提供频率和电压参考;柴油发电机组+储能组合时,蓄电池储能单元处于充电状态,达到充电限值后断开开关待机,双向 DC/AC 变流器工作在整流状态,直流母线电压由双向 DC/AC 变流器的控制保持稳定。

1. 组合①:储能+铝空组合

$0\sim0.5$ s 时,铝空燃料电池单元运行在 MPPT 模式,蓄电池储能单元处于充电状态;当 $t=0.5$ s 时,直流负荷由 4 kW 增加到 5 kW;$t=1$ s 时,模拟更换铝板的过程;$t=1.5$ s 时,交流负荷有功功率由 6.5 kW 增加到 8.5 kW,无功功率由 1.5 kvar 增加到 3 kvar。仿真结果如图 7-17~图 7-20 所示。

由仿真结果可以看出,铝空燃料电池单元功率一方面供给直流负载,另一方面通过双向 DC/AC 变流器传送至交流子网,同时为储能充电,铝板更换时输出功率会产生短暂的波动;当直流负荷突变时,为了维持直流母线电压稳定,蓄电池储能单元减小充电功率,通过双向 DC/DC 变流器的恒压控制,使直流母线电压维持在给定值;此时直流子网相当于一个分布式电源,通过双向 DC/AC 的恒压恒频控制连接交流子网,为交流母线提供电压和频率支撑,当交流负荷突变时,交流母线电压和频率保持不变,通过改变电流达到功率匹配。

(a) 直流母线电压、电流变化情况

(b) 直流母线负载功率变化情况

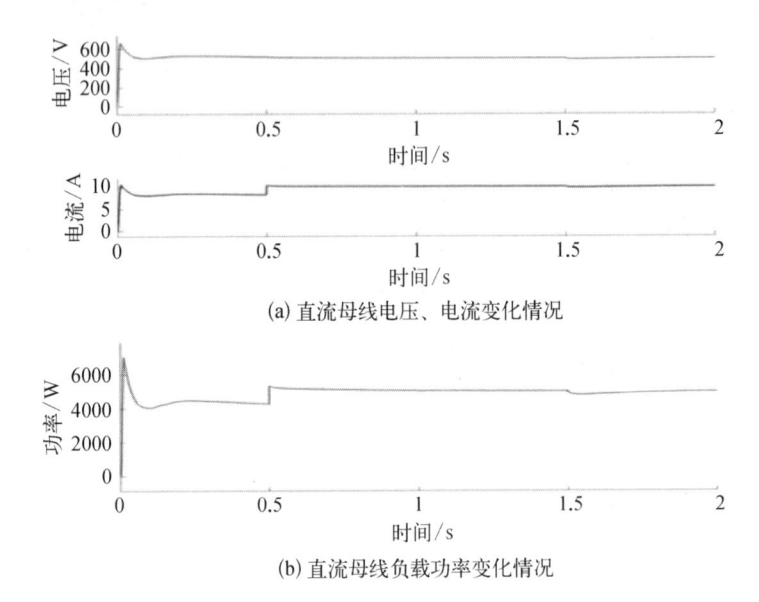

图 7-17 孤岛模式组合①的直流母线电压、电流和负载功率变化情况

(a) 交流母线电压、电流变化情况

(b) 交流母线负载功率变化情况

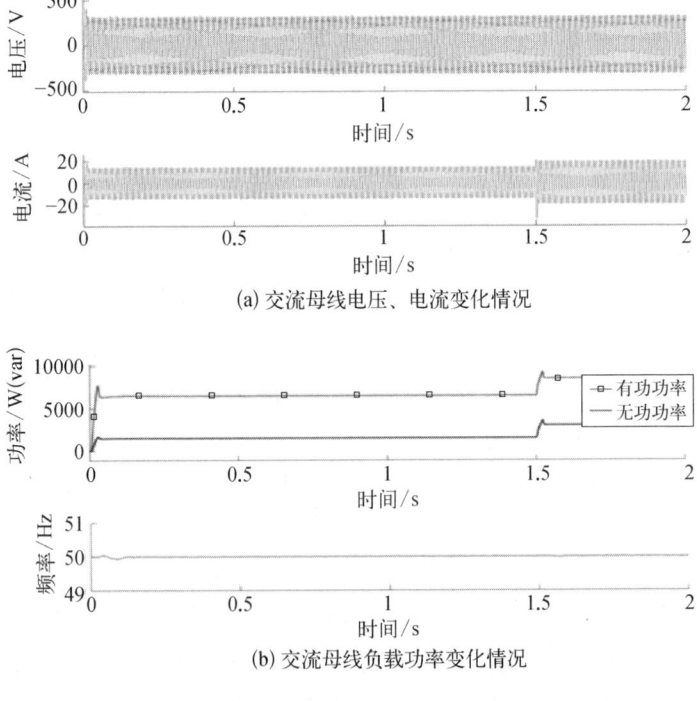

图 7-18 孤岛模式组合①的交流母线电压、电流和负载功率变化情况

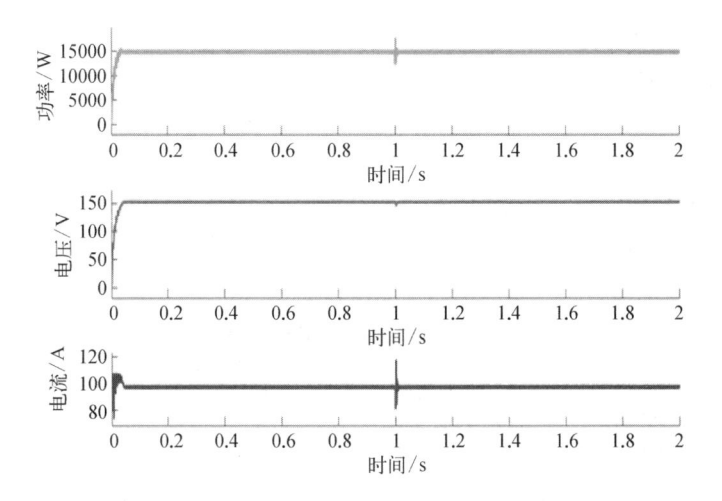

图 7-19　孤岛模式组合①的铝空燃料电池单元
输出功率、电压和电流变化情况

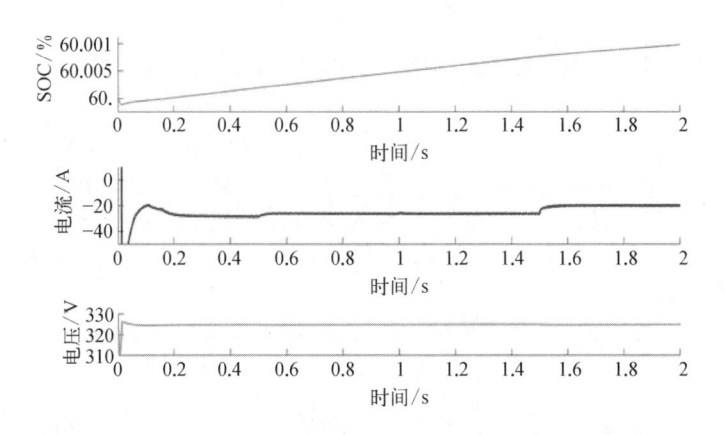

图 7-20　孤岛模式组合①的蓄电池 SOC、电流和电压变化情况

2. 组合②：柴油发电机组+储能组合

0~0.5 s 时,蓄电池处于充电状态;当 $t=0.5$ s 时,直流负荷由 4 kW 增加到 5.5 kW;当 $t=0.5$ s 时,蓄电池达到充电限值,断开开关待机;$t=1.0$ s 时,交流负荷有功功率由 4.5 kW 增加到 5.5 kW,无功功率不变;$t=1.5$ s 时,交流负荷有功功率由 5.5 kW 增加到 7.5 kW,无功功率由 1.5 kvar 增加到 2.5 kvar。仿真结果如图 7-21~图 7-23 所示。由仿真结果可以看出,当直流负荷突变时,为了维持直流母线电压稳定,双向 DC/AC 变流器通过双闭环控制,使直流母线电压维持在给定值;当交流负荷突变时,交流母线电压和频率由柴油发电机组提供并保持不变,通过增大电流达到功率匹配。

(a) 直流母线电压、电流变化情况

(b) 直流母线负载功率变化情况

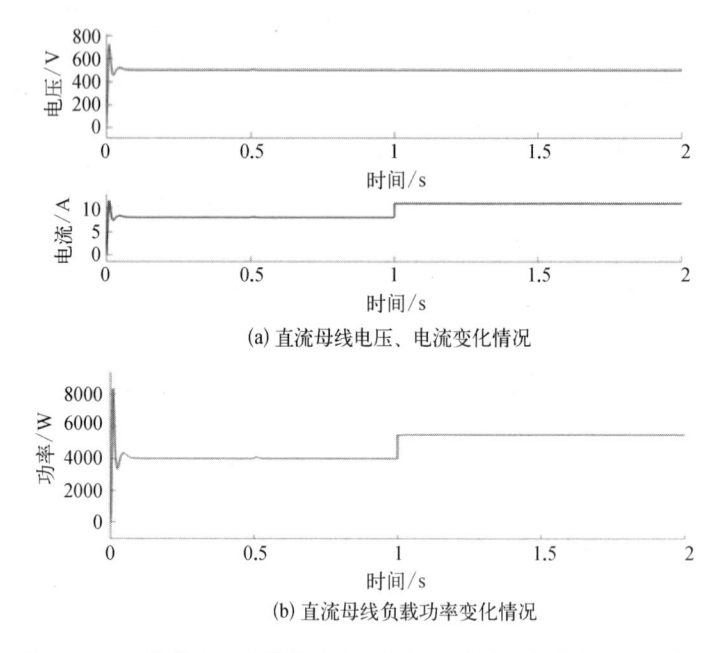

图 7-21 孤岛模式组合②的直流母线电压、电流和负载功率变化情况

(a) 交流母线电压、电流变化情况

(b) 交流母线负载功率变化情况

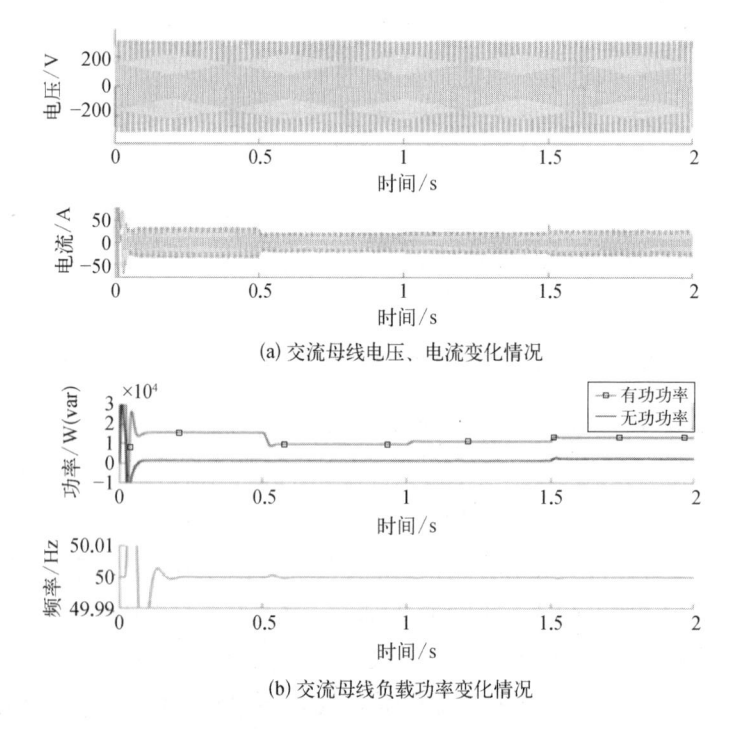

图 7-22 孤岛模式组合②的交流母线电压、电流和负载功率变化情况

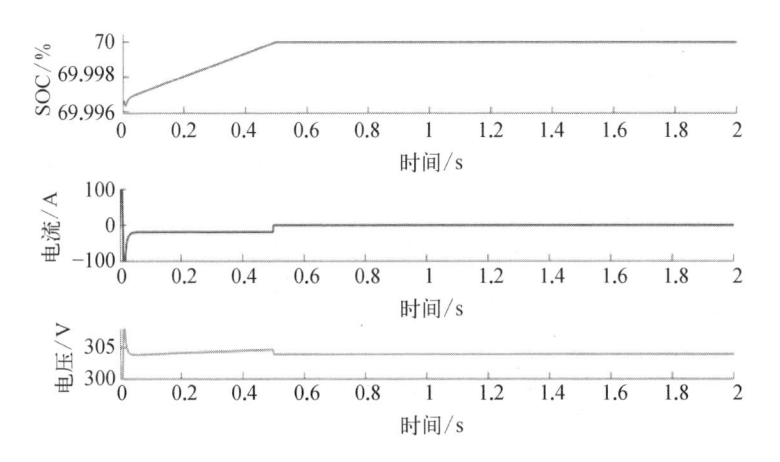

图 7‑23 孤岛模式组合②的蓄电池 SOC、电流和电压变化情况

7.4.4 市电检修模式仿真分析

市电检修模式时,根据光伏的接入情况,区分光伏+储能组合和储能单独供电两种模式。根据上述分析,光伏+储能组合时,光伏运行在 MPPT 模式,储能通过充放电控制维持直流母线电压稳定,双向 DC/AC 变流器通过恒压恒频控制为交流子网提供频率和电压参考;储能单独供电时,通过对双向 DC/DC 变流器的控制维持直流母线电压恒定,此时交直流母线间双向 DC/AC 变流器工作在逆变模式,通过恒压恒频控制提供交流母线电压和频率参考。

1. 组合①:光伏+储能组合

0~0.5 s 时,光伏发电单元运行在 MPPT 模式,蓄电池储能单元处于充电状态;当 $t=0.5$ s 时,直流负荷由 3 kW 增加到 4 kW;$t=1$ s 时,光辐照度由 900 W/m^2 下降到 700 W/m^2;$t=1.5$ s 时,交流负荷有功功率由 5 kW 减小到 3.5 kW,无功功率由 1 kvar 减小到 0.5 kvar。仿真结果如图 7‑24~图 7‑27 所示。

由仿真结果可以看出,光伏发电单元功率一方面供给直流负载,另一方面通过双向 DC/AC 变流器传送至交流子网,同时为储能充电;当直流负荷突变时,为了维持直流母线电压稳定,蓄电池储能单元减小充电功率,通过双向 DC/DC 变流器的恒压控制,使直流母线电压维持在给定值;当光辐照度减小时,光伏输出功率减小,蓄电池储能单元放电,维持系统功率平衡,此时直流子网相当于一个分布式电源,通过双向 DC/AC 的恒压恒频控制连接交流子网,为交流母线提供电压和频率支撑,当交流负荷突变时,交流母线电压和频率保持不变,通过改变电流达到功率匹配。

(a) 直流母线电压、电流变化情况

(b) 直流母线负载功率变化情况

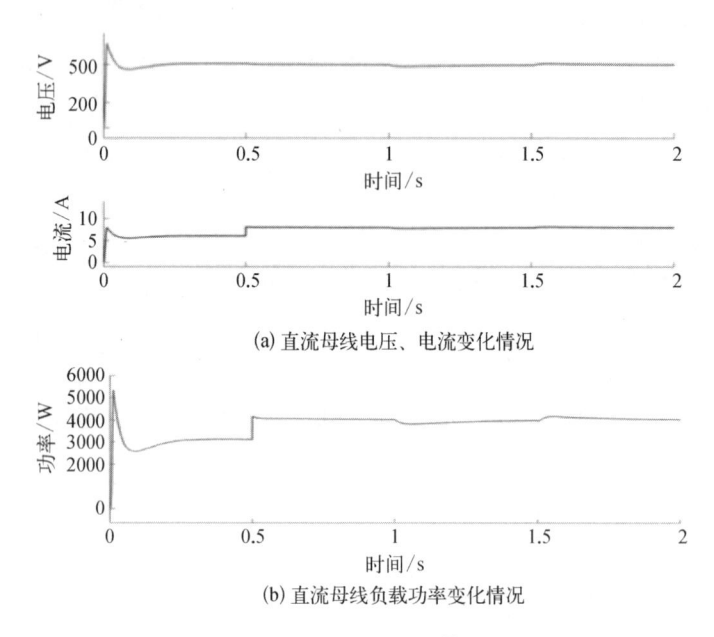

图 7-24　市电检修模式组合①的直流母线
电压、电流和负载功率变化情况

(a) 交流母线电压、电流变化情况

(b) 交流母线负载功率变化情况

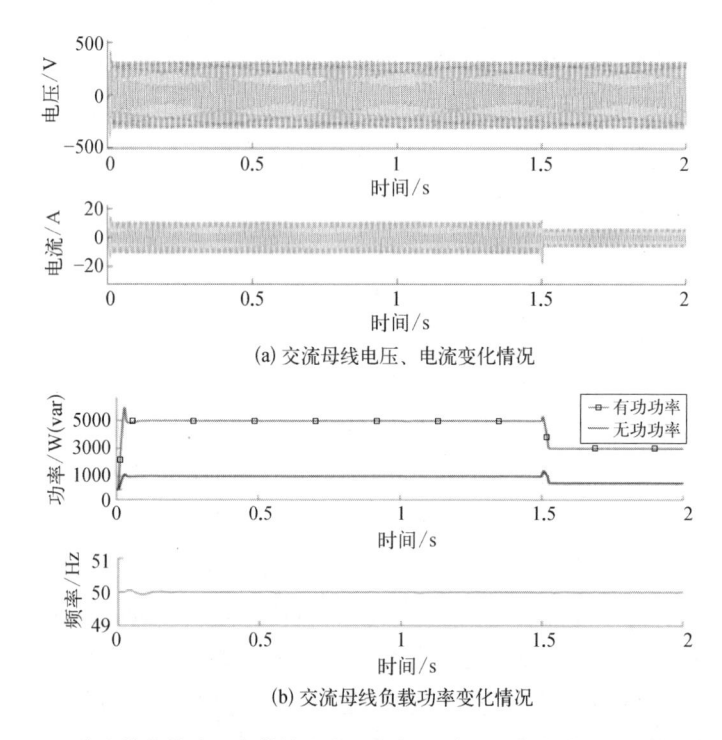

图 7-25　市电检修模式组合①的交流母线电压、电流和负载功率变化情况

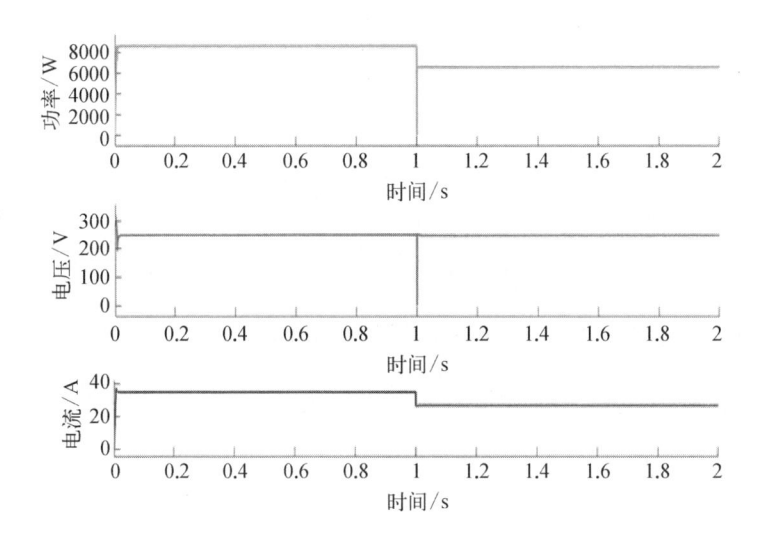

图 7-26　市电检修模式组合①的光伏电压、电流和输出功率变化情况

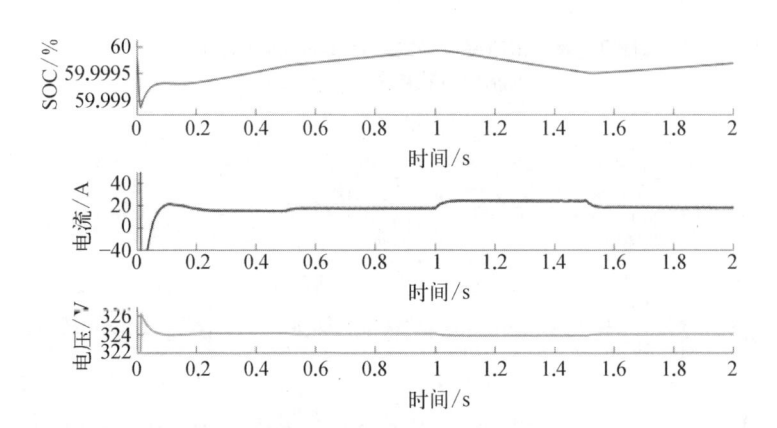

图 7-27　市电检修模式组合①的蓄电池 SOC、电流和电压变化情况

2. 组合②：储能单独供电

$t=1$ s 时，直流负荷由 2.5 kW 增加到 4 kW；$t=1.5$ s 时，交流负荷有功功率由 3.5 kW 增加到 5 kW，无功功率由 1 kvar 增加到 1.5 kvar。仿真结果如图 7-28～图 7-30 所示。

由仿真结果可以看出，当系统由储能单独供电时，蓄电池功率一方面供给直流负载，另一方面通过双向 DC/AC 变流器传送至交流子网，供给交流负载，通过放电维持系统功率平衡。当直流负荷突变时，蓄电池储能单元增大放电电流，通过双向 DC/DC 变流器的恒压控制，维持直流母线电压稳定；与上一组合相同，此

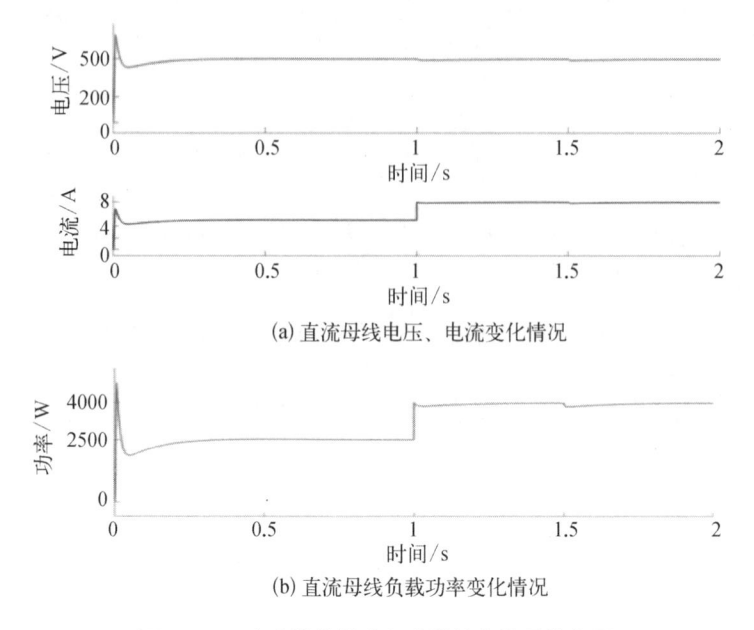

图 7-28　市电检修模式组合②的直流母线电压、
电流和负载功率变化情况

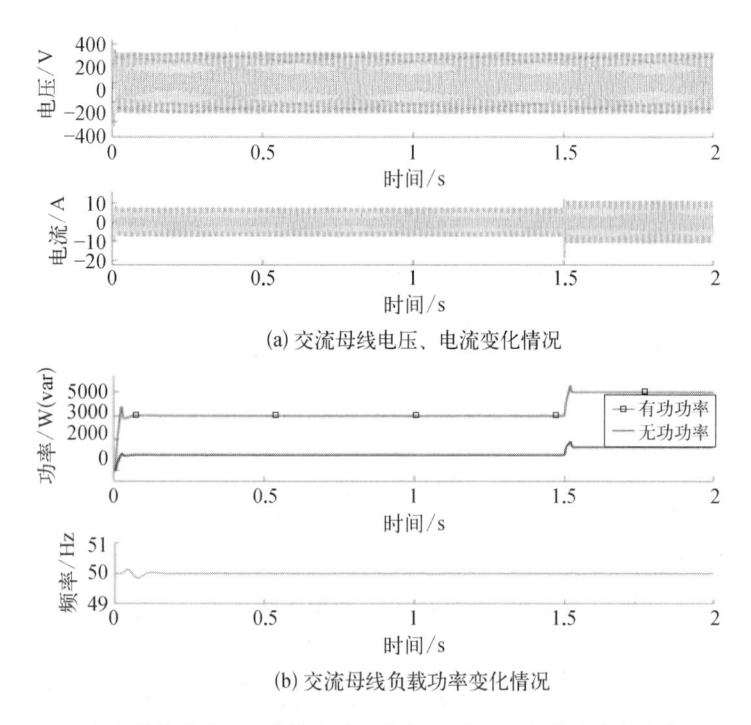

图 7-29　市电检修模式组合②的交流母线电压、电流和负载功率变化情况

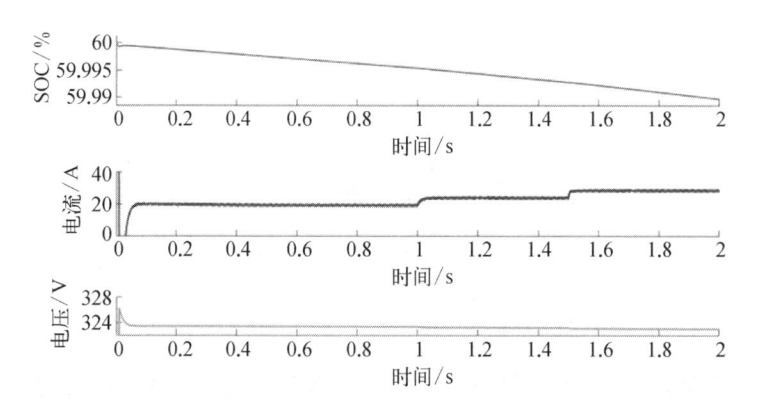

图 7-30 市电检修模式组合②的蓄电池 SOC、电流和电压变化情况

时直流子网相当于一个分布式电源,通过双向 DC/AC 的恒压恒频控制连接交流子网,为交流母线提供电压和频率支撑,当交流负荷突变时,交流母线电压和频率保持不变,通过改变电流达到功率匹配。

参考文献

[1] 崔晓利.中国能源大数据报告(2022)[R].北京:中能传媒能源安全新战略研究院,2022.

[2] 国网能源研究院有限公司.能源数字化转型白皮书(2021)[R].北京:国网能源研究院有限公司,2021.

[3] 姚玉璧,郑绍忠,杨扬,等.中国太阳能资源评估及其利用效率研究进展与展望[J].太阳能学报,2022,43(10):524-535.

[4] 刘平,张媛,莫垫,等.风力发电设备技术现状与发展趋势[J].中国重型装备,2022(4):1-6.

[5] 王伟刚.新能源风力发电的研究综述[J].电工技术,2024(4):49-52.

[6] 金安,李建华,高明,等.生物质发电技术研究与应用进展[J].能源研究与利用,2022(5):19-24.

[7] 莫一波,黄柳燕,袁朝兴,等.地热能发电技术研究综述[J].东方电气评论,2019,33(2):76-80.

[8] 李晨晨.潮汐能发电技术与前景研究[J].科技创新与应用,2015(2):128.

[9] 陈佳,兰飞,郭昊霖,等.波浪能发电控制技术研究综述[J].电力自动化设备,2023,43(6):124-136.

[10] 顾亚京.并网型海流能发电机组控制系统关键技术研究[D].杭州:浙江大学,2018.

[11] 周子阳,杜玮,王星显,等.空间氢氧燃料电池技术发展现状与趋势分析[J].电源技术,2024,48(3):445-453.

[12] 陈思安,范晶,余猛.便携式燃料电池技术的研究进展[J].船电技术,2024,44(1):33-37.

[13] 董格,许广健,吴胜男.燃料电池汽车整车技术现状与发展趋势[J].汽车工业研究,2024(2):32-39.

[14] Lasseter R H. Microgrids [C]. New York:IEEE Power Engineering Society Winter Meeting, 2002.

[15] 史成豪.小型交直流混合微电网系统的实验研究[D].天津:天津大学,2017.

[16] 杨占刚,王成山,车延博.可实现运行模式灵活切换的小型微电网实验系统[J].电力系统自动化,2009,33(14):89-92,98.

[17] Haider S, Li G J, Wang K Y. A dual control strategy for power sharing improvement in

islanded mode of AC microgrid[J]. Protection & Control of Modern Power Systems, 2018, 3(1): 1-8.

[18] 李霞林,郭力,王成山,等.直流微电网关键技术研究综述[J].中国电机工程学报,2016,36(1): 2-17.

[19] Liu J, Miura Y, Ise T. Comparison of dynamic characteristics between virtual synchronous generator and droop control in inverter-based distributed generators[J]. IEEE Transactions on Power Electronics, 2016, 31(5): 3600-3611.

[20] 马麟,刘建鹏.考虑时序特性和环境效益的多目标多类型分布式电源规划[J].电力系统保护与控制,2016,44(19): 32-40.

[21] 雷婧婷,安婷,杜正春,等.含直流配电网的交直流潮流计算[J].中国电机工程学报,2016,36(4): 911-918.

[22] 刘崇茹,张伯明.交直流混合系统潮流算法改进及其鲁棒性分析[J].中国电机工程学报,2009,29(19): 57-62.

[23] 蔡嘉隽.基于改进量子粒子群算法的分布式电源选址与定容[D].南京:南京师范大学,2018.

[24] 赵炳洋,赵波,张芳,等.构网型逆变器技术综述[J].北京信息科技大学学报(自然科学版),2022,37(4): 57-67.

[25] 阮新波.LCL型并网逆变器的控制技术[M].北京:科学出版社,2015.

[26] 石春辉.微电网建模及其分层控制策略研究[D].南京:南京理工大学,2021.

[27] 洪博文,郭力,王成山.微电网多目标动态优化调度模型与方法[J].电力自动化设备,2013,33(3): 100-107.

[28] Koutroulis E, Kolokotsa D, Potirakis A, et al. Methodology for optimal sizing of stand-alone photovoltaic/wind-generator systems using genetic Algorithms[J]. Solar Energy, 2006, 80(9): 1072-1088.

[29] El-Shater T F, Eskander M N, El-Hagry M T. Energy flow and management of a hybrid wind/PV/fuel cell generation system[J]. Energy Conversion and Management, 2006, 47(9): 1264-1280.

[30] Barley C D, Winn C B. Optimal dispatch strategy in remote hybrid power systems[J]. Solar Energy, 1996, 58(4-6): 165-179.

[31] Ipsakis D, Voutetakis S, Seferlis P, et al. Power management strategies for a stand-alone power system using renewable energy sources and hydrogen storage[J]. International Journal of Hydrogen Energy, 2009, 34(16): 7081-7095.

[32] 蔡国伟,孔令国,杨德友,等.大规模风光互补发电系统建模与运行特性研究[J].电网技术,2012,36(1): 65-71.

[33] 廖志凌,阮新波.独立光伏发电系统能量管理控制策略[J].中国电机工程学报,2009,29(21): 46-52.

[34] 卢广苗.燃料电池电动汽车自适应能量管理系统研究[D].成都:西南交通大学,2011.

[35] 尹巍.燃料电池轻型客车能量管理系统研究与设计[D].武汉：武汉理工大学,2010.
[36] 薛竞翔.UPS 电源技术及应用[M].北京：化学工业出版社,2021.
[37] IEEE Recommended Practice and Requirements for Harmonic Control in Electric Power Systems. IEEE Standard 519－2014（Revision of IEEE Std 519－1992）[S]. New York：The Instisute of Electrical Engineers Inc, 2014.
[38] 王兆安,刘进军,王跃,等.谐波抑制和无功功率补偿[M].北京：机械工业出版社,2015.
[39] Middlebrook R D, Ćuk S. A general unified approach to modelling switching-converter power stages [J]. International Journal of Electronics, 1977, 42(6)：521－550.
[40] 游志勇,戴锋,张珍珍.电力电子 PSIM 仿真与应用[M].北京：清华大学出版社,2020.
[41] 高晗.交直流混合微电网中 AC/DC 双向功率变流器控制策略研究[D].太原：太原理工大学,2019.
[42] Chen D, Xu Y Z, Huang A Q. Integration of DC microgrids as virtual synchronous machines into the AC grid [J]. IEEE Transactions on Industrial Electronics, 2017, 64(9)：7455－7466.
[43] 孟林,马振波,王祝堂.铝燃料电池的进展[J].轻合金加工技术,2018,46(3)：1－14.
[44] 徐鹏威,刘飞,刘邦银,等.几种光伏系统 MPPT 方法的分析比较及改进[J].电力电子技术,2007,4(5)：3－5.
[45] 雷鹏娟.直流微电网的能量管理研究[D].秦皇岛：燕山大学,2013.
[46] 张继元.直流微电网中储能单元并联及能量管理技术研究[D].哈尔滨：哈尔滨工业大学,2013.
[47] 楼冠男.对等模式下独立微电网分布式电压控制研究[D].南京：东南大学,2018.
[48] 张治强.基于下垂特性的孤岛微电网综合控制策略研究[D].兰州：兰州交通大学,2023.
[49] 沈润.微电网集中控制器的研究与设计[D].南京：东南大学,2015.
[50] 张育嘉,杨苹,许志荣,等.户用型光储微电网一体化终端方案设计[J].南方电网技术,2016,10(10)：59－66.
[51] 蔡雨希.低开关频率 LCL 并网逆变器谐波状态空间建模分析及系统优化研究[D].西安：西安交通大学,2023.
[52] 刘计龙,李科峰,肖飞,等.一种有源中点钳位五电平逆变器简化等效空间矢量调制策略[J].中国电机工程学报,2022,4(17)：6410－6424.
[53] Rocabert J, Luna A, Blaabjerg F, et al. Control of power converters in AC microgrids[J]. IEEE Transactions on Power Electronics, 2012, 27(11)：4734－4749.
[54] 安荣汇.微电网内部协调及外部联网的自治控制方法研究[D].西安：西安交通大学,2022.
[55] 武腾.基于下垂特性的微电网逆变器无通讯并联控制[D].西安：西安交通大学,2017.

[56] 王恒利,付立军,肖飞,等.三相逆变器不平衡负载条件下双环控制策略[J].电网技术,2013,37(2):398-404.
[57] Ozturk N, Kaplan O, Celik E. Zero-current switching technique for constant voltage constant frequency sinusoidal PWM inverter [J]. Electrical Engineering, 2017, 100(2): 1-11.
[58] 王小军,施科研,董德智,等.UPS 逆变器谐波抑制环的分析与设计[J].电源学报,2018,16(3):113-119.
[59] 余德清,程启明,高杰,等.降电容电压型准 Z 源三电平逆变器及其恒功率并网控制[J].高电压技术,2018,44(4):1319-1327.
[60] 曾意,孔祥玉,胡启安,等. 考虑后备容量的微电网储能充放电策略[J].电网技术,2017(5):1519-1525.